导电聚苯胺基
复合阳极材料的制备

黄惠　郭忠诚　著

北京
冶金工业出版社
2016

内 容 提 要

本书系统地介绍了导电聚苯胺基复合阳极材料的制备方法、表征、性能以及相关基础理论，并重点介绍了导电聚苯胺基复合阳极材料在溶液体系中的电化学特征。全书共分为5章，包括绪论、聚苯胺/无机复合材料的制备技术、聚苯胺/无机复合阳极的制备工艺及电化学性能、聚噻吩及聚苯胺复合材料的制备技术和碳纤维/聚苯胺/CeO_2/WC 复合材料的制备技术。

本书可供化工、材料和湿法冶金领域从事科研、生产及产品开发技术人员参考，也可作为高等院校相关专业师生的教学参考书。

图书在版编目(CIP)数据

导电聚苯胺基复合阳极材料的制备/黄惠，郭忠诚著.—北京：冶金工业出版社，2016.1

ISBN 978-7-5024-7105-7

Ⅰ.①导… Ⅱ.①黄… ②郭… Ⅲ.①导电聚合物—苯胺—阳极—高分子材料—复合材料—制备 Ⅳ.①TB324

中国版本图书馆 CIP 数据核字(2015)第314579号

出 版 人　谭学余
地　　址　北京市东城区嵩祝院北巷39号　邮编　100009　电话　(010)64027926
网　　址　www.cnmip.com.cn　电子信箱　yjcbs@cnmip.com.cn
责任编辑　于昕蕾　美术编辑　彭子赫　版式设计　孙跃红
责任校对　卿文春　责任印制　牛晓波

ISBN 978-7-5024-7105-7
冶金工业出版社出版发行；各地新华书店经销；三河市双峰印刷装订有限公司印刷
2016年1月第1版，2016年1月第1次印刷
148mm×210mm；7.625印张；223千字；231页

32.00元

冶金工业出版社　投稿电话　(010)64027932　投稿信箱　tougao@cnmip.com.cn
冶金工业出版社营销中心　电话　(010)64044283　传真　(010)64027893
冶金书店　地址　北京市东四西大街46号(100010)　电话　(010)65289081(兼传真)
冶金工业出版社天猫旗舰店　yjgycbs.tmall.com

(本书如有印装质量问题，本社营销中心负责退换)

前　言

导电聚苯胺具有多重导电态和独特的掺杂机制，这使得聚苯胺具有优异的性能。导电聚苯胺无论与聚合物、金属粉末、无机氧化物、碳材料还是无机盐复合，都是使聚苯胺能够工业化的最有效的方法。通过选择不同的、适合的物质与聚苯胺复合后制备材料，得到的这种新型材料综合了基材的独特性能和聚苯胺的导电性能。聚苯胺通过复合，可简化其产品后处理工序，减少资源消耗，进而降低生产成本，同时也可减少环境的污染。现如今已有部分功能性聚苯胺复合材料商业化，且呈现出美好的前景。

本书重点介绍了聚苯胺/无机复合材料、聚苯胺/无机复合阳极、聚噻吩及聚苯胺复合材料和碳纤维/聚苯胺/CeO_2/WC 复合材料的制备方法、表征和性能。第 1 章介绍了聚苯胺基复合材料的发展现状、制备方法及应用领域。第 2 章以碳化钨、碳化硼、二氧化钛、四氧化三钴无机固体微粒为对象，分别介绍了聚苯胺/无机复合材料制备技术、聚合机理和性能影响因素。第 3 章以聚苯胺/碳化钨复合材料为对象，介绍加工过程中各种因素对力学和电性能的影响；同时，也介绍对比了聚苯胺/碳化钨、聚苯胺/碳化硼、聚苯胺/二氧化钛和聚苯胺/四氧化三钴复合阳极的电化学特性。第 4 章介绍了聚噻吩及聚苯胺复合材料的制备方法、聚合机理和性能影响。第 5 章介绍了碳纤维/聚苯胺/CeO_2/WC 复合材料的制备方法和性能影响。本书是在作者近 7 年指导研究生的研究成果和作者部分博士论文的基础上，参考国内外大量的文献资料，编写而成的，希望对相关行业的科技工作者有一定的参考价值。

本书第 1 章、第 4 章由郭忠诚编写，第 2 章、第 3 章和第 5 章由黄惠编写，全书最后由黄惠统稿。编写过程中参考了一些他人的著作、文章，在此一并向其作者和出版者表示感谢。

导电聚苯胺基复合阳极材料研究发展迅速，由于编者水平有限，书中不妥之处恳请读者和专家批评指正。

作　者

2015 年 9 月

目　录

1 绪　　论

1.1 聚苯胺基复合材料的发展现状

聚苯胺（PANI）分子是一种高共轭电子结构的导电高分子（导电性可以改变），具有特殊掺杂机制，经掺杂后聚苯胺复合材料集合了基材和聚苯胺的优异性能，而且有足够的机械强度，甚至可以代替某些金属。聚苯胺原料具有廉价易得、合成简便、耐高温及环境稳定性好等特点，是最有工业化应用前景的导电高分子材料之一。但聚苯胺后期的加工成型难度大，限制了其实际应用的范围和推广，复合改性技术可有效改善聚苯胺的加工性能，进而不断拓展导电聚苯胺的应用。

聚苯胺无论与聚合物、金属粉末、无机氧化物、碳材料还是无机盐复合，都是能使聚苯胺能够工业化的最有效的方法。通过选择不同的、适合的物质与聚苯胺复合后制备材料，得到的这种新型材料综合了基材的独特性能和聚苯胺的导电性能。聚苯胺通过复合，可简化其产品后处理工序，减少资源消耗，进而降低生产成本，同时也可减少环境的污染。现如今已有部分功能性聚苯胺复合材料商业化，且呈现出美好的应用前景。

1.1.1 聚苯胺/金属复合材料

纳米金属材料具有表面效应和小尺寸效应等特殊的物理化学性能，因此聚苯胺与纳米金属材料的复合得到广泛的关注。Marianna Gniadek[1]研究了通过两相界面反应制备 PANI/Ag 和 PANI/Au 复合材料，两相分别为硝酸苯和水，苯胺单体溶入硝酸苯，Ag^+ 和 Au^{3+} 离子加入水溶液中作为氧化剂。结果表明在复合材料中，Au 和 Ag 微晶的生成明显不同，Au 晶体的平均粒径为 20 ~ 25nm，而 Ag 的平均粒径较大。Cai Jiejian[2]采用化学合成法制备 Si/PANI 复合材料，其中 PANI 为巢状结构，Si 为纳米级。结果显示与纳米 Si 相比，Si/PANI 复合材料的循环稳定性有很大的提高，其原因为巢状结构 PANI 的体积缓冲效应、高的电子传导性和纳米 Si 的低团聚性。John M. Kinyanjui[3] 分别采用化学氧化和电化学方法合成出 PANI/Pt 复合材料，表明金属粒子直接影响聚合物的质子酸掺杂和氧化状态，其中电化学方法更宜控制 Pt 粒子的尺寸。

金属纳米材料具有尺寸小、表面效应好等物理化学性能。金属间的化合又以其种类繁多，具有较大的理论容量，可避免由于氧造成的不可逆氧化等，使得它们与聚苯胺的复合膜在电池材料方面的应用受到关注。在聚合物 / 金属膜修饰电极中，聚合物膜通常是作为助催化剂，聚合物通过与主催化剂（即金属微粒）相互作用，来改变它们的电子性质、结构、分散度等。

张君燕等[4] 通过原位聚合法制备 PANI/Ni 复合材料并对其研究，结果显示当 Ni 与 PANI 的质量比为 0.25 时，复合材料的导电性和屏蔽性能最好，电导率达 92.575S/cm，在所测频率内屏蔽效能达 70 多分贝，且 60% 左右是吸收损耗的。向军[5] 通过乳液聚合法制备出纳米硅表面包覆聚合物 PANI 的 Si/PANI 复合物作为锂离子电池的负极材料，研究显示复合负极材料制备过程中硅/苯胺质量比为 1∶2，负电极片制备过程中复合负极材料/导电剂（Super p）/黏结剂（羧甲基纤维素钠，CMC）的比例为 85∶5∶10 且采用 pH = 3 的柠檬酸/氢氧化钾缓冲液作为调浆溶剂时，所制备复合负极材料表现出高的比容量和良好的循环性能，经 20 次循环后可逆容量仍为 1013mA · h/g。同时硅纳米颗粒外包覆的碳薄层，可有效防止纳米硅活性体团聚和缓解硅在循环过程中的体积效应，进一步提高复合材料的循环稳定性。Olad[6] 等采用化学聚合（聚苯胺的制备）和溶液混合（PANI/Zn 的制备）法制备了 PANI/Zn（锌，锌的平均粒径为 60μm）膜和 PANI/Zn（锌的平均粒径为 35nm）纳米膜，并研究了 Zn 含量与它们的电导率和防腐性能之间的关系。研究显示 Zn 含量与 PANI/Zn 膜和 PANI/Zn 纳米膜的电导率和防腐性都成正比的关系，但 PANI/Zn 纳米膜的电化学性能和防腐性能都要比普通的 PANI/Zn 膜好。宁晓辉等[7] 采用脉冲电流法，在一定条件下电解合成纳米纤维结构聚苯胺膜，该膜有较大的比表面积和较好的电荷传递能力。用这种纳米纤维结构聚苯胺作为载体，来负载 Pt－Ru（铂－钌）催化剂，制得纳米纤维聚苯胺/Pt－Ru 复合电极，研究该电极对甲醇的电催化氧化性能，实验结果显示：(1) 纳米纤维 PANI /Pt－Ru 复合电极在甲醇中的电催化活性优于相同条件下制备的纳米纤维 PANI/Pt 复合电极；(2) 纳米纤维 PANI /Pt－Ru 复合电极具有较好的长期工作能力，在直接甲醇燃料电池中具有极大的应用价值。

1.1.2 聚苯胺/金属氧化物复合材料

近年来，聚苯胺/金属氧化物的研究取得了很大的进展，并应用于诸多领域。Souhila Abaci[8]研究了 PANI/TiO_2 复合材料在 H_2SO_4 溶液中的电化学和光谱的性能，研究表明酸性溶液中制备的复合材料电化学性能比中性溶液中制备的优越。复合材料膜的阻抗随着苯胺含量的增加而增大，然而随着 pH 值增大，其阻抗减小从而导电性增强。Nirmalya Ballav[9]在钒酸铵/H_2SO_4 氧化体系中制备 PANI/MoO_3 和 PPY/MoO_3 复合材料，研究表明 1000℃范围内的热力学稳定性如下：MoO_3 > PANI/MoO_3 > PPY/MoO_3，在复合材料中与 PANI 或 PPY 相互作用的 MoO_3 的晶型结构保持不变，PANI/MoO_3 和 PPY/MoO_3 复合材料的电导率分别为 10^{-2}S/cm 和 10^{-3}S/cm。

F. J. Anaissi[10]研究了新型三元复合材料 PANI/皂土－氧化钒的制备和性能，复合材料通过苯胺加入层状皂土－氧化钒基体内氧化聚合制备。研究表明该复合材料在水和普通有机溶剂中保持稳定，并具有高的电导率；PANI 复合到皂土－氧化钒（BV）基体中，引起 450nm 处电荷转移峰衰减和 650nm 处电荷转移峰增强；在 PANI/皂土－氧化钒插层状复合材料中，PANI 链的排布与皂土－氧化钒基体层面平行，其中插层型聚合物可以起到稳固 BV 骨架的作用；在 BV $(PANI)_{0.7}$中，PANI 可以显著地提高 BV 基体的导电性和电荷容量，然而随着 PANI 的大量增加，其导电性和电荷容量会显著下降。H. Elzanowska[11]首先在 Ir 表面制备 IrO_x 膜，然后在其空隙中电沉积 PANI，成功制备出 PANI/IrO_x 复合膜，IrO_x 的多孔结构在 PANI 制备过程中也起到模板作用，研究表明该复合膜具有高的内部空隙度和电荷密度、与众不同的电致变色性能和快的电荷转移速度。

近些年来研究者们热衷于导电高分子材料的研究，特别是导电高分子与无机粒子复合更是引起关注。其中聚苯胺/无机氧化物复合材料研究取得了相当可观的成果。Wang 等[12]开发了一种新的方法以 $Mo_3O_{10}(C_6H_8N)_2 \cdot 2H_2O$ 杂化纳米线为前驱体可控合成 MoO_x/聚苯胺有机无机杂化材料，根据反应体系 pH 值的不同可以得到不同的形貌：pH 值为 2 时得到的是长为几微米、宽为 80 ~ 150nm 的纳米线；pH 值为 2.5 ~ 3.5 时得到的是纳米管，大小与纳米线差不多，但为中空结构，管壁厚度为 20 ~ 40nm；pH 值为 1 时得到直径为 400 ~ 600nm 红毛丹型纳米颗粒等。三种形貌的 MoO_x/PANI 杂化材料都具有较高的室温电导率，MoO_x/PANI 纳米线的电导率为 9.1×10^{-4} S/cm，纳米管和红毛丹型纳米颗粒的电导率分别为 1.0×10^{-4} S/cm 和 1.3×10^{-3} S/cm，但是前驱体的电导率却只有 2×10^{-7} S/cm，表明导电高分子能显著增加这类纳米材料的电导率。王文军等[13]对 MnO_2（二氧化锰）－PANI、APS（过硫酸铵）－阳极泥－PANI、APS－PANI 三种复合材料的电化学性能进行了系统研究，研究显示，不同氧化剂合成 PANI 的稳定性、氧化还原性、导电性都呈现 MnO_2 > APS－阳极泥 > APS，说明氧化剂的选用对 PANI 电化学性能影响较大，其中 MnO_2 是一种较为理想的氧化剂。李发闯等[14]在对 PANI/Co_3O_4（四氧化三钴）复合材料的研究中表明，Co_3O_4 的加入可以提高 PANI/Co_3O_4 复合材料导电性，其中 PANI/Co_3O_4（质量分数为 5%）电导率最高为 4.56 S/cm；同时加入适量 Co_3O_4 能够提高 PANI 在硫酸铜电解液中的催化活性，随着 Co_3O_4 加入量的增多，材料耐蚀性明显提高。王丽等[15]采用模板自组装技术以氧化亚铜为模板制备了聚苯胺/二氧化钛（PANI/TiO_2）复合材料，研究结果表明：聚苯胺的复合使得聚苯胺/二氧化钛的粒径均比纯二氧化钛的有所增大，但随着苯胺用量的增大，粒径呈减小的趋势。可见光催化复合材料降解苯酚的研究表明，聚苯胺复合有利于光催化效率的提高，复合材料的光催化性能随着苯胺含量的增加呈现先升高后降低。

曾宪伟等[16]用水解沉淀法合成了纳米 FeO 粒子，并在其悬浮液中原位包覆 PANI，制备出纳米 PANI/FeO 复合粒子；其达到了医学上定向集热治疗肿瘤用热籽的发热要求；与纳米 FeO 粒子相比，复合粒子的发热曲线较平稳，升温易于控制，可以减少对健康细胞的损伤，有望提高生物相容性。Huang[17]等在对 PANI/ ZrO_2（二氧化锆）复合材料的研究显示：随着 ZrO_2 量的增加电导率随之增加，但是当加入量（质量分数）超过 15% 后，电导率反而减小，说明适当的 ZrO_2 加入量可提高 PANI/ ZrO_2 复合材料导电性。Zou[18]等采用循环伏安法，在苯胺和氧化钨溶液体系中电沉积合成 PANI/ WO_3（氧化钨）复合材料，研究显示该复合材料在 -0.5 ~ 0.7V 范围内电容性能较好；在 1.28mA/cm^2 电流密度下，比电容为 168F/g，能量密度为 33.6 W · h/kg，与 PANI（17.6W · h/kg）相比提高了 91%；在模拟电容器中，53W · h/kg 功率下，1.2V 的电压范围内，用 PANI 和 PANI/ WO_3 分别作为阳极和阴极，得其比电容为 48.6F/g，能量密度为 9.72 W · h/kg，其中能量密度是 PANI 膜的两倍左右。

1.1.3 聚苯胺/碳基复合材料

近年来，碳材料的合成和应用引起人们的关注，在催化载体、储氢材料、电子器件等领域具有很大的潜力。Yan Jun[19]通过原位聚合法制备纳米片石墨烯/碳纳米管/聚苯胺（GNS/CNT/PANI），在 6mol/L KOH 溶液中，GNS/CNT/PANI 复合材料的比电容为 1035F/g，比 GNS /PANI 复合材料比电容 1046F/g 略小，而纯 PANI 和 CNT/PANI 复合材料分别为 115F/g 和 780F/g；在掺杂和去掺杂过程中，CNT 可以保持电极高的导电性并提高电极机械强度，因此加入少量 CNT（1%），可以明显提高 GNS/CNT/PANI 复合材料的循环稳定性，循环 1000 次后，电容量仅降低 6%，与之相比，GNS /PANI 和 CNT/PANI 复合材料分别降低 52% 和 67%。房晶瑞[20]采用循环伏安法在活性炭电极（AC）聚合导电 PANI，制备出 PANI 修饰活性炭复合电极（PANI/AC），研究表明，在硫酸介质中，PANI/AC 复合电极表现出较好的电容特性，比电容可以达到 545F/g，较 AC 电极提高 78%，而且不同电流密度下的比电容较 AC 电极平均提高了 89%。

Ghanbari[21]等采用电化学法合成聚苯胺/石墨（Graphite）膜，

该膜在 Zn－PANI/G 二次电池中用作活性阴极，电池在 0.6 mA/cm 的恒电流下充放电。研究显示 Zn－PANI/G 放电容量最大可达 142.4A·h/kg，经 200 多次的充放电后，其库仑效率为 97%～100%，它的中点电压和比能量则分别为 1.14V 和 162.3W·h/kg。晁单明等[22]采用原位化学氧化法合成 PANI/CNT 复合材料，电导率达 2.5S/cm，且电导率与纳米管量成正比。

另外，碳化物具有硬度高、密度低、化学稳定性好、膨胀系数低、与金属具有相似的表面电子结构等优点，近年来它的合成和应用引起人们关注。黄惠等[23]通过在合成 PANI 过程中加入 WC（碳化钨），使苯胺单体的聚合在 WC 的表面受限生长，形成了以 WC 为核 PANI 为壳的核－壳复合材料，PANI/ WC 复合材料可望作为电极材料。研究结果显示 PANI/ WC 中氮原子的质子化程度明显高于 PANI 中氮原子的质子化程度，说明 WC 颗粒的加入，能提高聚苯胺掺杂程度，使 PANI 分子链规整排布，有利于电子在分子链上和链间传输，从而提高电导率[24]。李具康等[25]对 PANI/B_4C（碳化硼）复合材料进行研究，结果显示与掺杂态 PANI－H_2SO_4＋SSA（5－磺基水杨酸）相比，PANI/B_4C 复合材料电导率由 25.69S/cm 提高到 35.63S/cm，复合材料热稳定性也大幅提高。

1.1.4 聚苯胺/聚合物复合材料

不少研究表明以聚苯胺为载体，将具有催化活性的聚合物掺杂其中，可增大膜的导电性，并且还可以调制聚合物的氧化还原点位窗口，提高其催化活性及催化选择性。将具有催化活性的聚合物与聚苯胺共聚，聚合物与聚苯胺分子链键合，不仅可提高膜导电性和催化活性，还可保持自身的氧化还原活性、改变产物的活性电位范围、实现选择性催化等。将 PANI 与加工性能相对较好的聚合物，如聚乙烯醇（PVA）、聚苯乙烯（PS）、聚酰亚胺（PI）、聚甲基丙烯酸甲酯（PMMA）等复合，可以在保留高电导率的同时，改善材料的机械加工性能。PVA 分子链上含有大量羟基，分子链间易形成氢键，具有较高的机械强度和韧性，力学性能良好。王孝华[26]以 PVA 为基质材料，使苯胺在其溶液中聚合，制备了 PANI/PVA 复合膜，并考察了其力学性能。所得的盐酸掺杂的 PANI/PVA 复合膜的电导率为 13.2S/cm。最大拉伸断裂强度为 60.8 MPa。冯晓苗等[27]采用聚苯乙烯胶体粒子为模板。制备了磺化聚苯乙烯/PANI（PSS/PANI）核壳型纳米复合材料。普通 PANI 只能在酸性条件下（一般是 pH 值小于 4 时）才具有氧化还原活性[28]，而 PSS/PANI 提高了电活性范围。在中性条件下也具有一定的氧化还原能力，这样就拓宽了其在生物传感器领域的应用前景。另外，还可利用电纺技术制备具有荷叶结构的 PANI/PS 复合膜[29]。这种复合膜在强酸强碱类的腐蚀性或强氧化性溶液中仍表现出稳定的超疏水性和导电性，是一种具备自洁效应的新型材料。这也为进一步拓宽导电高分子的应用打下了基础。聚酰亚胺（PI）具有优良的耐高低温、耐腐蚀、电绝缘、高尺寸稳定和低介电常数等性能，适合作为研制薄膜电容器的介质基材[30]。利用原位聚合沉积，以聚乙烯吡咯烷酮（PVP）为空间稳定剂，HCl 为介质酸和掺杂剂，可以在 PI 膜表面制备高导电 PANI 层，形成 PANI/PI/PANI 三层复合膜[31]。复合膜表面 PANI 层外观质量优异，电导率达 100S/cm，有望制作有机介质电容器及其他有机电子或光电子器件。聚甲基丙烯酸甲酯（PMMA）有着优异的光学性能。在可见光区具有很好的透明性和光致发光性。将 PANI 与 PMMA 复合，得到的 PANI 以互穿网络结构分散在 PMMA 基体中。随着 PMMA 含量增大，复合物的光致发光强度增加。复合后，还可很好地改善 PANI 的力学性能和加工性能。

1.1.5 其他聚苯胺复合材料

曲远方等[32]利用化学原位复合法合成 PANI/$BaTiO_3$ 复合材料，采用 SEM、FTIR 等方法对 PTC 材料分析表征。结果表明 $BaTiO_3$ 颗粒与聚苯胺界面间存在 O—N 的氢键作用使得 PANI/$BaTiO_3$ 复合材料中聚苯胺的稳定性得到很大提高。阎莉莉等[33]以聚苯乙烯磺酸为掺杂剂，插层原位聚合制得水分散性聚苯胺/蒙脱土（MMT）复合材料，利用 FTIR、SEM、TGA 等对其表征，并测试了变温电导率。结果表明，MMT 以剥离的片层结构存在于聚苯胺基体中，该复合材料有很好的热稳定性和稳定的变温电导率。范颖等[34]在水中以 Y_2O_3

胶体为粒子分散剂制备了胶体 PANI/Y_2O_3 纳米复合材料，采用 TEM、FTIR、LANM、电导率测试仪等对复合材料进行表征。结果表明，复合材料在电镜下呈“蛋糕－花生米”状，电导率比掺杂态的聚苯胺低。

艾伦弘等[35]用前驱法合成片状 $ZnFe_2O_4$，然后采用原位聚合法合成 PANI/$ZnFe_2O_4$ 纳米复合材料，利用 XRD、SEM、TEM、FTIR 及荧光分析。结果表明 PANI 沉积在 $ZnFe_2O_4$ 表面，$ZnFe_2O_4$ 的引入提高了 PANI 的荧光发光性能和热稳定性。

1.2 聚苯胺基复合材料的制备方法

1.2.1 原位聚合法

原位聚合法（in situ polymerization method）是将纳米微粒均匀分散在苯胺溶液中，并加入氧化剂引发单体聚合，制备出以纳米微粒为核心的复合材料。其聚合方法主要有溶液聚合、乳液聚合、接枝聚合和分散聚合等。该方法的优点为设备投资少，工艺简单，适合于实现工业化生产，是目前最常用的合成方法，该法的影响因素主要有单体浓度、氧化剂种类和浓度、质子酸种类和浓度、反应温度和时间等。

Javed Alam[36]通过原位聚合法以 $Fe(OH)_3$ 为前驱体和氧化剂制备出 Fe_3O_4/PANI 纳米复合材料，结果显示，复合材料中存在粒径为 14.3nm 的尖晶石相 Fe_3O_4，并以被 PANI 包裹形式存在，复合材料的电导率为 0.001～0.003S/cm，300K 时具有高的饱和磁化强度 3.2A/m。Sangshetty[37]通过该法制备出 PANI/Dy_2O_3复合材料，研究表明含 40%（质量分数）Dy_2O_3 的复合材料具有最高的交流电导率，而且在 10Hz 频率下表现出最高的介电值，基体中的 Dy_2O_3 粒径大小对复合材料的电导率和介电值有很大的影响。

Ruckenstein 和 Yang[38]采用十二烷基苯磺酸钠（SILS）水溶液作为连续相，滴加苯胺和聚苯乙烯（PS）的苯溶液作为分散相，形成乳液。再滴加过硫酸铵的盐酸水溶液，引发氧化聚合，制得可以热压加工的 PANI－HCl/PS 导电材料，其电导率高达 3～5S/cm，渗滤阈值在0.02~0.10之间。他们详细地研究了PANI含量、HCl浓度、$(NH_4)_2S_2O_8$与苯胺的摩尔比、沉淀剂、溶剂、分散相的体积分数和表面活性剂的量对电导率的影响。南军义等[39]采用核壳乳液聚合方法合成了以甲基丙烯酸甲酯、甲基丙烯酸和丙烯酸丁酯三元共聚物酸为核，PANI为壳的导电高分子共混材料的电导率随着PANI含量的增加而升高。共聚物酸起到了掺杂剂的作用，使制得的共混材料能在环己酮、四氢呋喃等普通有机溶剂中有较好的溶解性。

将纤维、纺织品、塑料等基材浸在新配制的过硫酸铵与苯胺的酸性水溶液混合物中，使苯胺在基材的表面发生氧化聚合反应，聚苯胺可均匀地“沉积”在基材表面，形成良好的致密膜，以制成导电材料。Wan Meixiang和Yang Jing[40]用PET、PE、PER（聚酯）和PS薄膜作为基体材料，室温下浸于苯胺单体中吸附苯胺，处理后浸泡在酸性$FeCl_3$溶液中发生氧化聚合反应，得到导电复合膜，最大室温电导率和500~800nm最高透光度分别为10^{-1}S/cm和70%~80%。美洲化学公司的Kulkarni[41]通过现场聚合法在透明聚酯表面聚合了一层导电聚苯胺，表面电阻可控制在10^6~$10^9\Omega$。导电层与基材黏结很好，对普通的清洗溶剂如水、乙醇、异丙醇有较强的抵抗力，在溶剂中浸泡15min，表面电阻变化不大，很有希望用作透明抗静电聚酯。在聚合物制品表面进行现场吸附聚合，产物清洗困难，电导率较低而且不太容易控制，应用价值不大。但是若在一些原料颗粒（如PVC树脂糊、PE粉末）表面现场吸附聚合PANI，再进行热压加工，显示出很好的应用前景。与直接机械共混相比，PANI分散更均匀，在较低的PANI含量时，就能呈现较好的导电性。

1.2.2 溶胶-凝胶法

溶胶-凝胶法（sol-gel method）首先将原料分散于溶剂中，然后经过反应活性单体，再进行聚合形成溶胶，最后获得具有一定空间结构的凝胶，经过干燥等后续工艺获得所需要的材料。溶胶-凝胶法具有独特的优点：反应容易进行，可以选择合适的条件制备各种新型材料，纳米粒子在基体中分散均匀，反应温度较低。Wang Yajun[42]在钛箔上通过溶胶-凝胶法制备出PANI/TiO_2膜，与TiO_2

相比，复合膜对2，4－二氯苯酚的光催化和光电催化降解速率分别提高22.2%和57.5%。结果表明PANI和TiO_2之间存在化学作用，这种作用可以提高载体的迁移速率并能引起协同效应，从而提高光催化和光电催化性能。Marcos Malta等[43]采用该法制备出PANI/V_2O_5纳米复合材料，研究表明复合材料电导率为1×10^{-9}S/cm，PANI以镶插在V_2O_5纳米管间隙中的形式存在。

目前多是采用PANI－DBSA胶乳体系，胶乳中PANI粒径是纳米级[44,45]的，在适量的DBSA存在下，胶乳体系是稳定的，其分散程度和稳定程度随DBSA含量的增加而增大。其中一些DBSA是掺杂剂，过量的DBSA则充当表面活性剂，来保持体系稳定。甚至当PANI乳液与聚合物的溶液或乳液混合后，无须添加任何添加剂，所得分散体系也是稳定的。如PANI－DBSA的水乳液和聚乙烯醇（PVA）的水溶液混合后，所得PANI－DBSA/PVA分散体系放置6个月无沉淀[44]。Haba等[45]把PANI－DBSA的水乳液与基体聚合物（PMMA、PS、聚丙烯酸酯）的水乳液进行简单的混合，然后把水蒸发掉或浇铸成膜，得到PANI导电共混材料，在PANI－DBSA的质量分数为1%～2%时，电导率高达10^{-3}～10^{-2}S/cm。

1.2.3 电化学聚合法

电化学聚合法（electrochemical polymerization method）是应用电化学的方法在阳极上进行聚合反应，聚合方法主要有恒电流聚合、恒电压聚合、循环伏安聚合等。采用电化学方法在基体上直接聚合生成导电聚合物膜具有诸多优点：简便易行，工艺流程短，可以方便获得不同结构和性能的聚合物膜层，在导电高聚物、化学修饰电极、化学电源等领域具有重要的应用前景。姚素薇[46]采用双脉冲电位沉积法制备Ni/PANI复合电极，研究了复合电极在模拟氯碱工业电解液中的析氢性能。结果显示在电流密度为0.1 A/cm^2时，复合电极的析氢电位较镀Ni电极降低350mV，而且复合电极性能稳定，可作为氯碱工业的活性阴极。Souhila[47]采用电化学方法合成PANI/TiO_2复合膜，研究发现光电流取决于膜的厚度，薄膜可以显示出光电流，而厚膜却无光敏反应，此外，制备了内层PANI膜和外层PA-

NI/TiO_2 复合膜的分层结构膜，其光电流可以达到单一 PANI/TiO_2 复合膜的 3 倍。

1.2.4 共混法

共混法（blending method）是制备复合材料最简单的方法，只需将无机纳米粒子和有机物共混即可，适合于各种类型的纳米粒子。但是该法制备的复合材料不易分布均匀，容易出现相分离现象，为了改善这种情况，通常在共混前要对无机粒子进行表面处理，如采用偶联剂、分散剂、功能改性剂等进行处理。Ren Gaorui[48] 采用机械共混法把 HCl 掺杂的 PANI 和纳米 Fe 粒子混合获得 HCl－PANI－Fe 复合材料，并在不同温度下保温 60min。研究表明热处理后 PANI 的结晶度下降，纳米 Fe 粒子氧化程度提高；随着热处理温度的提高，复合材料导电性下降；复合材料显示超顺磁性纳米粒子典型的狭窄滞回曲线，并且其磁性行为与热处理条件无关。Li Yong[49] 研究了通过机械共混法制备的 Bi_2Te_3/PANI 复合材料性能，片状 Bi_2Te_3 和米粒状 PANI 分别采用水热法和化学氧化法制备。研究表明 Bi_2Te_3/PANI 复合材料存在 n 型导电，其塞贝克系数与 Bi_2Te_3 相似，电导率与 PANI 几乎相同；由于塞贝克系数和电导率的协同效应，Bi_2Te_3/PANI 复合材料的功率因子较 Bi_2Te_3 或 PANI 都小，而且随温度变化不明显。

中性聚苯胺可溶于 N－甲基吡咯烷酮（NMP）中，但中性聚苯胺是绝缘体，只有经过再掺杂后才能变成导电体，功能质子酸掺杂可以改善导电聚苯胺的可溶性，因此溶液共混法有两种实施方法：(1) 通过选择恰当的功能质子酸，使掺杂 PANI 与聚合物共溶于特定的有机溶剂中，通过溶液共混方法来制备聚苯胺导电材料，其关键是掺杂剂和溶剂的选择。如间甲酚是 PMMA 的良溶剂，同时又能溶解 PANI－CSA（CSA：樟脑磺酸），因此可选用 CSA 掺杂 PANI，再与 PMMA 在间甲酚中进行溶液共混[50]。(2) 将本征态聚苯胺和聚合物分别溶于 NMP 溶剂中，按一定比例混合后浇铸，得到本征态聚苯胺/聚合物薄膜，再将此薄膜浸于酸溶液中掺杂，从而得到导电复合膜。如刘皓等人[51] 用含联苯结构聚芳砜（LEPS）制得 PANI

/LEPS 复合膜后，经盐酸掺杂后，电导率达到 1S/cm 数量级，该导电膜具有良好的力学性能和热学性能。

机械熔融共混法是制备聚合物共混材料的常用方法。将导电聚苯胺与基体聚合物同时放入混炼设备中，在熔融温度下进行混炼，即可得到聚苯胺/聚合物导电共混材料。该方法对导电聚苯胺的热稳定性和熔融加工性提出了较高的要求。

导电聚合物的热稳定性大多非常差，如聚乙炔在空气中放置几天就会失去导电性能，聚吡咯的热稳定温度只有 80℃左右。而聚苯胺在空气中放置，它的电导率几乎不随时间变化，在一定范围内提高温度，不仅不会影响它的导电性能，还有助于掺杂反应过程的进行[52]。

聚苯胺的热稳定性与掺杂剂有关，如 PANI – DBSA 的热稳定温度达到 200℃时电导率有所波动，220℃以上才失去导电性能[53]。用烷基磷酸二酯掺杂 PANI，加工温度不能超过 160℃，而用芳基磷酸二酯掺杂 PANI，在加工温度高达 200℃时还具有较好的导电性[54]。这是因为过高的温度下，烷基磷酸二酯发生热降解，而芳基磷酸二酯不会发生这样的降解，它所掺杂的 PANI 更稳定。因此选择合适的掺杂剂，可以使导电聚苯胺满足不同加工温度的需要。

1.2.5 自组装法

自组装法（self – assembly method）是指在不受外力的情况下，构成元素自行聚集、组成规则的结构，从而由一个无序状态转变为一个有序状态。自组装技术是一种国际前沿技术，可以创造具有新颖结构功能的材料，在光、电、磁和催化功能纳米材料等领域有广泛的应用。Ding 等[55]通过自组装过程制备了笼状（cage – like）PANI/Co – Fe_2O_4 纳米复合材料，在组装过程中 $FeCl_3$ 作为氧化剂和掺杂剂。结果发现 $CoFe_2O_4$ 磁体纳米晶充当成核核心或者模板位于笼状结构中心，通过 PANI 和 $CoFe_2O_4$ 磁体纳米晶之间的磁力作用，自组装的 PANI 纳米纤维缠绕在八面体的 $CoFe_2O_4$ 磁体上，从而制备出具有笼状纳米结构的复合材料；复合材料的最大电导率取决于 $CoFe_2O_4$ 磁体的含量，与先前报道的 PANI 复合材料电导率随着磁性纳米颗粒含量增多而降低有着明显的不同；PANI/$CoFe_2O_4$ 复合材料不仅具有高的电导率 1S/cm，而且具有高的抗磁性（1000Oe）。Chen Weimin[54]采用该法制备了 C－$LiFePO_4$/PANI 复合材料，无机酸 HCl、H_2SO_4、H_3PO_4 作为 PANI 掺杂剂。结果显示掺杂 HCl 和 H_3PO_4 的复合阳极的电容和大电流放电能力明显提升，而且复合材料表现出优异的电化学性能，与 C－$LiFePO_4$ 相比，复合材料的电容在 2℃时提高 15%，5℃时提高 40%。

1.3 聚苯胺基复合材料的应用

1.3.1 电催化材料

电催化材料在通电过程中具有催化作用，从而改变反应的速率或者方向，当作为电极材料时可以加速电极反应。Yan Qiao[56]研究了碳纳米管/聚苯胺（CNT/PANI）复合材料在高效微生物燃料电池作为阳极的性能，结果显示复合材料阳极性能优异，其中 20%（质量分数）CNT 复合材料具有最好的电化学催化性能，在大肠杆菌中最大功率密度为 $42mW/m^2$，与报道的其他阳极性能相比，CNT/PANI 复合材料阳极在微生物燃料电池中具有广阔的应用前景。Anna Nyczyk[57]在 PANI 和 $PtCl_4$ 溶液中通过硼氢化钠还原 Pt^{4+} 离子制备 PANI/Pt 复合材料，研究发现该复合材料在催化异丙基乙醇时表现出氧化还原活性。王怡[58]采用循环伏安法在不同酸介质中聚合 PANI，然后以 PANI 为载体电沉积 Pt 催化剂制备出 PANI/Pt 复合电极，并研究了复合电极对甲醇氧化的催化活性。结果表明在硫酸介质中制备的 PANI 更适合作为沉积 Pt 催化剂载体，采用脉冲电位法电沉积 Pt 时，缩短脉冲沉积时间制备的 PANI/Pt 复合电极显示出较好的催化活性。

1.3.2 电极材料

二次电池材料作为电极材料，要有较高的充放电压、能量密度，较多的循环次数以及较快的响应等。PANI 具有良好的电化学氧化还原可逆性，比能量高达 560W · h/kg，在电池材料中能满足充电放电的需求。因此，聚苯胺无机复合材料可以应用于锂离子电池的正极材料中。日本的机密电子公司和乔石公司联合研制出 3V 纽扣式 PANI 电池，日本关西电子公司以 PANI 为正极、Li - Al 合金为负极，$LiBF_4$/硫酸丙烯酯为电解液，研制出了大容量、高输出的锂聚合物电池[59]。马萍等[60]通过化学氧化法聚合的 PANI/S 复合材料作为锂电池的正极，通过电化学性能测试，当充放电电流为 0.2mA/cm^2 时，初始放电比容量高达 1134.01mA · h/g，循环 30 次后，放电比容量仍可达 526.89mA · h/g。

聚苯胺与某些材料复合以后，其独特的几何表面活性，对于一些反应有良好的催化作用。目前，文献报道[61,62]比较多的是关于聚苯胺薄膜载 Pt 电极应用于燃料电池对甲醇的催化作用。聚苯胺复合其他材料用于超级电容器的电极材料也是研究的热点之一。毛定文等[63]研究的超级电容器用聚苯胺/活性炭复合材料，苯胺吸收率达 95%，其比电容达到 409F/g。金鑫等[64]制备了聚苯胺/纳米 ZrO_2 复合材料，研究了其用作电容器电极材料的电容效果。

电容器是一种能够储存电荷的元件，PANI 表现出优异的比电容和较好的循环寿命而被广泛研究，取得了很大的进展。韩桂梅[65]采用超声波法制备 γ 相 MnO_2，并通过循环伏安法在 γ - MnO_2 颗粒上聚合 PANI。结果表明在 500mA/g 电流密度下，γ - MnO_2/PANI 复合材料电极的比电容为 500F/g，较 γ - MnO_2 电极的 210F/g 提高了 1.38 倍。Zou Benxue[66]在苯胺和 WO_3 前驱体溶液中采用循环伏安法电沉积制备 WO_3/PANI 复合膜，结果显示复合膜在很宽的电压范围内 -0.5 ~ 0.7V（vs. SCE）表现出很好的电容性能，在电流密度 1.28mA/cm^2 时，比电容和能量密度分别为 168F/g 和 33.6W · h/kg，较 PANI 的 17.6W · h/kg 提高 91%；在模拟电容器中，WO_3/PANI 和 PANI 分别作为阴极和阳极，在 53W · h/kg 功率下，其比电容和能量密度在 1.2V 电压范围内分别为 48.6F/g 和 9.72W · h/kg，其能量密度是阴阳极都为 PANI 膜的模拟电容器的两倍。

1.3.3 磁性材料

PANI/磁性纳米复合材料不仅具备磁性材料的磁性能，而且还具有导电性和催化活性等特点，这方面的研究也取得了很大的进展。Sanjeev Kumar[67] 利用反相微乳液法（reverse microemulsion method）制备了 $Co_{0.5}Zn_{0.5}Fe_2O_4$/PANI 纳米复合材料，结果表明，通过与纳米 PANI 纤维复合，$Co_{0.5}Zn_{0.5}Fe_2O_4$ 铁素体纳米晶发生转变具有超顺磁铁磁性，振动试样磁力计测试证实纳米复合材料的铁磁性具有饱和磁化量 3.95emu/g 和低的抗磁力（39Oe）。苏碧桃[68] 通过原位聚合在 $CoFe_2O_4$ 磁性纳米粒子表面 PANI，制备出具有电磁功能的 PANI/$CoFe_2O_4$ 纳米复合物。结果表明，25nm 左右 $CoFe_2O_4$ 粒子分散于 PANI 基体中，并完全被其包覆，$CoFe_2O_4$ 和 PANI 之间存在化学键作用；随着 $CoFe_2O_4$ 含量增加，复合材料电导率降低而饱和磁化强度随之升高。

1.3.4 传感器

PANI 随着掺杂和脱掺杂过程，颜色会随之改变，被证明是一种良好的传感器材料。Asif Ali Khan[69] 研究了聚苯胺和磷酸锡复合材料膜电极对 Hg^{2+} 离子的选择和检测能力，复合材料通过溶胶 - 凝胶法制备，聚苯胺有机物加到磷酸锡沉淀基体中。结果显示膜电极机械稳定性强、反应时间快速，可以在大的 pH 值范围内使用；复合材料膜电极可以在存在干扰阳离子的情况下选择 Hg^{2+} 离子，该膜电极在实际应用中可以作为电位滴定 Hg^{2+} 离子的指示电极。Ma Xingfa[70] 通过化学氧化法制备 PANI/TiO_2 复合材料，其中 TiO_2 以溶胶 - 凝胶加入，原位聚合过程中采用旋镀法或浸入法在炭电极上形成复合膜，并检测了常温下复合膜对三甲胺的气体灵敏度。结果表明通过加入 10%（质量分数）TiO_2，PANI 膜的热稳定性明显提高，而且复合膜还对 5.14×10^{-7}mol/mL 的三甲胺表现出良好的气体灵敏度；复合膜具有良好的再生性和稳定性，室温高纯 N_2 氛围中容易恢复。

1.3.5 其他应用

PANI 电极在反应过程中可以通过可逆的氧化还原反应来实现电池的充放电过程。Khadijeh Ghanbari[71] 采用循环伏安法在沉积聚苯胺/石墨（PANI/G）膜，该复合膜在 Zn - PANI/G 二次电池中作为活性阴极，电池在恒电流0.6mA/cm^2下充放电。研究显示Zn－PANI/G电池的最大放电容量为142.4A·h/kg，经至少200次后其库仑效率为97%～100%；中点电压和比能量分别为1.14V和162.3W·h/kg。He Yongjun[72]在甲苯/水乳液中合成了平均粒径为7μm的PANI/CeO_2复合微球，该微球在复合材料中呈薄片状，其中PANI为非定型态，CeO_2纳米颗粒保持其立方晶系结构，并被PANI部分包裹；并提出了PANI/CeO_2复合微球的形成机理。PANI防腐涂层具有抗点蚀和钝化性能，而且环境稳定性好，在防腐领域具有广泛的应用前景。Hu等[73]合成了石墨烯/PANI/CdSe量子点纳米复合物，利用CdSe的荧光作为生物传感器研究了对细胞色素C的检测。李琳娜[74]利用恒电流法制备掺杂钴－氧化钴的聚苯胺修饰玻碳电极，研究不同浓度的钴离子掺杂聚苯胺修饰电极对磷酸二氢根的响应特性，发现当硫酸钴的浓度为50g/L时，在磷酸二氢根浓度为10^{-1}～10^{-4}mol/L的范围有较好的线性响应，同时具有较好的选择性、稳定性和良好的重复性，可为水质中磷酸根的检测提供一种比较有效的方法。Bong Gill Choi[75]通过原位化学法制备Nafion/PANI复合膜，并研究了在甲醇燃料电池中不同氧化态的PANI对复合膜的物理化学和传输性能的影响。研究表明不同氧化态的PANI和Nafion之间的相互作用决定复合膜的形貌和物理化学性能。

参考文献

[1] Marianna Gniadek, Mikolaj Donten. Metal ion－driven synthesis of polyaniline composite doped with metallic nanocrystals at the boundary of two immiscible liquids [J]. J Solid Electrochem, 2010, 14: 1303～1310.

[2] Cai Jiejian, Zuo Pengjian, Cheng Xinqun, et al. Nano－silicon/polyaniline composite for lithium storage [J]. Electrochemistry Communications, 2010, 12 (11): 1572～1575.

[3] John M Kinyanjui, Neloni R Wijeratne, Justin Hanks. Chemical and electrochemical synthesis of polyaniline/platinum composites [J]. Electrochimica Acta, 2006, 51 (14－15): 2825～2835.

[4] 张君燕，晋传贵，许智超. 镍/聚苯胺复合材料的制备及其性质 [J]. 安徽工业大学学报（自然科学版），2013，30（1）：38～41.

[5] 向军. 锂离子电池用硅基复合负极材料的制备及电化学性能研究 [D]. 重庆：重庆大学，2014.

[6] Olad A, Barati M, Shirmohammadi H. Conductivity and anticorrosion performance of polyaniline/zinc composites: investigation of zinc particle size and distribution effect [J]. Progress in Organic Coatings, 2011, 72 (4): 599 ~ 604.
[7] 宁晓辉. 聚苯胺基金属纳米复合材料的电化学制备与应用研究 [D]. 长沙: 湖南大学, 2006, 11.
[8] Souhila Abaci, Belkacem Nessark, Rabah Boukherroub. Electrosynthesis and analysis of the electrochemical properties of a composite material: polyaniline + titanium oxide [J]. Thin Solid Films, 2011, 519 (11): 3596 ~ 3602.
[9] Nirmalya Ballav, Mukul Biswas. Conductive composites of polyaniline and polypyrrole with MoO_3 [J]. Materials Letters, 2006, 60 (4): 514 ~ 517.
[10] Anaissi F J, Demets G J, Timm R. Hybrid polyaniline/bentonite/vanadium (V) oxide nanocomposites [J]. Materials Science and Engineering: A, 2003, 347 (1 - 2): 374 ~ 381.
[11] Elzanowska H, Miasek E. Birss V I. Electrochemical formation of Ir oxide/polyaniline composite films [J]. Electrochimica Acta, 2008, 53 (6): 2706 ~ 2715.
[12] Wang S N, Gao Q S, Zhang Y H, et al. Controllable synthesis of organic - inorganic hybrid MoO_x polyaniline nanowires and nanotubes [J]. Chem. Eur. J., 2011, 17: 1465 ~ 1472.
[13] 王文军. 电积锌阳极泥氧化合成聚苯胺的性质研究 [D]. 昆明: 昆明理工大学, 2012, 12.
[14] 李发闯. 电积铜用聚苯胺/四氧化三钴复合阳极的研究 [D]. 昆明: 昆明理工大学, 2011, 11.
[15] 王丽, 王广振. 聚苯胺/二氧化钛复合材料的制备及其光催化性能 [J]. 化工新型材料, 2015, 43 (1): 138 ~ 140.
[16] 曾宪伟, 赵东林, 刘轩, 等. 纳米 Fe_3O_4/聚苯胺复合粒子的制备及其在交变磁场下的发热性能 [J]. 复合材料学报, 2005, 22 (6): 80 ~ 84.
[17] Huang H, Guo Z C, Zhu W, et al. Preparation and characterization of conductive polyaniline / zirconia nanoparticles composites [J]. Advanced Material Research, 2011, 221: 302 ~ 307.
[18] Zou B X, Liang Y, Liu X X, et al. Electrodeposition and pseudocapacitive properties of tungsten oxide/polyaniline composite [J]. Journal of Power Sources, 2011, 196 (10): 4842 ~ 4848.
[19] Yan Jun, Wei Tong, Fan Zhuangjun, et al. Preparation of graphene nanosheet/carbon nanotube/polyaniline composite as electrode material for supercapacitors [J]. Journal of Power Sources, 2010, 195 (9): 3041 ~ 3045.
[20] 房晶瑞, 王玮, 鲍玉胜, 等. 聚苯胺修饰活性炭电极电化学性能 [J]. 功能材料, 2007, 38 (4): 1312 ~ 1315.
[21] Ghanbari K, Mousav M F, Shamsipur M, et al. Synthesis of polyaniline/graphite composite

as a cathode of Zn - polyaniline rechargeable battery [J]. Journal of Power Sources, 2007, 170 (2): 513 ~ 519.

[22] 晁单明, 陈靖禹, 卢晓峰, 等. 高分子量聚苯胺/碳纳米管复合材料的合成与表征 [J]. 高等学校化学学报, 2005, 26 (11): 2176 ~ 2178.

[23] 黄惠, 徐金泉, 郭忠诚. 聚苯胺 / 碳化钨导电复合材料的合成 [J]. 功能高分子学报, 2009, 3 (2): 22.

[24] 黄惠, 郭忠诚. 合成聚苯胺/碳化钨复合材料及聚合机理探讨 [J]. 高分子学报, 2010, 10: 1180 ~ 1185.

[25] 李具康. 锌电积用聚苯胺 / 碳化硼阳极材料制备及性能研究 [D]. 昆明: 昆明理工大学, 2011, 3.

[26] 王孝华. 聚苯胺 - 聚乙烯醇复合膜的制备及其力学性能 [J]. 石油化工, 2009, 38 (11): 1235 ~ 1238.

[27] 冯晓苗, 石乃恩. 具有高电活性的聚苯乙烯/聚苯胺核壳材料的制备 [J]. 南京邮电大学学报 (自然科学版), 2008, 28 (1): 9 ~ 12.

[28] Diaz A F, Logan J A. Electroactive polyaniline films [J]. Journal of Electroanalytical and Interfacial Electrochemistry, 1980, 111 (1): 111 ~ 114.

[29] 邓树森, 梁忠莉. 聚酰亚胺介质膜高频薄膜电容制作工艺 [J]. 航天工艺, 2001 (4): 37 ~ 40.

[30] 温时宝, 张如根, 孙雪丽, 等. 原位聚合沉积制备聚苯胺/聚酰亚胺/聚苯胺复合膜 [J]. 塑料, 2009, 38 (6): 47.

[31] Amrithesh M, Aravind S, JayaJekshmi S, et al. Enhanced Luminescence observed in polyaniline—polymethylmethacrylate composites [J]. Journal of Alloys and Compounds, 2008, 449 (1 - 2): 176 ~ 179.

[32] 曲远方 金莉莉, 郑占中. 聚苯胺/$BaTiO_3$ 复合 PTC 材料的研究 [J]. 稀有金属材料与工程, 2007, 1 (36): 220 ~ 222.

[33] 阎莉莉, 李玉峰, 等. 聚苯胺/蒙脱土复合材料的制备与表征 [J]. 高师理科学刊, 2009, 2 (29): 63 ~ 66.

[34] 范颖, 刘丽敏, 李长江. 胶体分散的聚苯胺/氧化钇纳米复合物的合成与表征 [J]. 高分子材料科学与工程, 2005, 21 (3): 70 ~ 72.

[35] 艾伦弘, 蒋静. 聚苯胺/$ZnFe_2O_4$ 纳米复合物的制备与表征 [J]. 应用化学, 2010, 1 (27): 92 ~ 95.

[36] Javed Alam, Ufana Riaz, Sharif Ahmad. Effect of ferrofluid concentration on electrical and magnetic properties of the Fe_3O_4/PANI nanocomposites [J]. Journal of Magnetism and Magnetic Materials, 2007, 314 (2): 93 ~ 99.

[37] Sangshetty K, Anilkumar R Koppalkar, Revansiddappa M. Dielectric spectroscopy of polyaniline - Dy_2O_3 composites [J]. Physica B: Condensed Matter, 2009, 404 (14 - 15): 1883 ~ 1886.

[38] Ruckenstein E, Yang S. An emulsion pathway to electrically conductive polyaniline – polystyrene composite [J]. Synth Met, 1993, 53: 283 ~ 292.

[39] 南军义，林薇薇，田永辉．共聚物酸掺杂接枝聚苯胺的研究 [J]. 功能高分子学报，2000，13：297 ~ 300.

[40] Wan M X, Yang J. Growth mechanism of transparent and conducting composite films of polyaniline [J]. J. Appl. Polym. Sci, 1993, 49: 1639 ~ 1645.

[41] Kulkarni V G. Tuned conductive coatings from polyaniline [J]. Synth Met, 1995, 71: 2129 ~ 2131.

[42] Wang Yajun, Xu Jing, Zong Weizheng. Enhancement of photoelectric catalytic activity of TiO_2 film via polyaniline hybridization [J]. Journal of Solid State Chemistry, 2011, 184 (6): 1433 ~ 1438.

[43] Marcos Malta, Guy Louarn, et al. Redox behavior of nanohybrid material with defined morphology: vanadium oxide nanotubes intercalated with polyaniline [J]. J Power Sources, 2006, 156: 533 ~ 540.

[44] Su S J, Kuramot N. Synthesis of processable polyaniline complexed with anionicsurfactant and its conducting blends in aqueous and organic system [J]. Synth Met, 2000, 108: 121 ~ 126.

[45] Haba Y, Segal E, Narkis M, et al. Polyaniline – DBSA / polymer blends prepared via aqueous dispersion [J]. Synth Met, 2000, 110: 189 ~ 193.

[46] 姚素薇，刘春松，张卫国．双脉冲电沉积制备 Ni – 聚苯胺复合电极及其析氢性能的研究 [J]. 电镀与涂饰，2006，25 (2)：1 ~ 4.

[47] Souhila Abaci, Belkacem Nessark, Rabah Boukherroub. Electrochemical synthesis and characterization of TiO_2 – polyaniline composite layers [J]. Thin Solid Films, 2011, 519 (11): 3596 ~ 3602.

[48] Ren Gaorui, Qiu Hong, Wu Qing. Thermal stability of composites containing HCl – doped polyaniline and Fe Nanoparticles [J]. Materials Chemistry and Physics, 2010, 120 (1): 127 ~ 133.

[49] Li Yong, Zhao Qing, Wang Yingang, et al. Synthesis and characterization of Bi_2Te_3/polyaniline composites [J]. Materials Science in Semiconductor Processing, 2011.

[50] Cao Y, Smith P, Heeger A J. Counter – ion induced processibility of conducting polyaniline and of conducting poiybiends of polyaniline in bulk polymer [J]. synth Met, 1992: 91 ~ 97.

[51] 刘皓，勾学平，过俊石，等．聚苯胺 / 含联苯结构聚芳砜导电复合膜的研究 [J]. 功能高分子学报，1995 (81)：55 ~ 60.

[52] Ahlskog M, Isotalo H, Ikkala O, et al. Heat – induced transition to the conducting state in polyaniline / dodecyibenzenesuifonic acid complex [J]. Synth Met, 1995, 9: 213 ~ 214.

[53] Wang X H, Geng Y H, Wang L X, et al. Thermal behaviors of doped poiyaniline [J].

Synth Met, 1995, 69: 265 ~ 266.

[54] Chen Weimin, Huang Yunhui, Yuan Lixia. Self – assembly $LiFePO_4$/polyaniline composite cathode materials with inorganic acids as dopants for lithium – ion batteries [J]. Journal of Electroanalytical Chemistry, 2011, 660 (1): 108 ~ 113.

[55] Ding Hangjun, Liu Xianming, Wan Meixiang, et al. Electromagnetic functionalized cage – like polyaniline composite nanostructures [J]. Phys. Chem. B, 2008, 112: 9289 ~ 9294.

[56] Qiao Yan, Li Changming, Bao Shujuan. Carbon nanotube/polyaniline composite as anode material for microbial fuel cells [J]. Journal of Power Sources, 2007, 170 (1): 79 ~ 84.

[57] Anna Nyczyk, Agnieszka Sniechota, Anna Adamczyk. Investigations of polyaniline – platinum composites prepared by sodium borohydride reduction [J]. European Polymer Journal, 2008, 44 (6): 1594 ~ 1602.

[58] 王怡，贾梦秋．分散铂修饰聚苯胺电极的制备及其催化性能 [J]．稀有金属材料与工程，2008，37 (12)：2211 ~ 2215.

[59] Rehan H H. A new polymer/ploymer rechargeable battery: ployaniline/$LiClO_4$ (MeCN) /poly –1 – naphthol [J]. Jonrnal of power sources, 2003, 113 (1): 57 ~ 61.

[60] 马萍，张宝宏，等．聚苯胺/硫复合材料作锂二次电池正极的研究 [J]．功能材料与器件学报，2007，5 (13)：437 ~ 442.

[61] 李秋红．燃料电池用聚苯胺载 Pt 电极的制备及性能分析 [J]．山东理工大学学报(自然科学版)，2009，4 (23)：33 ~ 37.

[62] Mikhaylove A A, Molodkina E B, et al. Electrocatalytic and adsorption properities of platinum microparticles electrodeposited into polyaniline films [J]. J Electroanal Chem, 2001, 24 (2): 119 ~ 127.

[63] 毛定文，田艳红．超级电容器用聚苯胺/活性炭复合材料 [J]．电源技术，2007，8 (13)：614 ~ 616.

[64] 金鑫，王新生，顾大伟，等．聚苯胺/纳米 ZrO_2 复合材料电容的制备及性能研究 [J]．科技资讯，2008，1：2 ~ 3.

[65] 韩桂梅，高飞，李建玲．电化学合成 γ – $Mn0_2$/PANI 复合材料及性能研究．第 28 届全国化学与物理电源学术年会，2009.

[66] Zou Benxue, Liang Ying, Dermot Dianmond, et al. Electrodeposition and pseudocapacitive properties of tungsten oxide/polyaniline composite [J]. Journal of Power Sources, 2011, 196 (10): 4842 ~ 4848.

[67] Sanjeev Kumar, Vaishali Singh, Saroj Aggarwal. Bimodal $Co_{0.5}Zn_{0.5}Fe_2O_4$/PANI nanocomposites: synthesis, formation mechanism and magnetic properties [J]. Composites Science and Technology, 2010, 70 (2): s249 ~ 254.

[68] 苏碧桃，左显维，胡常林．导电聚苯胺与磁性 $CoFe_2O_4$ 纳米复合物的合成及其电磁性能 [J]．物理化学学报，2008，24 (10)：1932 ~ 1936.

[69] Asif Ali Khan, Inamuddin. Applications of Hg (Ⅱ) sensitive polyaniline Sn (Ⅳ) phos-

phate composite cation - exchange material in determination of Hg^{2+} from aqueous solutions and in making ion - selective membrane electrode [J]. Sensors and Actuators B: Chemical, 2006, 120 (1): 10 ~ 18.

[70] Ma Xingfa, Wang Mang, Li Guang. Preparation of polyaniline - TiO_2 composite film with in situ polymerization approach and its gas - sensitivity at room temperature [J]. Materials Chemistry and Physics, 2006, 98 (2 - 3): 241 ~ 247.

[71] Khadijeh Ghanbari, Mir Fazlollah Mousavi. Synthesis of polyaniline/graphite composite as a cathode of Zn - polyaniline rechargeable battery [J]. Journal of Power Sources, 2007, 170 (2): 513 ~ 519.

[72] He Yongjun. Synthesis of polyaniline/nano - CeO_2 composite microspheres via a solid - stabilized emulsion route [J]. Materials Chemistry and Physics, 2005, 92 (1): 134 ~ 137.

[73] Hu X W, Mao C J, Song J M, et al. Fabrication of GO/PANI/CdSe nanocomposites for sensitive electrochemi - luminescence biosensor [J]. Biosensors & Bioelectronics, 2013, 41: 372 ~ 378.

[74] 李琳娜，姜涛钦，杨慧中．基于聚苯胺/氧化钴的磷酸根修饰电极研究 [J]. 传感器与微系统，2015，34 (6): 64 ~ 67.

[75] Bong Gill Choi, HoSeok Park, Hun Suk Im. Influence of oxidation state of polyaniline on physicochemical and transport properties of nafion/polyaniline composite membrane for DMFC [J]. Journal of Membrane Science, 2008, 324 (1): 102 ~ 110.

2 聚苯胺/无机复合材料的制备技术

近年来聚苯胺/无机复合材料受到化学及材料学界的广泛关注和研究。聚苯胺与无机材料的复合能够相互改性，使之集自身的导电性与无机粒子的功能性于一体。导电聚苯胺－无机粒子复合材料综合了高聚物和无机材料的优良性能，通过复合具有特异光、电、磁、催化等性能的无机功能材料，从而改善了聚苯胺的物理、电化学、力学和加工性能等，获得性能更加独特、优越的功能材料，很大程度上拓宽了聚苯胺的应用范围。

聚苯胺－无机复合材料的制备方法包括如下几种方法：

（1）模板法。让复合材料在所谓的"纳米笼"中生成，"纳米笼的大小和形状决定了复合材料的尺寸和形状"。

（2）种子聚合法。这种方法以一定形貌的晶种作为结构引导剂，使得单体在聚合的过程中，聚苯胺形貌的形成朝着晶种的形貌生长。

（3）原位聚合法。首先使无机纳米材料在苯胺单体中均匀分散，然后用类似苯胺单体聚合的方法进行聚合反应得到纳米复合材料。

（4）界面聚合法。将苯胺单体溶解在一种溶剂中，将氧化剂溶解在另一溶剂中，而这两种溶剂不相溶形成界面，同时将无机纳米材料的掺杂剂分散到溶剂中去，在搅拌作用下，复合材料就在界面上不断生成。

（5）插层聚合法。先将聚合物单体分散、插层进入层状无机物的片层中，利用聚合时放出大量的热克服无机物片层间的作用力，并使其剥离，从而使无机粒子与聚合物以纳米尺度复合，该法是针对片层状无机物如石墨、云母、蒙脱土、V_2O_5、Mn_2O_3、二硫化物等。

（6）乳液聚合法。在水、苯胺、表面活性剂、助表面活性剂等共同作用下，形成无数具有微米甚至纳米尺度的微型反应器，而无机纳米粒子、苯胺单体、掺杂剂和氧化剂被分散在一个个微型反应器中，从而能在较短时间内充分发生反应生成复合材料。

（7）共混法。在机械力作用下将纳米粒子直接混入到聚苯胺基体中进行混合，它包括溶液共混法和机械共混法。

（8）自组装法。所谓自组装法，是指基本结构单元自发形成有序结构的一种技术。在自组装的过程中，基本结构单元在基于非共价键的相互作用下自发地组织或聚集为一个稳定的、具有一定规则几何外观的结构，自组装是一种整体的复杂的协同作用，它包括层层自组装和原位自组装等。

（9）电化学合成法。以电极电位为引发力和驱动力，使单体在电极表面直接聚合成膜或沉积在无机纳米粒子上形成复合材料。

其中，原位复合法是制备无机粒子/导电高分子复合材料最常用的一种方法。该方法是在无机粒子和导电高分子单体的共混溶液中加入引发剂，通过单体聚合得到复合材料，如 PANI－ZrO_2、PANI－MnO_2、PANI－CeO_2、PANI－Y_2O_3 等。聚苯胺的导电和催化等性能很大程度上取决于聚合物的掺杂状态和结构，可以通过改变聚苯胺氧化还原状态、掺杂剂或者复合无机粒子来改善聚合物性能。

2.1 聚苯胺/二氧化钛复合材料的制备技术和性能

2.1.1 PANI/TiO_2 复合材料制备工艺

PANI/TiO_2 复合材料的具体制备过程主要分两个部分，即前驱体的制备和复合材料的制备。

2.1.1.1 TiO_2 溶胶－凝胶前驱体制备

TiO_2 溶胶－凝胶前驱体制备方法具体如下：

（1）将 $TiOSO_4$ 溶于去离子水形成透明溶液，在高速搅拌下升高温度到60℃后，滴加一定浓度的 $NH_3 \cdot H_2O$ 调节溶液的 pH 值，当 pH 值大于 2.5 时即开始产生白色沉淀物 $TiO(OH)_4$。然后，抽滤分离出白色沉淀后，用去离子水反复洗涤沉淀物，直至母液中用质量分数为 2% $BaCl_2$ 检测不到 SO_4^{2-} 为止。

（2）将得到的沉淀物分散到硫酸溶液中，加入一定量的聚乙二醇作为分散剂。在一定的温度下经过一定时间的解胶和晶化，从而制得无色或淡蓝色透明的 TiO_2 溶胶。TiO_2 溶胶－凝胶的制备过程如图 2－1 所示。

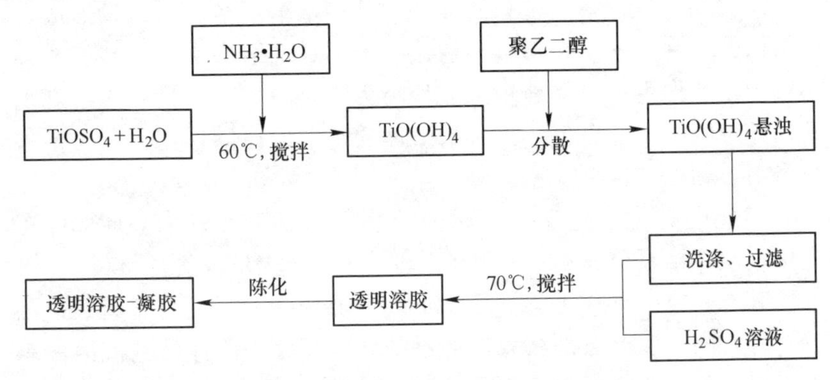

图 2－1　TiO_2 溶胶－凝胶的制备工艺流程

2.1.1.2　PANI/TiO_2 复合材料制备

PANI/TiO_2 复合材料制备方法具体如下：

（1）将一定量经二次减压蒸馏的苯胺单体缓慢注射到一定浓度的 H_2SO_4 溶液中搅拌 15min 后，又取一定量的 TiO_2 溶胶加入到上述溶液中并超声分散 30min。

（2）将溶解于 H_2SO_4 溶液中的复合氧化剂缓慢滴加到上述的悬浊液中，磁力搅拌并用冰水液恒温在 15℃下反应 6h。聚合过程中反应液经历了白色、黄绿色和深绿色的变化。

（3）最后将反应产物进行离心分离，用去离子水洗涤多次以去除杂质及低聚物，随后在 60℃温度下真空干燥 24～36h，得到 PANI/TiO_2 复合材料。制备过程如图 2－2 所示。

2.1.2　PANI/TiO_2复合材料的制备工艺研究

2.1.2.1　反应温度和反应时间对 PANI/TiO_2 复合材料电导率的影响

V（丙酮）/V（水）＝0.2，c（An）＝0.5mol/L，m（TiO_2）：m

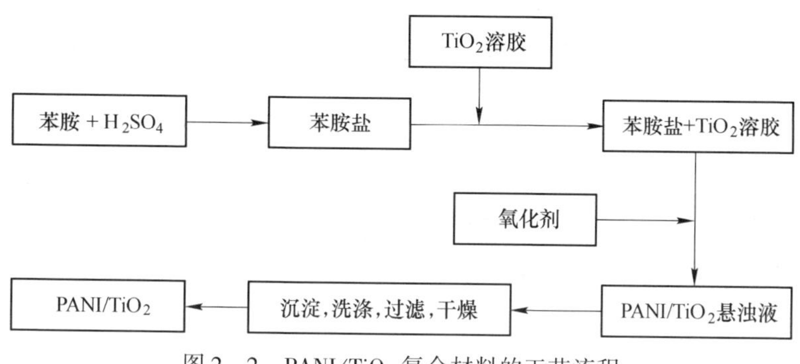

图 2-2 PANI/TiO_2 复合材料的工艺流程

(An) = 0.12，c (H_2SO_4) = 1mol/L，c (APS) = 0.3mol/L。以 5℃、15℃、25℃、35℃为考察对象，研究温度和时间对复合材料导电性的影响。从实验现象可以看出，温度越低反应速率越慢，在 5℃的低温条件下，体系颜色变化较慢，从白色经浅蓝色最后变为深绿色，变化过程约为 30min；在 25℃下，体系在约 10min 的时间内就变成深绿色；而在 35℃时，两三分钟内就完成颜色的转变。图 2-3 给出了在不同反应温度下，电导率与反应时间的关系曲线。由图可知，在不同温度下达到电导率最大值的时间不同，在 5℃温度下，当反应进行 12h 左右，电导率达到最大（23.76S/cm）；在 15℃时反应进行 8h 电导率达最大（19.54S/cm）；在 25℃时反应进行 6h 电导率达最

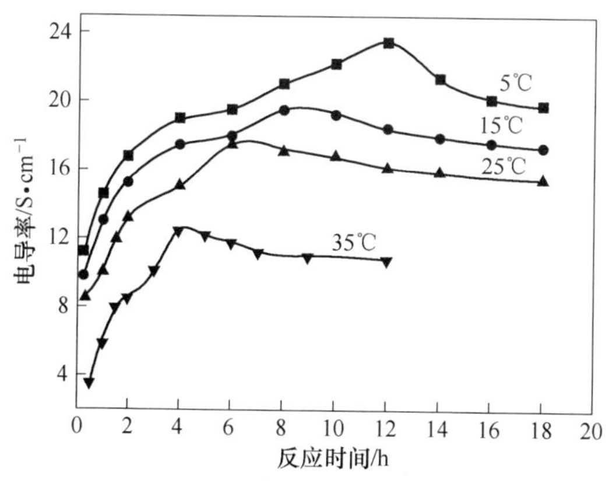

图 2-3 5℃、15℃、25℃和 35℃时反应时间对电导率的影响

大（17.46S/cm）；而在35℃时，电导率达到最大（12.46S/cm）仅用去4h。很明显反应温度越低，反应时间越长，复合材料的电导率越大。

2.1.2.2　氧化剂用量对PANI/TiO_2复合材料电导率的影响

保持其他条件不变，研究氧化剂用量对PANI/TiO_2复合材料电导率的影响，结果见表2－1。从表2－1中可以看出，当复合氧化剂的浓度是0.3mol/L时，PANI/TiO_2复合材料电导率最高。但是，继续增加氧化剂用量，电导率反而下降；可能是因为TiO_2粒子较小，而比表面积较大，过量的氧化剂会使其主链氧化，破坏共轭结构，进而使电导率降低。当氧化剂浓度降低时，因TiO_2吸附的苯胺没有完全氧化成可通过质子酸掺杂而导电的半氧化态的聚苯胺，导致PANI/TiO_2复合材料的电导率明显下降。

表2－1　氧化剂的浓度对PANI/TiO_2复合材料电导率的影响

氧化剂浓度/mol·L^{-1}	0.15	0.3	0.45	0.6
电导率/S·cm^{-1}	11.35	24.68	18.79	2.35
产品状态	浅绿色	翠绿色	灰绿色	灰黑色

2.1.2.3　H_2SO_4浓度对PANI/TiO_2复合材料电导率的影响

其他条件保持不变，使苯胺在TiO_2表面上发生氧化聚合。产物经过滤、洗涤、掺杂和干燥后测其电阻，并换算成电导率。研究H_2SO_4用量对PANI/TiO_2复合材料电导率的影响，结果如表2－2所示。由表2－2可以看出，H_2SO_4的浓度在0.9～1.0mol/L范围内，酸度对PANI/TiO_2复合材料的电导率几乎没有明显的影响，但当H_2SO_4浓度略有降低或者升高时，电导率均有明显下降。当H_2SO_4浓度较低时，其对阴离子主要影响聚合物分子链上的电子排布，构成导电通路，并且可在大分子链间形成阵列结构，使复合材料中聚苯胺分子链较好地堆积，弥补分子链上的绝缘缺陷，宏观上表现为电导率逐步上升。当H_2SO_4的浓度过高时，其对阴离子阵列进一步扩大，静电排斥作用和空间效应可能会使复合材料中聚苯胺分子链互相分离，分子链间的电子传导受阻，致使本已较完整的导电通路受到破坏，电导率大幅度下降。

表 2-2 H_2SO_4 浓度对 PANI/TiO_2 复合材料电导率的影响

H_2SO_4 浓度/mol·L^{-1}	0.8	0.9	1.0	1.3
电导率/S·cm^{-1}	14.35	23.68	21.79	17.35
产品状态	浅绿色	翠绿色	翠绿色	灰黑色

2.1.2.4 TiO_2 含量对 PANI/TiO_2 复合材料电导率的影响

其他条件保持不变，研究不同含量的 TiO_2 溶胶对产物的电导率影响如表 2-3 所示。由表 2-3 可以看出，体系的电导率随 TiO_2 含量的增加而先增加后下降。结合图 2-4 不同 TiO_2 含量对产物在 NMP 中的特性黏度影响分析可知，随着 TiO_2 用量的增加，产物的特

表 2-3 TiO_2 含量对 PANI/TiO_2 复合材料电导率的影响

$m(TiO_2):m(An)$	0.0	0.06	0.08	0.12	0.16	0.25
电导率/S·cm^{-1}	21.25	21.43	22.68	24.79	21.12	8.35
产品状态	翠绿色	浅绿色	翠绿色	翠绿色	白绿色	白绿色

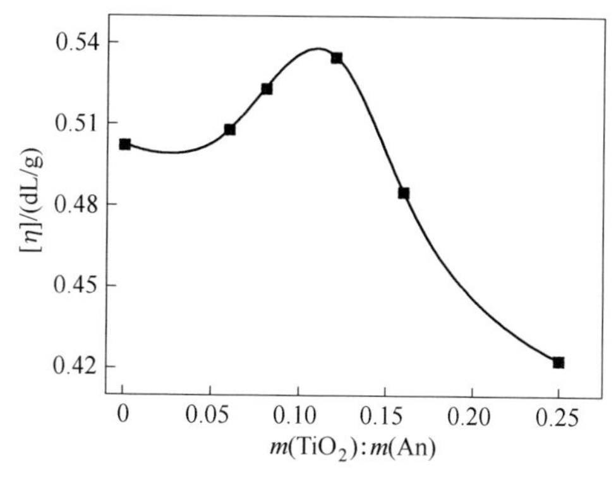

图 2-4 TiO_2 用量对 PANI/TiO_2 复合材料特性黏度的影响

性黏度呈先增加后减小的趋势。说明 TiO_2 加入对 PANI 分子链的结构有影响，$m(TiO_2):m(An)=0.12$ 时，产物的黏度最大，此时的分子链最长，共轭导电最容易。

这可能由于导电聚苯胺与少量的无机组分杂化后，两者之间氢键的作用使导电聚苯胺的形态发生了改变，从而提高了聚苯胺分布的均匀性，使得复合材料的导电性增加。Wessling 等人在导电聚苯胺和聚甲基丙烯酸甲酯的共混体系中，也发现了类似的现象，并认为这种导电性的增加是由导电聚苯胺在共混物种形态的改变而引起的。另外，产生这种现象的原因可能是 TiO_2 和 PANI 之间的相互作用。当 TiO_2 用量较小时，TiO_2 对 PANI 分子链排布的限制作用逐渐明显，可使聚合物链的排布趋于规整，导电通路畅通利于载流子传输。但当 TiO_2 用量大到一定程度时，它的绝缘性就会表现出来，阻断聚合物的通路，导致复合材料电导率的降低。

2.1.3　PANI/TiO_2 复合材料的结构及表面形貌

对合成条件为：V（丙酮）/V（水）= 0.2，c(An) = 0.5mol/L，$m(TiO_2):m(An)=0.12$，$[H_2SO_4]=0.9$mol/L，[APS] = 0.3mol/L，反应温度低温，反应时间 12h 所得 PANI/TiO_2 复合材料进行结构和形貌分析。

2.1.3.1　SEM 及成分分析

图 2-5 给出了较佳条件下原位聚合得到的 PANI/TiO_2 的 SEM 照片。为了更深入地了解 PANI/TiO_2 复合材料的微观特性，对复合材料进行了微区能谱分析，微区元素分析结果如表 2-4 所示。

表 2-4 中给出了 PANI/TiO_2 复合材料表面任意 4 个位置所含元素的质量分数，除了主要元素 C、N、O、S 和 Ti 外，并没有含有其他杂质元素；其中 C、N、O 和 S 是 PANI 分子中所含有的元素，O 和 Ti 是二氧化钛中所含有的元素。由能谱分析得到的数据进一步说明 PANI/TiO_2 复合材料中聚苯胺基本上是在 TiO_2 表面聚合的，说明所制备的 TiO_2 溶胶在苯胺体系中分散比较均匀。

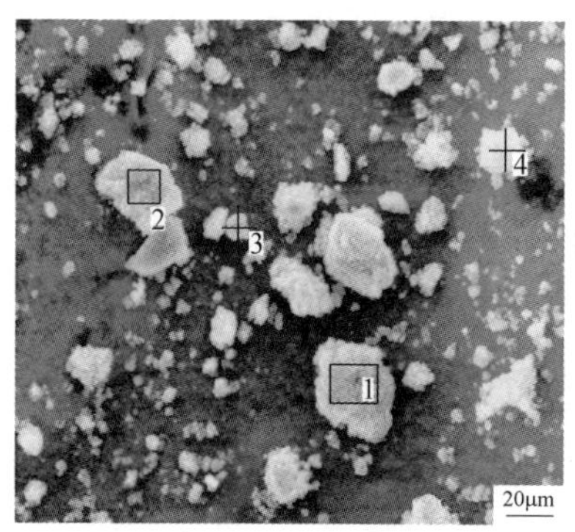

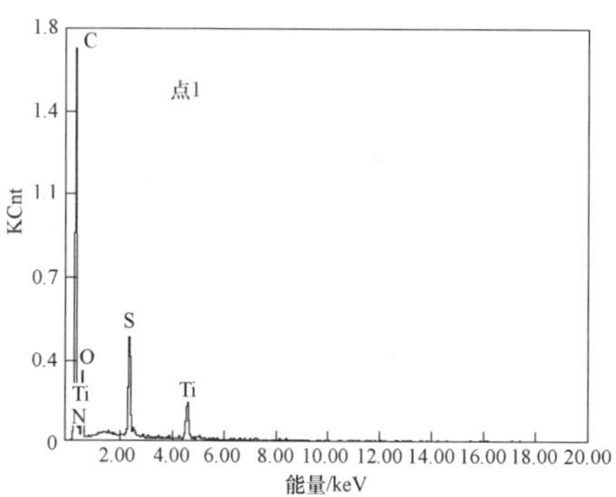

图2-5 PANI/TiO_2 复合材料的SEM和EDAX能谱图

表2-4 PANI/TiO_2 复合材料的能谱分析数据

微区位置	各元素质量分数/%				
	C	N	O	S	Ti
点1	68.67	9.14	12.84	5.12	4.23
点2	67.88	6.94	13.57	4.02	5.88
点3	72.42	8.72	10.86	4.84	3.34
点4	68.71	11.14	12.08	3.99	4.09

2.1.3.2 TEM分析

图2-6为PANI/TiO_2 不同放大倍数下的TEM照片。从图可以看出，颜色较深的为TiO_2，由于TiO_2 有一定的几何形状，颜色较深；其外边包裹的PANI颜色比较浅，由于元素的原子系数较少。由图2-6表明，PANI不均匀地分散在TiO_2 的表面形成了核-壳结构。

2.1.3.3 FTIR分析

图2-7为PANI-SA和PANI/TiO_2 复合材料的FTIR图，各吸收峰与基团的对应如表2-5所示。从图2-7和表2-5可以看出，两者的峰形基本一致，表明在复合材料中有机基体的结构不变。但与PANI-SA相比，PANI/TiO_2 特征峰的位置大部分向低频方向发生红

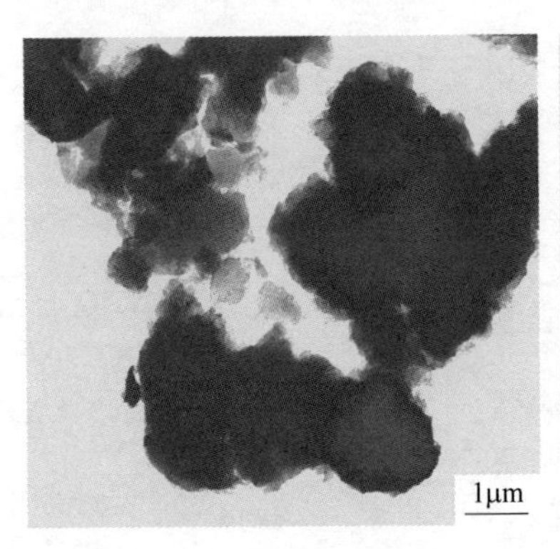

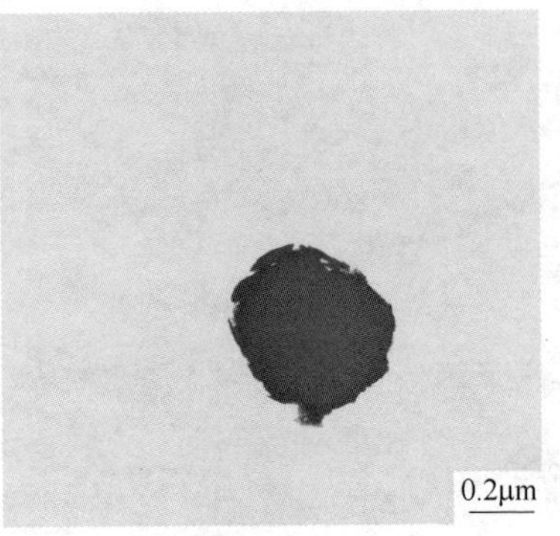

图 2-6　PANI/TiO_2 复合材料的 TEM 图

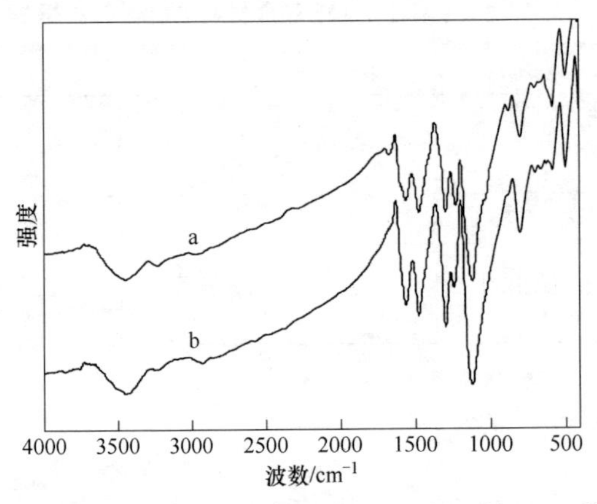

图 2-7　PANI-SA(a) 和 PANI/TiO_2(b) 的 FTIR 特性

表 2-5　PANI-SA 和 PANI/TiO_2 有机基团与 FTIR 谱峰的对应关系

波数/cm^{-1} / 振动基团	PANI-SA /cm^{-1}	PANI/TiO_2 /cm^{-1}	偏移（PANI-SA）/cm^{-1}
醌环骨架振动	1565	1562	红移 3
苯环骨架振动	1479	1475	红移 4
N—B—N 伸缩振动	1299	1299	不变
N ═Q ═N 类电子吸收	1239	1232	红移 7
N ═Q ═N 结构模式振动	1123	1121	红移 2
1，4 取代苯环 C—H 平面外弯曲振动	804	802	红移 2

移。这是由于 TiO_2（O—Ti—O）使聚合物分子链上电子云密度下降，降低了原子间的力常数，大多数吸收峰向低频方向红移[1]。也说明 PANI 分子链和 TiO_2 之间存在强的相互作用力。802cm^{-1}处的吸收峰也特别明显，说明苯胺单体是在 TiO_2 纳米微粒的表面进行头－尾连接的方式聚合。另外，1239cm^{-1}处吸收峰被认为是来自双极化子结构，在 PANI/TiO_2 复合材料中红移了 7cm^{-1}，并且强度也有一定程度的增加，这说明在复合材料中双极化子结构增多，材料的导电性得以增强。

2.1.3.4 Raman 分析

图 2－8 为 PANI/TiO_2 复合材料和纯 PANI－SA 的 Raman 光谱图。图 2－8a 中，1618cm^{-1}对应着苯环中 C—C 键的伸缩振动峰，1497cm^{-1}对应着醌环中 C ═N 键的伸缩振动，1410cm^{-1}的拉曼峰说明聚苯胺的掺杂程度，1341cm^{-1}和 1244cm^{-1}对应着半醌结构中氮阳离子自由基（C—N^+ · 模式振动）的伸缩振动，1190cm^{-1}对应着苯环 C—H 键的面外弯曲振动峰，1170cm^{-1}对应着醌环 C—H 键的面外弯曲振动峰；在低于 1000cm^{-1}处出现的许多小拉曼峰对应着 PANI－

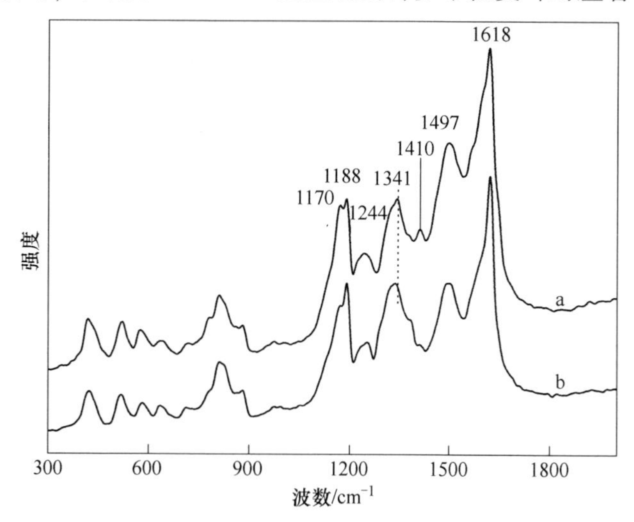

图 2－8　PANI/TiO_2(a) 和 PANI－SA(b) 的 Raman 光谱图

SA 链的变形振动峰。而图 2 - 8b 中，半醌结构中 C—N^+ · 模式振动峰为 1334cm^{-1}，红移了 6cm^{-1}，并且强度也略有提高。同时在 1410cm^{-1}处的振动峰基本消失，说明复合后 PANI 的掺杂程度提高；1170cm^{-1}对应着醌环 C—H 键的面外弯曲振动峰减弱，由复合材料中醌环结构减弱导致。可以推断 TiO_2 与 PANI 之间的化学键的作用发生在 C—N^+ · 键的 N 原子上。

2.1.3.5　XRD 分析

图 2 - 9 为 TiO_2 和 PANI/TiO_2 复合材料的 XRD 图。由图可知，TiO_2 粒子的衍射峰在复合材料中也没有明显的变化，仍是锐钛矿型 TiO_2。在 PANI 与 TiO_2 粒子形成复合物时，PANI 的衍射峰几乎看不出；也就是说 TiO_2 颗粒的存在影响了 PANI 的结晶。这可能是因为 PANI 吸附在 TiO_2 表面，其分子链被固定，运动和生长均受到限制，从而其结晶度减小。以上这些现象都表明 PANI 与 TiO_2 之间并不是简单的包覆关系，结合光谱分析可以推断它们之间存在化学键作用。

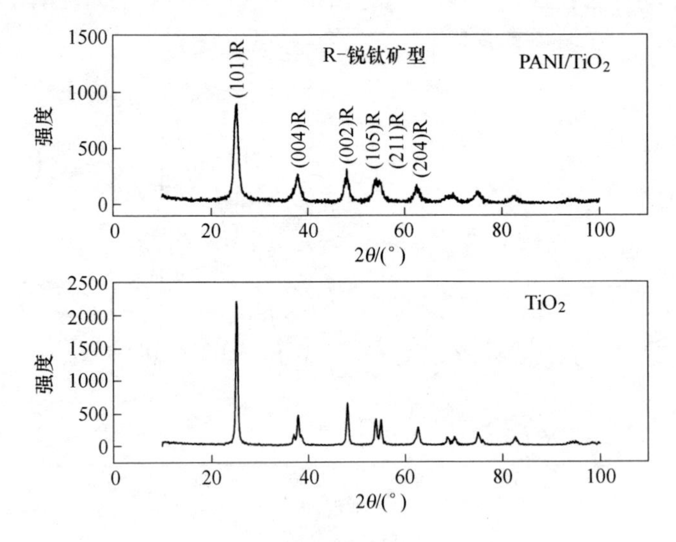

图 2 - 9　TiO_2 和 PANI/TiO_2 的 XRD 衍射图谱

2.1.3.6 XPS 分析

图 2－10 为样品 PANI－SA 和 PANI/TiO_2 的 XPS N_{1s}图谱。在纯 PANI－SA 的主链结构中，N_{1s}有三种成键方式：—N ═、—NH—和—N^+═，对应的结合能分别约为 398.5eV、399.7eV 和 401.43eV。而 PANI/TiO_2 从 N_{1s}谱峰的拟合结果可看出有三个分峰的存在，结合能为 398.7eV 和 399.6eV 的结合能峰分别归属于醌二亚胺（—N ═）结构和苯二胺（—NH—）结构，而结合能为 401.2eV 的峰则对应于质子化亚胺（—N^+═）。

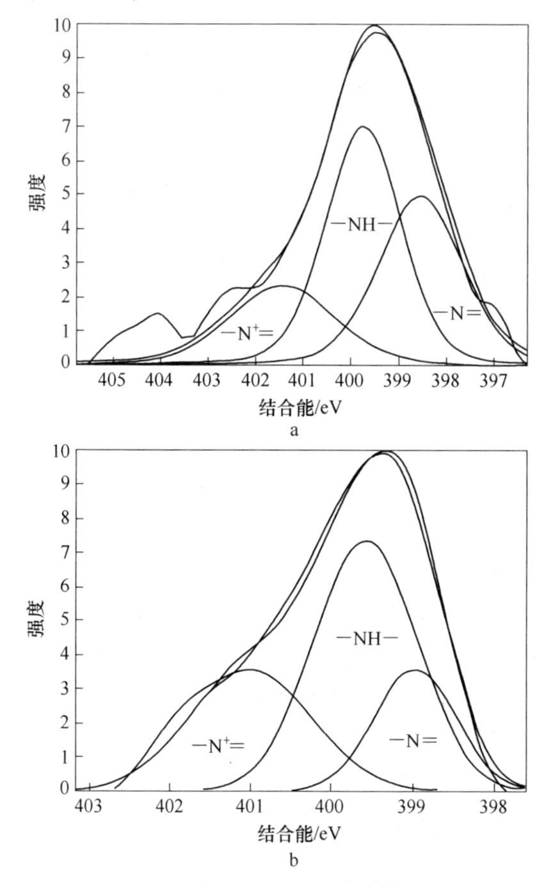

图 2－10 PANI－SA（a）与 PANI/TiO_2 复合材料（b）的 XPS N_{1s}谱

PANI－SA 与 PANI/ TiO_2 复合材料的 N_{1s} 各基团与 N 元素的强度比如表 2－6 所示。其中，由于质子掺杂优先发生在醌二亚胺的氮原子上，因此定义—N^+═的强度与—N^+═和—N ═的强度和之比来表征 N 的质子化程度[2]。由表 2－6 可见，PANI/TiO_2 复合材料中氮原子的质子化程度明显要高于聚苯胺中氮原子，这说明在 TiO_2 颗粒的存在下，酸对 PANI 的掺杂水平提高；同时由于适量 TiO_2 在 PANI 分子链中均匀分散，可起到使 PANI 分子链规整排布的作用，形成均匀包覆结构，有利于电子在分子链上及链间的传输，从而提高电导率。PANI/TiO_2 复合材料的导电性能要更好。

表 2－6　PANI－SA 与 PANI/TiO_2 复合材料的 N_{1s} 各基团与 N 元素的强度（I）比

试样	I（—N═）/ I（N）	I（—NH—）/ I（N）	I（—N^+═）/ I（N）	I（—N^+═）/ [I（—N═）+I（—N^+═）]
PANI－SA	0. 3509	0. 4413	0. 2078	0. 3719
PANI/TiO_2	0. 2017	0. 5367	0. 2607	0. 5630

2. 1. 4　PANI/TiO_2 稳定性研究

2. 1. 4. 1　热稳定性

图 2－11 为 TiO_2、PANI/TiO_2 和 PANI－SA 的热分析曲线。图 2－11 表明 TiO_2 在室温到 1000℃的温度范围内基本上没有质量损失，表明 TiO_2 在此温度范围内比较稳定，只可能有晶型的转变即从锐钛矿型变为金红石型。而 PANI－SA 和 PANI/TiO_2 在室温到 1000℃的温度范围内有两步重量损失。在 42～150℃的温度范围内发生的第一步重量损失是由水分子及掺杂酸从聚苯胺基体中脱离所致的。在 220～1000℃的温度范围内发生的第二步重量损失则是由聚苯胺骨架的大规模降解所致的。PANI/TiO_2 复合材料的热稳定性有一定程度的提高，PANI/TiO_2 中聚苯胺骨架降解在约 252℃有失重，而纯的 PANI－SA 骨架降解在约 220℃有大量失重。这可能是由 TiO_2 晶粒复合到聚合物的晶格中，TiO_2 粒子与聚合物骨架中的 N 原子产生了强烈

的化学键力所致的。

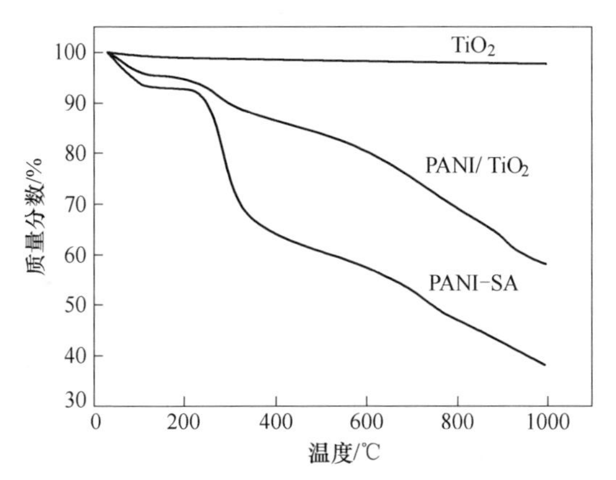

图 2-11 TiO_2、PANI/TiO_2 和 PANI-SA 的热分析曲线

2.1.4.2 吸水性能

苯胺在 TiO_2 表面发生聚合对其吸水性能产生了影响，本研究采用的研究吸水性能的方法为：将一定量的 PANI/TiO_2 复合材料和 PANI-SA 压成柱形，然后浸入水中，观察它们吸水性能的变化。4h 后 PANI/TiO_2 复合材料的吸水率为 25%，24h 后其吸水率仍无明显的变化；而 PANI-SA 浸 4h 后其吸水率为 32%，浸 6h 后吸水率为 48%，浸至 24h 后吸水率再无变化。可见苯胺在 TiO_2 表面发生聚合会使复合材料的吸水率下降。复合材料吸水性能的降低为以后作为电极材料提供更有利的条件。

2.1.5 PANI/TiO_2 复合材料的形成机理

锐钛矿型 TiO_2 的晶体结构属四方晶系，其组成结构的基本单位是 TiO_6 八面体。锐钛矿的八面体畸变最大。尽管它的畸变最大，由于锐钛矿结构的晶体对称性很高，所有的氧原子都占据相同的位置。锐钛矿结构中所有的短键都被用来共用相连而没有暴露在隧道的自由空间中。构成隧道的多面体的体积比 TiO_6 八面体的体积大，可以容纳较大的阴离子和阳离子。锐钛矿晶体的这种多孔结构使得在其晶体表面产生许多大的空穴，这些大的空穴可以捕获较大的离子和分子。图 2－12 所示为锐钛矿的单元结构。

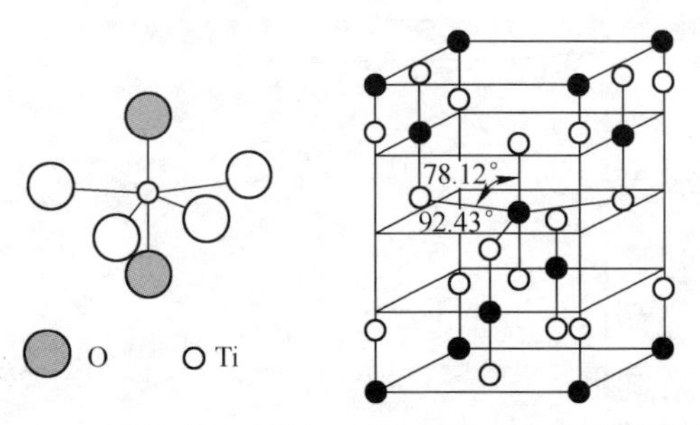

图 2－12　锐钛矿 TiO_2 的八面体结构和晶体结构示意图

根据前面的红外和拉曼光谱分析，TiO_2 在 PANI 的掺杂过程中所起的作用是由 TiO_2 中的 O 离子置换了 PANI 链中的对阴离子形成导电空穴。随着 TiO_2 初期的加入，在 PANI 分子链上会抑制阳离子自由基生成的对阴离子，受到 TiO_2 中的 O 离子的置换，致使原来相临的两个对阴离子被 O 离子置换走。由电荷平衡理论推断出取而代之的是一个 2 价的 O^{2-}，这样在 PANI 分子链上形成了一定的电势梯度分布，对 PANI 链上电荷的传输产生了推动作用，随之在一定浓度范围内整个体系的电导率升高。当 TiO_2 和 PANI 复合时形成了一定的电子空穴和自由电子，使复合材料的电导率在一定范围内出现最大值。掺杂过程如图 2－13 所示。

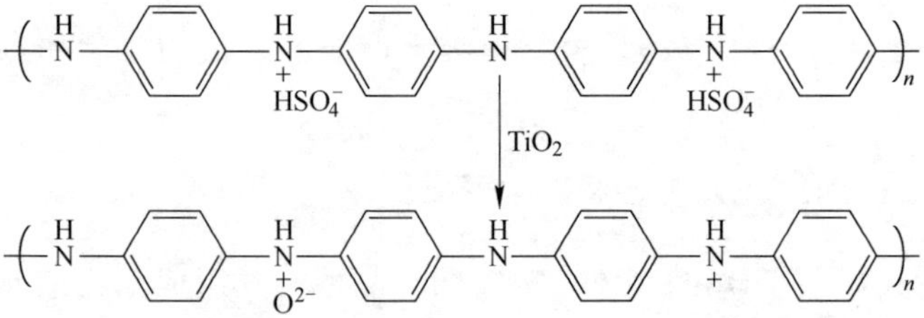

图 2－13　TiO_2 掺杂 PANI 导电模型推断图

当然，TiO_2 的掺杂也存在着使电导率下降的情况。这可能是因为随着 TiO_2 的加入 TiO_2 浓度越来越高，从占有体积的比例上 TiO_2 有增无减。这样在整个复合体系内，TiO_2 的浓度逐渐升高，抑制了对阴离子与氧离子的置换，使得整个导电体系电导率下降。

PANI 与 TiO_2 粒子原位复合产生协同作用影响电导率，还可能是因为 PANI 和 TiO_2 表面形成 pn 结。由于 p 型区和 n 型区载流子浓度和类型不同，在 PANI 和 TiO_2 交界面处，电子会由 n 区向 p 区扩散，并在扩散过程中不断与空穴复合。同样空穴也有 p 区向 n 区扩散，在 n 区与电子复合。这样可将 PANI/TiO_2 复合体分成 p 区、pn 结的传输区和 n 区 3 个区。在 pn 结附近的 p 区积累负电荷，n 区积累正电荷，pn 结处产生内建电场，载流子分布呈线性，具有整流特性，在外场下会有空穴和电子两种载流子参与导电。pn 结对导电的作用与外电场的极性有关，若所加外电场是正（即削弱 pn 结电场），则导电增加；若外加电场为负，则阻碍导电。当然聚苯胺与 TiO_2 粒子复合产生协同作用影响导电性的机理，还有待进一步深入研究。

从上面的分析可知，苯胺单体在 TiO_2 微粒存在下聚合反应过程及复合材料结构、两相间相互作用如图 2－14 所示。

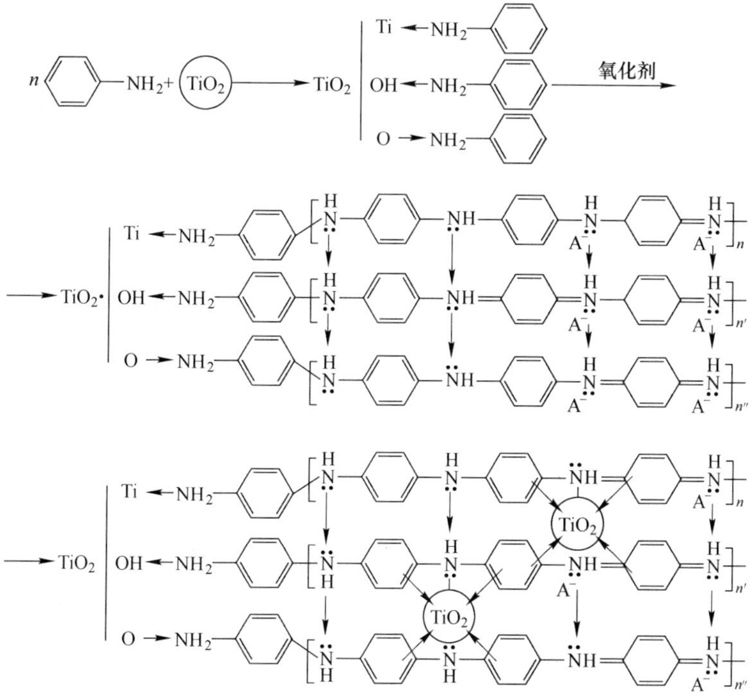

图 2－14 PANI/TiO_2 复合材料合成反应及分子结构模型

2.2 聚苯胺/碳化钨复合材料的制备技术和性能

2.2.1 PANI/WC 复合材料的制备工艺

PANI/WC 复合材料的制备工艺具体如下：

（1）首先对 WC 粒子做表面改性处理，将一定量的 WC 放于浓混合酸（HNO_3 与 H_2SO_4 的混合，两者的体积比为 1∶(1.5 ~ 3)）中，在 80 ~ 100℃温度下加热回流 8 ~ 14h；然后用蒸馏水洗涤至中性，烘干，最后经过高速磨 4 ~ 8h，得到改性后的 WC 粒子。

（2）配制一定浓度的酸溶液，并保持溶剂中的丙酮和水按体积比为 0.2；取一定量的上述改性后的 WC 粒子加入到上述酸溶液中，再加入适量的表面活性剂和苯胺单体后，进行超声分散 2 ~ 4h。

（3）将溶解于酸溶液中复合氧化剂缓慢滴加到上述的悬浊液中，磁力搅拌并用冰水混合液恒温在 10℃下反应 8h。

（4）最后将反应产物进行离心分离，用去离子水洗涤多次以去除杂质及低聚物，随后在 60℃温度下真空干燥 24 ~ 36h，得到 PANI/WC 复合材料。制备过程如图 2 – 15 所示。

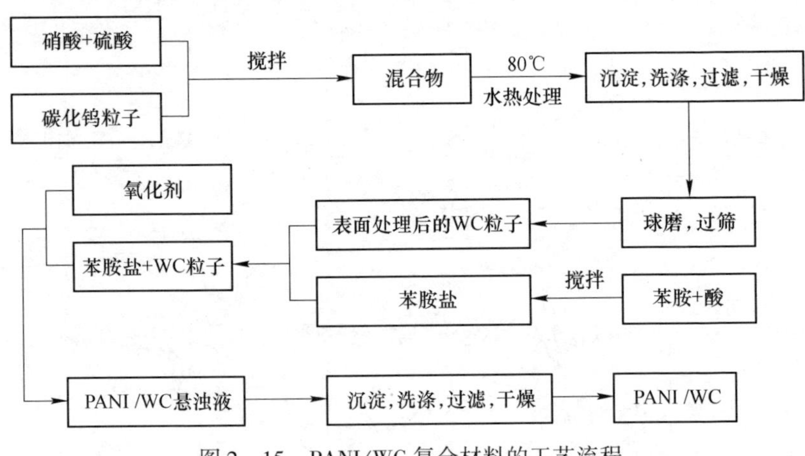

图 2 – 15 PANI/WC 复合材料的工艺流程

为了探讨较佳条件，按上述实验步骤实施合成，合成时分别改变 APS、WC、酸的用量和种类以及反应温度、聚合反应时间，考察其对电导率的影响。

作为对比，本文也用机械共混法制备了 PANI/WC 复合材料。步骤如下：将制备的 PANI 和与 WC 按照不同比例质量混合，球磨 5h，过 200 目筛网，即可得到 PANI/WC 复合材料。

2.2.2 PANI/WC 复合材料的制备工艺研究

2.2.2.1 反应温度和反应时间对 PANI/WC 复合材料电导率的影响

V（丙酮）/V(水) = 0.2，c(An) = 0.5mol/L，m(WC) ∶ m(An) = 0.15，$c(H_2SO_4 + SSA)$ = 1mol/L（其中 SSA 与 H_2SO_4 的配比为 2.5∶10），[复合氧化剂] = 0.4mol/L（氧化剂中 APS 与 PDS 的配比为 10∶1），以 5℃、10℃、15℃、25℃为考察对象。从实验现象可以看出温度越低反应速率越慢。在 5℃的低温条件下，体系颜色变化较慢，从灰色经浅蓝色最后变为深绿色，变化过程约为 30min。在 10℃下，体系在约 20min 内就变成深绿色。而在 25℃时，5min 内就完成颜色转变。图 2－16 是在所设定的几种反应温度下，电导率随反应时间的变化曲线。由图 2－16 可知，各温度下曲线的总体变化趋势相似，但不同温度下电导率达到最高点的时间不同，温度越低达到最高点的时间越长。且不同温度下在相同的反应时间时，所得样品的电导率也不同，其最大值也不同，温度过低或过高都不利

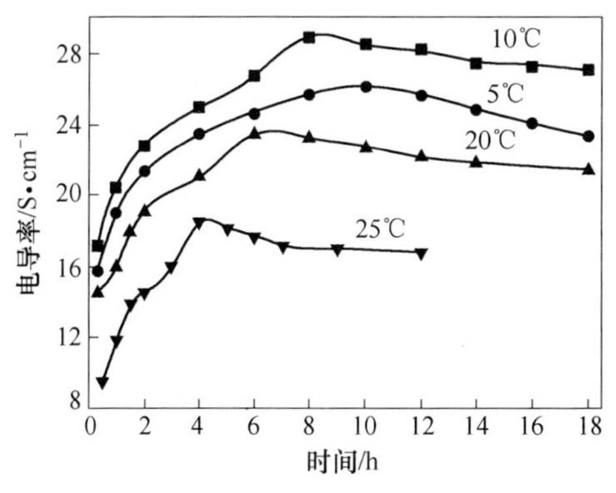

图 2－16 不同温度下反应时间对 PANI/WC 复合材料电导率的影响

于获得高电导率。当温度为10℃时，聚合反应8h左右产物的电导率可达最大值（28.95S/cm）。由于掺杂剂是SSA和H_2SO_4混合，H_2SO_4分子尺寸小，扩散速度较快，温度对电导率和产率的影响主要体现为负效应，即电导率和产率随温度升高而下降。而SSA分子尺寸大，扩散速度慢，温度对电导率和产率的影响主要体现为正效应，即电导率和产率随温度升高而增大。综合考虑正负效应的影响，反应温度高于10℃时，负效应大于正效应；反之负效应小于正效应。

2.2.2.2 氧化剂用量对PANI/WC复合材料电导率的影响

保持其他条件不变，研究氧化剂用量对PANI/WC复合材料电导率的影响，见图2-17。由图可见，当氧化剂用量比较小时，得到聚苯胺大分子聚合度低，产物中缺乏长的导电通道，电导率很低；随着氧化剂用量的增大导电率也逐步增大，当氧化剂用量为0.45mol/L时，电导率最大。之后，随着氧化剂用量的增大，电导率反而下降。由于体系的氧化电势较高，过高的氧化电势可使苯胺深度氧化，聚合物大分子链的共轭结构遭到破坏，导电通路受阻，电导率下降，甚至可被过氧化为导电性较差的完全氧化态。

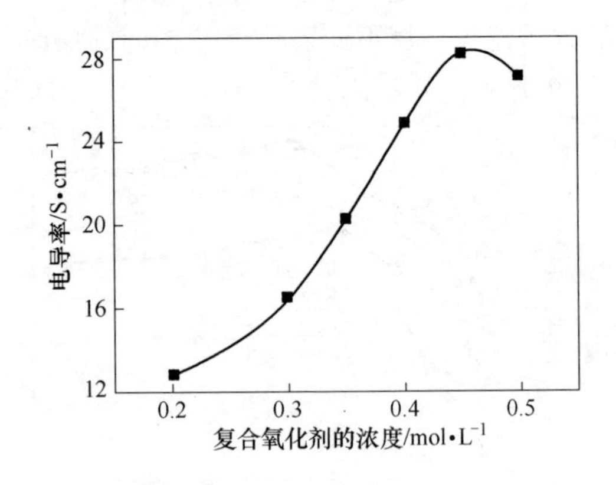

图2-17 复合氧化剂用量对PANI/WC复合材料电导率的影响

2.2.2.3 掺杂剂用量对 PANI/WC 复合材料电导率的影响

其他条件不变，研究复合掺杂剂用量对产物性能的影响，实验结果如图 2－18 所示。由图可知，随着复合掺杂剂浓度逐渐增大，电导率呈先上升后下降的趋势，当复合掺杂剂的浓度为 1mol/L 时，电导率有最大值。由于 SSA 和 H_2SO_4 在 PANI/WC 复合材料中作为对阴离子，不仅影响导电通路的畅通，而且可能影响聚合物分子链的某种精细结构排列（即聚合物链的聚集状态）。当复合掺杂剂浓度较小时，$[SSA + H_2SO_4]^-$ 作为对阴离子主要影响聚合物分子链上的电子排布，构成导电通路，并且可在大分子链间形成阵列结构，使聚苯胺分子链能较好地堆积，弥补分子链上的绝缘缺陷，宏观上表现为电导率逐步上升。当复合掺杂剂浓度较大时，$[SSA + H_2SO_4]^-$ 阵列进一步扩大，静电排斥作用和空间效应可能会使聚苯胺分子链互相分离，分子链间的电子传导受阻，致使本已较完整的导电通路受到破坏，电导率大幅度下降。

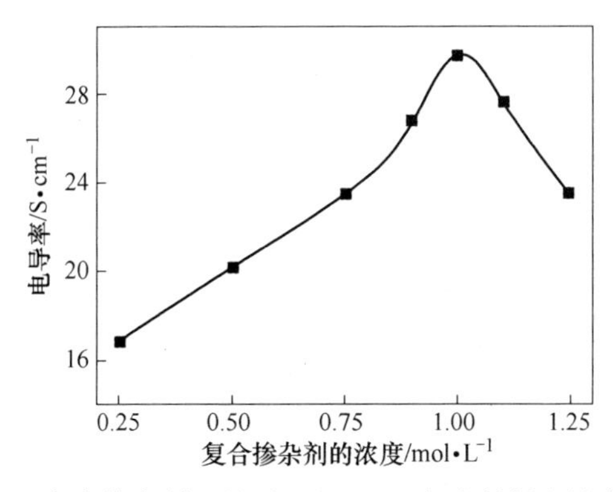

图 2－18 复合掺杂剂用量对 PANI/WC 复合材料电导率的影响

2.2.2.4 WC 用量对 PANI/WC 复合材料电导率的影响

保持其他条件不变，研究 WC 粒子的用量对 PANI/WC 复合材料电导率的影响，结果如图 2－19 所示。由图可看出，随着 WC 掺入量的增加，电导率呈现上升趋势；当 WC 的掺入量为 m（WC）：m

(An) = 0.15 时，PANI/WC 复合材料的电导率达到最大值，为 29.78S/cm；此后，WC 掺入量继续增加，电导率又逐渐下降。这可能是当 WC 的掺入量为 m (WC) : m (An) = 0.15 时，大多数的 WC 粒子都被 PANI 包裹，体系的致密度提高，聚合物粒界间的作用力得到明显的增强，复合产生的协同作用增强，最终导致电导率的增大。当 WC 的掺入量继续增加后，产物中出现过多的 WC 游离粒子，从而降低了电导率。整体而言，原位聚合方法制备 PANI/WC 复合材料的电导率比机械共混制备 PANI/WC 复合材料的电导率好。

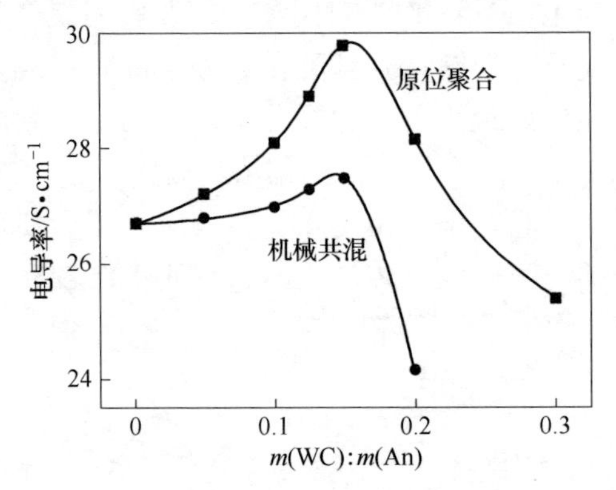

图 2－19　WC 用量对 PANI/WC 复合材料电导率的影响

图 2－20 为不同 WC 含量对产物在 NMP 中的特性黏度。由图可知，机械共混所得复合材料中 PANI 的黏度基本不变，说明它的分子结构并没有改变；原位聚合所得复合材料中 PANI 的黏度值随着 WC 含量的增加呈先增大后减小的趋势变化，说明它的分子结构已经从低聚物转变成高聚物，导致导电性提高。

聚合物的导电性来自两个方面，微观导电性与宏观导电性。微观导电性取决于聚合物共轭程度、链长及链的有序性等因素，而宏观导电性取决于一些外在的因素如样品的后处理等[3]。PANI/WC 复合材料中，由于 WC 粒子作为模板或核，PANI 链在 WC 粒子表面逐渐增长，从而减少了链与链之间的缠绕，提高了有序性，导电通路畅通利于载流子传输。在一定范围内，随着 WC 在 PANI/WC 复合材料中含量的升高，这种有序性的变化更加明显，因而使导电性有显

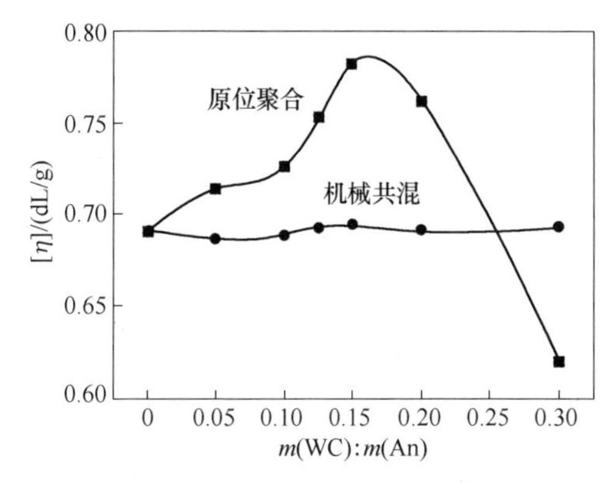

图 2-20 WC 用量对 PANI/WC 复合材料特性黏度的影响

著提高。当 WC 超过一定量时，过多的未包覆的 WC 纳米粒子会降低 PANI/WC 复合材料的电导率。而机械共混条件下 PANI 和 WC 粒子只是物理意义上的分散混合，并没有形成微观的包覆形态，WC 不能起到模板的作用。它的电导率取决于共混的两个组分的导电性，因此它的电导率比原位聚合法制备的复合材料要小得多。

2.2.3 PANI/WC 复合材料的结构及表面形貌

对聚合条件为：在 10℃左右反应约 8h，V（丙酮）/V(水) = 0.2，c(An) = 0.5mol/L，m（WC）∶m（An）= 0.15，c（H_2SO_4 + SSA）= 1mol/L（其中 SSA 与 H_2SO_4 的配比为 2.5∶10），c（复合氧化剂）= 0.45mol/L（氧化剂中 APS 与 PDS 的配比为 10∶1）所得 PANI/WC 复合材料的结构和形貌进行分析。

2.2.3.1 FTIR 分析

图 2-21 为较佳条件下合成纯 PANI-SA+SSA 和 PANI/WC 复合材料的 FTIR 图。从图可看出，两条曲线的形状相似，说明复合后生成的有机物的结构不变，但有细微的差别。对于纯 PANI-SA+SSA 而言，3448cm^{-1}左右的吸收峰对应着 N—H 键振动，1561cm^{-1}左右的吸收峰为链中醌环的 C ═C 键的伸缩振动峰，1472cm^{-1}左右的吸收峰为苯环 C ═C 的伸缩振动峰，1292cm^{-1}左右的吸收峰为与

醌式有关的C—N伸缩振动峰，1239cm^{-1}左右的吸收峰为与苯环有关的C—N伸缩振动峰，1122cm^{-1}左右的吸收峰为质子化过程中B—N^{+}，Q═N^{+}和N═Q═N结构中的C—H的平面弯曲振动醌环的伸缩振动峰，798cm^{-1}左右的吸收峰来自二取代苯环上的C—H面的外弯曲振动峰。波数更低一些的峰主要被认为是由端基小分子的存在引起的。

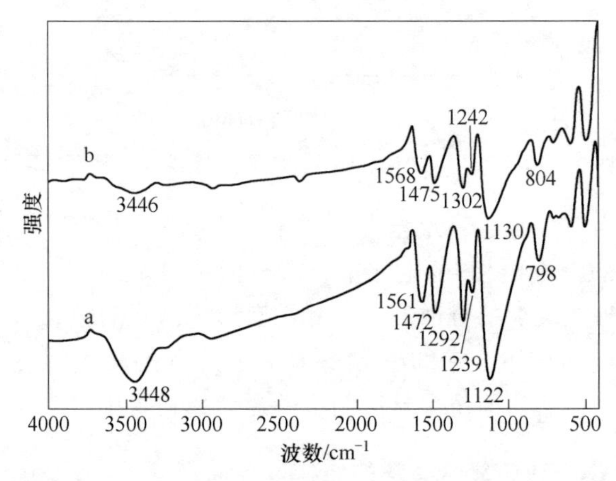

图2-21 纯PANI-SA+SSA（a）和PANI/WC复合材料（b）的FTIR图

与PANI-SA+SSA相比，PANI/WC复合材料中的各吸收峰都变宽、变钝，同时峰的强度也略有下降，并且还发生蓝移。变化明显的是1561cm^{-1}、1472cm^{-1}和1122cm^{-1}处的特征峰分别蓝移至1568cm^{-1}、1475cm^{-1}和1130cm^{-1}。这可解释为由于WC粒子存在，苯胺单体首先吸附在WC粒子表面，聚合过程首先在WC表面进行。这导致了聚合物链被WC粒子吸附和围绕而受限生长，颗粒内部发生畸变使得键长变短，这种吸附和链的受限生长模式导致键振动频率升高。在PANI与WC的复合过程中，它们之间有化学键的结合，而PANI具共轭结构，这种影响会随着大π键影响整个分子链的振动频率，导致蓝移。而3446cm^{-1}左右的吸收峰移动不明显，由于N—H键不在PANI主链上，它的振动受共轭的影响很小，所以它的波数没有明显的变化。但是可以看出纯PANI-SA+SSA中，N—H键的振动很强，而与WC复合后，这个峰减弱很多甚至接近于消失，说明 N—H 键已经很少，或者已经变成了其他形式存在。通过与后面的 Raman 光谱分析结合可以认为，PANI 与 WC 之间存在化学键的作用，它们之间的结合可能就发生在 N 原子上，取代了大部分的 N—H 键的结合，这也就是为什么在 FTIR 光谱中键的振动吸收峰在复合后减弱甚至消失的原因。

2.2.3.2 Raman 分析

图 2-22 为纯 PANI-SA+SSA 和 PANI/WC 复合材料的拉曼谱图。图 2-22a 中，1622cm^{-1}对应着苯环中 C—C 键的伸缩振动峰，1510cm^{-1}对应着醌环中 C ═N 键的伸缩振动，1408cm^{-1}的拉曼峰说明掺杂程度，1337cm^{-1}对应着氮阳离子自由基（C—N^{+} ·模式振动）的伸缩振动，1190cm^{-1}对应着苯环 C—H 键的面外弯曲振动峰；在低于 1000cm^{-1}处出现的许多小拉曼峰对应链的变形振动峰。而图 2-22b 中，醌环中 C ═N 键的伸缩振动峰为 1491cm^{-1}，红移了 9cm^{-1}，并且强度也有很大程度提高。同时在 1166cm^{-1}出现了新的拉曼峰，对应着醌环 C—H 键的面外弯曲振动峰。可以说明 WC 与 PANI 之间的化学键的作用发生在 C ═N 键的 N 原子上，这种化学键的作用有利于 WC 与 PANI 之间的电荷传输。另外，低于 1000cm^{-1}

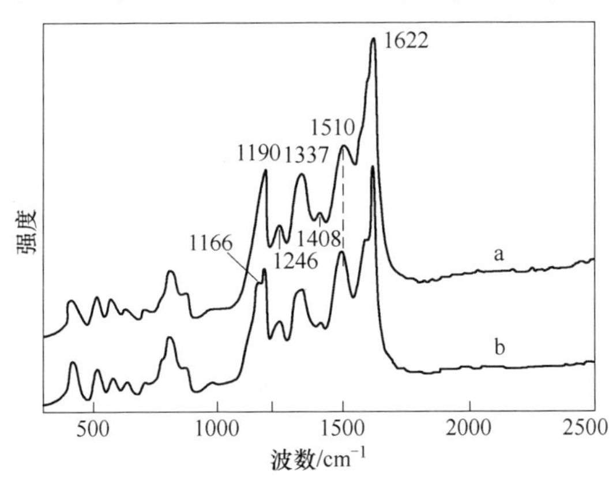

图 2-22 纯 PANI-SA+SSA（a）和 PANI/WC 复合材料（b）的拉曼光谱图

以下的一些小的吸收峰略有增强，这也对应着 WC 的拉曼特征谱峰。由于复合物中 WC 的含量很低，而且 WC 的相对分子质量比较高（195.84），W—C 键的摩尔比在整个复合物中的量就更低了，导致在拉曼谱图中表现出来其特征峰比较低。对整个拉曼峰而言略有增强，证明有 WC 的存在。

2.2.3.3　XRD 分析

图 2－23 为纯 PANI－SA＋SSA、PANI/WC 和 WC 粒子的 XRD 图。由图可知，纯 PANI－SA＋SSA 具有一定程度的结晶，它的衍射峰主要在 $2\theta=10°\sim30°$之间；可以更明显地观察到中心位于 $2\theta=20°$ 和 26°的两个衍射峰，它们分别代表了周期性平行于聚合物链基团以及周期性垂直于聚合物链基团[4]所产生的衍射峰。WC 粒子在 2θ 为 30°～90°范围内表现出几个相对较强的衍射峰，其谱线与六方晶系的 WC（PDF：粉末衍射卡片号为 JCPDS 720097）谱线完全相符。

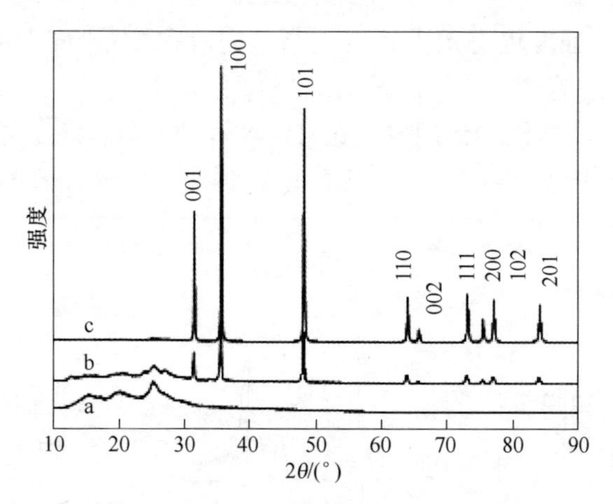

图 2－23　纯 PANI－SA＋SSA（a）、PANI/WC（b）和 WC 粒子（c）的 XRD 图

相对于纯 PANI－SA＋SSA 而言，PANI/WC 复合材料在 10°～30°之间的衍射峰的峰形一致，但是衍射峰的面积变窄，且强度略有减小，表明 PANI 骨架之间，WC 的掺杂作用使得 PANI 分子链有序性提高，结构缺陷减少，极子和电子离域化程度增加，从而极子带

结构更分散，能隙降低，链规整程度增加，体现在谱图上衍射峰面积变窄和强度变弱，这与于雅鑫在CdS/PANI复合材料报道中的实验现象相一致[5]。而在30°~90°之间也出现六方晶系WC的特征衍射峰，只是衍射峰的强度减弱，说明在复合材料中WC的结构和晶型并没有发生明显的变化。以上这些现象表明PANI与WC之间并不是简单的包覆关系，结合光谱分析可以推断它们之间存在化学键作用。

2.2.3.4 XPS分析

图2-24为样品纯PANI-SA+SSA和PANI/WC的XPS N_{1s}图

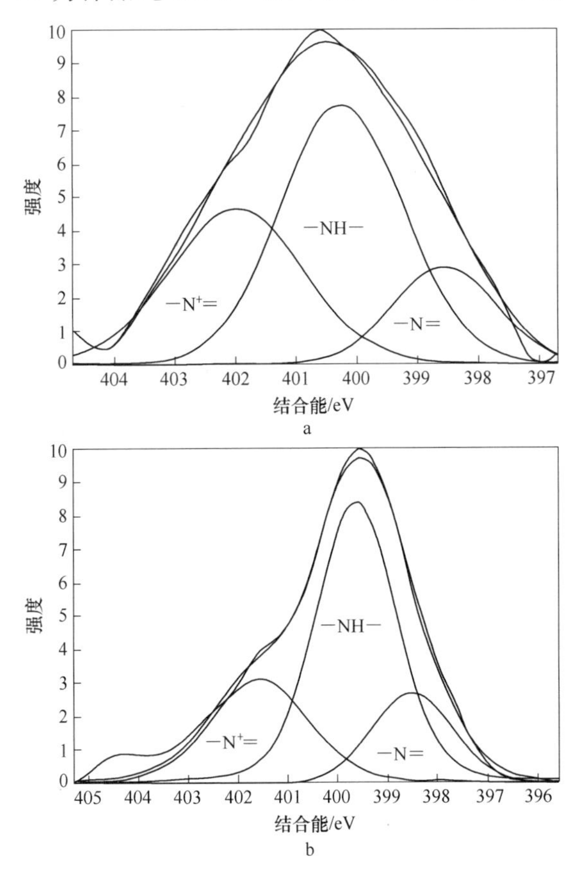

图2-24 PANI-SA+SSA（a）与PANI/WC（b）复合材料的XPS N_{1s}谱

谱。在纯 PANI - SA + SSA 的主链结构中，N_{1s} 有三种成键方式:—N ═、—NH—和—N^+═，对应的结合能分别约为 398.5eV、400.5eV 和 402.3eV。而 PANI/WC 从 N_{1s} 谱峰的拟合结果可看出有三个分峰的存在，结合能为 398.98eV 和 399.59eV 的结合能峰分别归属于醌二亚胺（—N ═）结构和苯二胺（—NH—）结构，而结合能为 401.57eV 的峰则对应于质子化亚胺（—N^+═）。PANI/WC 复合材料与纯 PANI - SA + SSA 的 N_{1s} 谱峰相似。

PANI - SA + SSA 与 PANI/WC 复合材料的 N_{1s} 各基团与 N 元素的强度比如表 2 - 7 所示。其中，由于质子掺杂优先发生在醌二亚胺的氮原子上，因此定义—N^+═的强度与—N^+═和—N ═的强度和之比来表征 N 的质子化程度[6]。由表 2 - 7 可见，PANI/WC 复合材料中氮原子的质子化程度明显要高于 PANI - SA + SSA 中氮原子的，这说明在 WC 颗粒的存在下，使得聚合物的掺杂水平提高；同时由于适量 WC 在聚合物分子链中均匀分散，可起到使分子链规整排布的作用，形成均匀包覆结构，有利于电子在分子链上及链间的传输，从而提高电导率，即 PANI/WC 复合材料的导电性要更好。

表 2 - 7　PANI - SA + SSA 和 PANI/WC 复合材料的 N_{1s} 各基团与 N 元素的强度（I）比

样　品	I（—N ═）/I（N）	I（—NH—）/I（N）	I（—N^+═）/I（N）	I（—N^+═）/[I（—N ═）+ I（—N^+═）]
PANI - SA + SSA	0.1978	0.5063	0.2959	0.5994
PANI/WC	0.195	0.5042	0.2307	0.6265

2.2.3.5　TEM 分析

图 2 - 25 为 WC、PANI - SA + SSA 及 PANI/WC 的 TEM 照片。从图可以看出，未包覆的 WC 呈无规则形状，粒径分布不均匀（图 2 - 25a）；纯 PANI - SA + SSA 的表面形貌呈薄片状（图 2 - 25b）；而图 2 - 25c 中颜色较深的为 WC，由于 WC 有一定的几何

形状，颜色较深；其外边包裹的PANI颜色比较浅，由于元素的原子系数较少，且PANI不均匀地分散在WC表面。在酸溶液中，苯胺阳离子自由基吸附在WC颗粒表面，即优先在WC表面进行聚合。过量的苯胺则在酸溶液中本体聚合形成结构疏松片状附着在WC/PANI粒子之间。PANI/WC复合材料的表面形貌与PANI－SA＋SSA的不同，这也说明该复合材料中PANI和WC粒子之间有一定的相互作用。

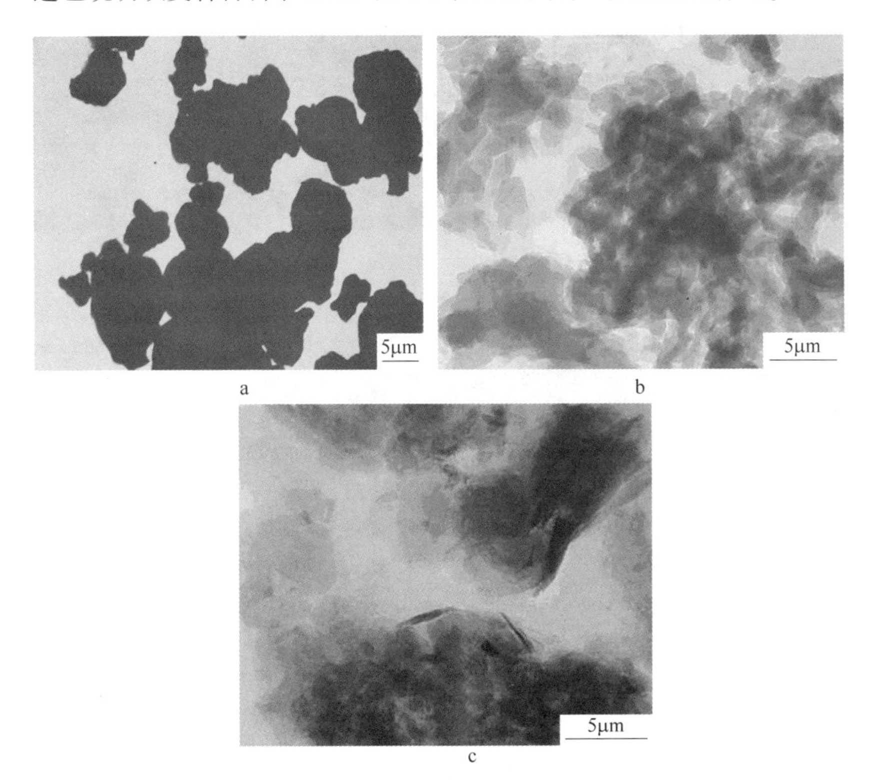

图2－25 WC（a）、PANI－SA＋SSA（b）及PANI/WC（c）TEM照片

2.2.3.6 SEM分析

图2－26给出了PANI/WC和处理后WC的SEM照片。从图可以看出，WC的表面有大量的毛刺，呈无规则形状。而PANI/WC复合材料呈现棉花状的表面形貌，这可以说明复合材料中WC基本被

PANI 所包裹，看不到裸露的 WC 粒子。为深入了解 PANI/WC 复合材料的微观特性，对复合材料进行微区能谱分析，微区元素分析图如图 2－27 和表 2－8 所示。

图 2－26　WC（a）和 PANI/WC（b）的 SEM 图片

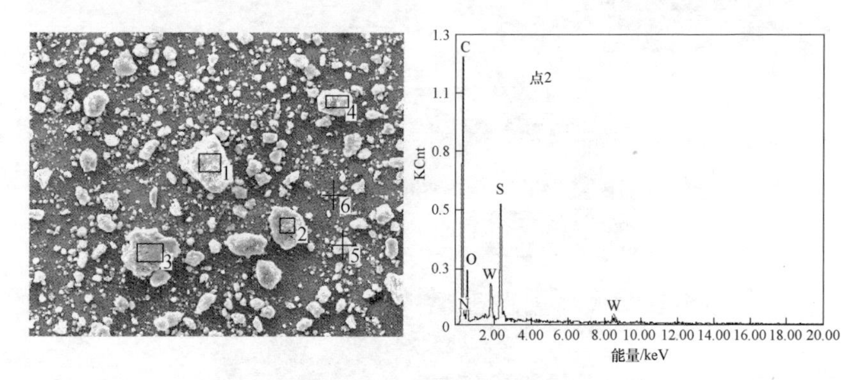

图 2－27　PANI/WC 复合材料的 EDAX 能谱图

表 2－8 中给出了 PANI/WC 复合材料表面任意 6 个位置所含元素的质量分数，除了主要元素 C、N、O、S 和 W 外，并没有含有其他杂质元素；其中 C、N、O 和 S 是 PANI 分子中所含有的元素，C 和 W 是 WC 中所含有的元素。由能谱分析得到的数据进一步说明了 PANI/WC 复合材料中有一部分 PANI 并没有在 WC 的表面聚合，如图 2－27 中的第 6 号标记点，其成分基本上是纯 PANI，几乎没有 WC 的成分，这一结果也证实了 TEM 图中所出现的未包覆 WC 的 PANI 粒子。

表2-8 PANI/WC复合材料的能谱分析数据

微区位置	各元素质量分数/%				
	C	N	O	S	W
点1	69.86	9.14	12.20	4.57	4.23
点2	67.88	6.94	11.57	6.02	6.88
点3	69.42	8.72	14.86	4.84	4.34
点4	68.71	10.14	13.08	3.99	4.09
点5	75.59	6.30	13.40	3.37	1.34
点6	77.19	7.76	13.00	2.01	0.03

2.2.4 PANI/WC复合材料的稳定性

2.2.4.1 热稳定性

图2-28是WC、PANI/WC和PANI-SA+SSA的热分析曲线。由图可知，WC从室温到1000℃的温度范围内基本上没有重量损失，表明WC在此温度范围内比较稳定；而PANI-SA+SSA和PANI/WC从室温到1000℃的温度范围内有两步重量损失。在42~150℃的温度范围内发生的第一步重量损失是由水分子及掺杂剂从聚苯胺基体中脱离所致的。在200~1000℃的温度范围内发生的第二步重量损

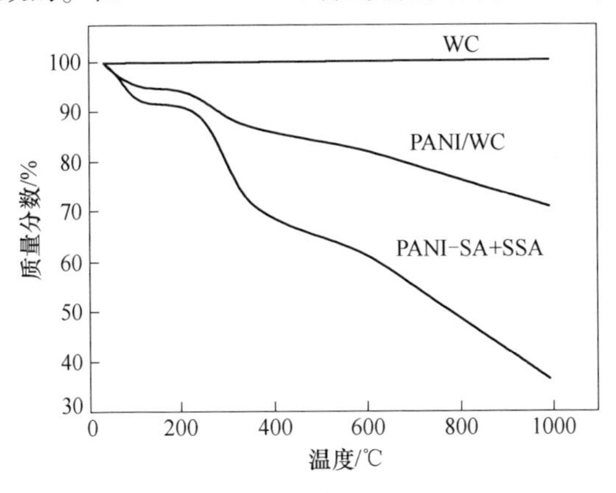

图2-28 WC、PANI/WC及PANI-SA+SSA的热分析曲线

失则是由聚苯胺骨架的大规模降解所致。PANI/WC 复合材料的热稳定性有一定程度的提高，PANI/WC 中聚苯胺骨架降解在约 440℃有失重，而纯 PANI－SA＋SSA 的骨架降解在约 375℃有大量失重。这可能由于 WC 晶粒复合到聚合物的晶格中，WC 粒子与聚合物骨架中的 N 原子产生了强烈的化学键力。这一结果与 PANI/ZrO_2[7] 和 PANI/Al_2O_3[8] 复合材料的报道一致。事实上，无机粒子对复合材料热稳定性的影响非常复杂，与众多因素有关，如无机粒子的种类、复合材料的结构、两相间的相互作用力等有待进一步研究。

2.2.4.2　吸水性

考察其吸水性能的方法为，将一定量的 WC 和 PANI/WC 的复合材料压成柱形，然后浸入水中，观察它们吸水性能的变化。4h 后 PANI/WC 复合材料的吸水率为 21%，24h 后其吸水率仍无明显的变化；而 PANI 浸 4h 后其吸水率为 27%，浸 6h 后吸水率为 42%，浸至 24h 后吸水率再无变化。可见苯胺在 WC 表面发生聚合会使复合材料的吸水率下降。复合材料吸水性能的降低为以后作为电极材料提供更有利的条件。

2.2.5　PANI/WC 复合材料的形成机理

WC 为一种浅灰色物质，通常以简单六方晶结构形式存在，如图 2－29 所示。从结构化学角度而言，碳化钨属于一种二元填隙物，即 C 原子处于 W 原子的密堆积的空隙中形成的一种化合物。从晶体结构出发，WC 晶体结构并非中心对称，这就导致了其晶面的极性。对

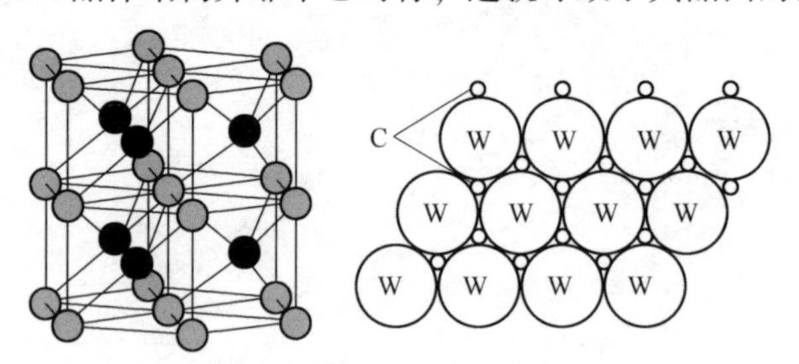

图 2－29　WC 的六方晶体结构模型
（黑色球（或右图中大球）和灰色球（或右图中小球）分别代表 W 和 C）

于一个理想的 WC 晶体结构，在其三个晶面（101）、（100）、（110）上，一层 C 原子只能与双层 W 原子配位，若最上面一层原子为 C 原子，其位置将配位不饱和，所构成的晶体结构将不稳定。因此，最上面一层应该是 W 原子层。而在其他晶面上由于可以允许 C 原子以 3 ~4 层的形式与单层 W 原子并排，因此，其最上面一层应该是 C 原子。这种位置上 C 原子由于相互的斥力可以被下面的 W 原子层所屏蔽，从而使得其可以稳定形式存在，并形成一层“碳化”面。因此 WC 粒子所带的电荷为正电荷。

因此，在酸性溶液中 WC 表面吸附大量的负电荷，即吸附大量的掺杂剂的对阴离子在 WC 粒子的表面；另外，当苯胺单体溶解在酸性溶液中时被转变成苯胺阳离子，一种特殊的吸附也可能在 WC 粒子的表面发生。由于静电相互作用出现在吸附阴离子 WC 表面和苯胺阳离子之间，即苯胺阳离子自由基吸附在 WC 粒子表面。当加入氧化剂时，聚合反应就首先从这些初级成核中心开始；而且表面一旦生成苯胺二聚体、三聚体或 PANI 大分子时，它们都会催化加速苯胺阳离子的氧化聚合。导致 WC 粒子周围介质中的苯胺聚合反应发生得更早、更快形成均匀包覆的 PANI 膜。也可能是 WC 对苯胺的氧化聚合有催化作用，能使聚合优先在粒子表面进行，生成 PANI 包覆的核 - 壳结构。PANI/WC 复合材料聚合过程示意如图 2 - 30 所示。

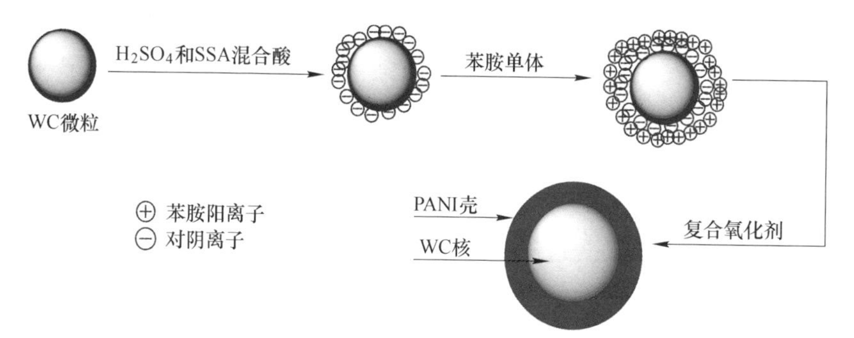

图 2 - 30 PANI/WC 复合材料聚合过程示意图

WC 与 PANI 复合不是简单的混合，而是 WC 粒子中表层 C 原子与聚合物骨架产生强烈的化学键作用，也就是 WC 和 PANI 之间的缔合作用，使得 PANI 链的电子云密度下降，降低了原子间的力常数，链中电子、电荷的离域化作用增强，导致导电能力有一定程度的增强。另外，当 WC 粒子中 C 与聚合物骨架中 C ═N 键的 N 原子产生强烈的化学键作用，使得有部分的 W 原子游离出来，表现出金属的导电能力。因此，PANI/WC 复合材料的导电能力是 PANI 的电子导电和自由电子导电共同作用的结果[9]，具体的导电机制有待于进一步的研究。

2.3 聚苯胺/B_4C 复合材料的制备技术和性能

2.3.1 PANI/B_4C 复合材料制备工艺

PANI/B_4C 复合材料制备工艺具体如下：

（1）碳化硼（B_4C）材料的改性处理。称取一定量的 B_4C 粒子加入到浓的混合酸（浓硫酸和浓硝酸混合酸，两者体积比为 3∶1）中，在 80 ~ 100℃温度下加热搅拌 24h 以上，目的是通过酸对固体颗粒的表面改性以后，增大粒子的比表面积；此后用蒸馏水洗涤抽滤至中性，放在干燥箱内进行烘干，最后高速研磨 12h，过网筛分。

（2）配制掺杂酸溶液，取出一定量的混合酸溶液，加入改性处理的 B_4C，然后加入表面活性剂、分散剂和苯胺单体，搅拌至完全分散以后，将混合溶液做超声波处理 10min 左右。

（3）将上述溶液放入到冰水混合液中，保持反应体系温度小于 15℃，然后配制定量的氧化剂酸溶液，逐滴加入到上述的混合悬浊液中连续反应 8h。

（4）反应完毕后，将产物静置 24h 后，用去离子水洗涤抽滤至中性，然后放置在 80℃真空干燥箱中 24h，研磨筛分，得到 PANI/B_4C 复合材料。

2.3.2 PANI/B_4C 复合材料的制备工艺研究

2.3.2.1 不同温度下反应时间对 PANI/B_4C 的导电性的影响

$c(\mathrm{An}) = 0.5\mathrm{mol/L}$，$m(\mathrm{B_4C}) : m(\mathrm{An}) = 0.20$，$c$(混酸) = 1mol/L

（其中 H_2SO_4 : SSA = 4 : 1），c（氧化剂）= 0.4mol/L，分别在5℃、10℃、15℃及20℃时，考察复合材料的电导率来确定的最佳反应温度。从化学动力学观点来说：温度越高，化学反应速度越快。从化学反应热力学观点来说：化学反应过程有吸热反应和放热反应，吸热反应时，需要从外界获得能量，能加快反应速度；放热反应时，应尽快地将体系的热量排走，有利于反应的正向进行，聚苯胺的合成是一个放热反应过程，需要尽快地吸收热量。因此，选择一个合适的合成温度，能够既保证反应的速度又不影响复合材料的导电性。表2-9为不同反应温度下复合材料的变化情况。从表2-9可以看出，随着反应温度的升高，反应速度变快，反应液的颜色变化不明显。

表2-9　不同反应温度下的聚合反应变化

反应温度/℃	体系反应时间/min	颜色变化
5	大约60	灰黑色→浅蓝色→深蓝绿色
10	大约40	灰黑色→浅蓝色→深蓝绿色
20	大约20	灰黑色→浅蓝色→深蓝绿色
30	大约10	灰黑色→浅蓝色→深蓝绿色

图2-31为不同反应温度和反应时间下，复合材料的电导率变化曲线。从图可以看出，从反应时间来看，各个反应温度下，材料的电导率随时间变化情况大致相似，在反应8h以前，复合材料的电导率逐点升高，8h以后，复合材料的电导率变化不大；从反应温度来看，不同温度下，材料的电导率变化比较大，温度较低时，获得聚苯胺复合材料电导率比较高，温度较高时，电导率比较低。综合反应温度和反应时间，化学聚合时间选择为8h，反应温度为10℃，复合材料的电导率最高为35.63S/cm。主要原因是，首先聚苯胺的化学原位反应是放热反应，温度过高，反应中副产物比较多；其次，作为掺杂剂的 H_2SO_4 和 SSA，H_2SO_4 是一种无机质子酸，在水溶液中，能快速离解出质子离子后迅速进入聚苯胺分子链中进行掺杂，掺杂反应类似于酸碱成盐反应，是放热反应过程，而SSA为有机酸，

离解的阴离子尺寸比较大，进入分子链的速度比较慢，要保证相应的时间，提高温度有利于分子的扩散。

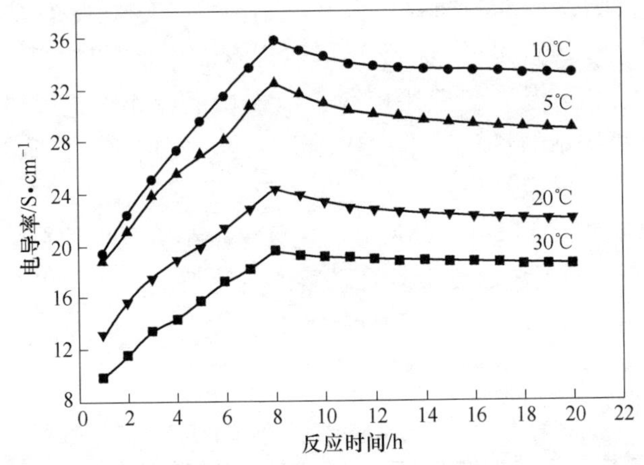

图 2－31　不同温度下反应时间对 PANI/B_4C 复合材料电导率影响

2.3.2.2　氧化剂用量对 PANI/B_4C 复合材料电导率的影响

图 2－32 为保持其他条件不变，研究改变氧化剂的用量对 PANI/B_4C 复合材料电导率的影响。从图 2－32 可以看出，氧化剂在低浓度时，复合材料的电导率随着氧化剂用量的增加而增大，到 0.5mol/L 时，复合材料的电导率达到最大，超过 0.5mol/L 以后，复

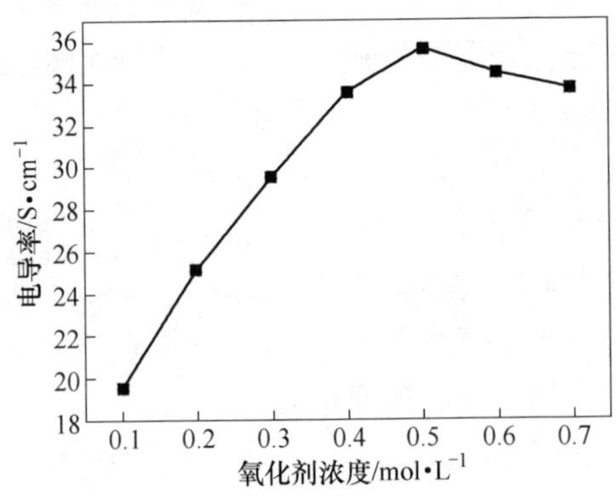

图 2－32　氧化剂用量对 PANI/B_4C 复合材料电导率的影响

合材料的电导率下降。造成这种现象的主要原因是：氧化剂在低浓度时，聚合物氧化反应不完全，造成聚合物中低聚物比较多，大 π 共轭键形成不完全，分子链之间缺少相应电荷传递的通道，电子转移的速度比较慢，自然影响其电导率，随着氧化剂浓度的增加，聚合物的聚合程度增大，导电介质增多，电导率也随之增大；随着氧化剂量的进一步增加，反应体系的氧化势比较高，生成掺杂态的聚苯胺可能被进一步氧化，部分成为氧化态的聚苯胺，聚苯胺的导电结构遭到破坏，使得复合材料的电导率下降。

2.3.2.3 掺杂剂用量对 PANI/B_4C 复合材料电导率的影响

保持其他条件不变，研究掺杂剂用量对 PANI/B_4C 复合材料电导率的影响，其结果如图 2－33 所示。由图可知，随着掺杂剂用量的增多，复合材料的电导率逐步增加，到 1mol/L 时，导电率达到最大。之后，随着掺杂剂用量的增多电导率略有下降。其主要原因是：当掺杂剂浓度比较低时，聚苯胺的掺杂不完全，聚苯胺分子链中醌环结构大量存在，分子链中能够提供导电的电荷比较少，电子的转移通道比较少，此时复合材料的电导率比较低；加入复合掺杂剂 H_2SO_4 和 SSA，H_2SO_4 主要提供掺杂的质子，改变聚苯胺分子链中的醌环结构，SSA 提供的阴离子进入分子链以后，影响聚合物分子链中电子云的分布，降低分子链间相互作用力，从而提高复合材料的

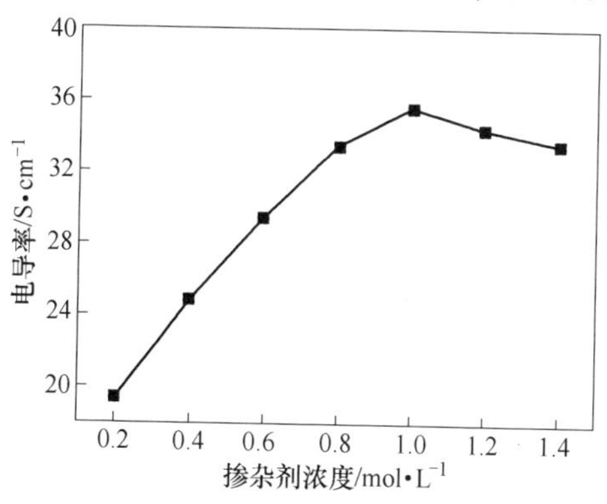

图 2－33 掺杂剂用量对 PANI/B_4C 复合材料电导率的影响

电导率；但掺杂剂过多，阴离子过多地进入到分子链以后，造成电荷间静电斥力增大和分子间的空间效应使得聚苯胺分子链相互分离，增大了电子传递的距离，材料的电阻增大，而电导率也就降低。

2.3.2.4　B_4C 用量对 PANI/B_4C 复合材料电导率的影响

维持其他条件不变，研究改变 B_4C 用量对 PANI/B_4C 复合材料电导率的影响，其结果如图 2-34 所示。从图可以看出，随着碳化硼用量的增加，复合材料的电导率逐步升高，当 $m(B_4C):m(An)=0.2$ 时，电导率达到最大，之后，碳化硼用量增多，复合材料的电导率不升反降。其主要原因是：在复合材料时，B_4C 粒子吸附一定量的阴离子，形成了以 B_4C 为核心的结构，聚苯胺包覆在 B_4C 表面，B_4C 和聚苯胺以氢键的作用相互结合，相互作用力加强，使得复合材料的电导率增加。在聚合体系中，加入 B_4C 的量过多，聚苯胺包裹不完全，有部分的 B_4C 裸露在外面，使得材料的电导率下降。

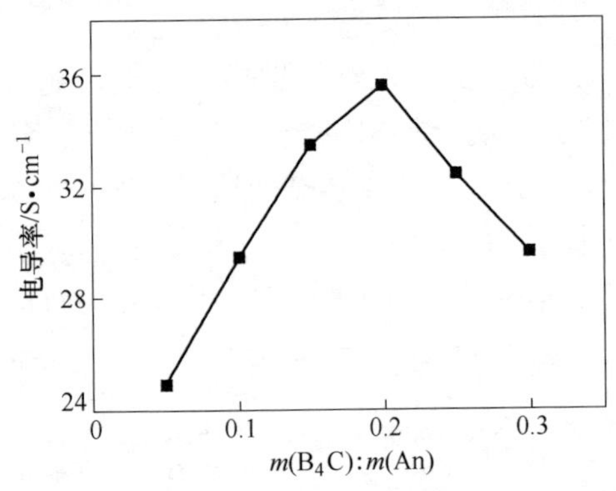

图 2-34　B_4C 用量对 PANI/B_4C 复合材料电导率的影响

2.3.3　PANI/B_4C 复合材料的结构及表面形貌

制备电导率较高的 PANI/B_4C 复合材料，其较佳控制条件为：V(丙酮)∶V(水)=0.2，c(An)=0.5mol/L，$m(B_4C):m(An)=0.2$，c(混酸)=1mol/L(其中 SA∶SSA=4∶1)，c(氧化剂)=0.5mol/L。并对该条件所得复合材料进行分析。

2.3.3.1 FTIR 分析

图2－35为PANI－SA＋SSA和PANI/B_4C复合材料的FTIR图，其中b和c是碳化硼的量不同。从图2－35可以看出，三条谱线的吸收振动峰的强度大致相同，但是收缩振动峰的位置略有移动，说明经过复合以后，聚合物的结构没有改变，只是其吸收峰的位置有所变化。对于掺杂态的PANI－SA＋SSA，在3462cm^{-1}处为聚苯胺分子链上N—H键振动，此处振动为聚苯胺主链结构振动，在1570cm^{-1}处为醌式结构中C═C键的伸缩振动吸收峰，1473cm^{-1}处为苯环结构中C—C的伸缩振动峰，1298cm^{-1}处为醌式结构中的C—N伸缩振动峰，1246cm^{-1}处为苯环结构中的C—N伸缩振动峰，1119cm^{-1}处为质子酸掺杂过程中B—N^{+}、Q═N^{+}和N═Q═N结构中的C—H的平面弯曲振动峰，在802cm^{-1}处为二取代苯环上C—H面的外弯曲振动，其他波数更低的一些吸收振动峰一般被认为是由端基小分子的存在而引起的。

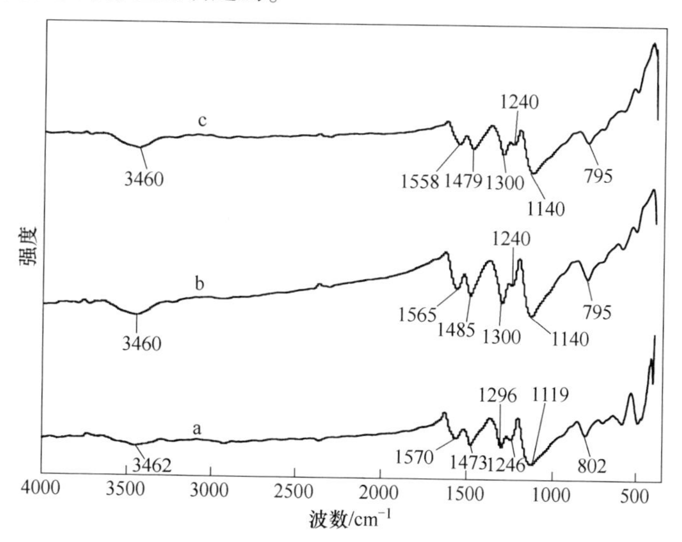

图2－35 PANI－SA＋SSA和PANI/B_4C复合材料的FTIR图

a—PANI－SA＋SSA；b—PANI/B_4C，$m(B_4C):m(An)=0.1$；

c—PANI/B_4C，$m(B_4C):m(An)=0.2$

与掺杂态的 PANI－H_2SO_4＋SSA 相比，PANI/B_4C 复合材料的 FTIR 图中的吸收峰的吸收强度有所降低，宽度也变窄，同时发生不同程度的移动。其主要变化发生在 $1570cm^{-1}$、$1473cm^{-1}$ 以及 $1119cm^{-1}$ 处，吸收特征峰分别移到 $1565cm^{-1}$、$1485cm^{-1}$ 和 $1140cm^{-1}$。发生这种变化的主要原因是：B_4C 粒子经过改性处理，在聚合溶液中，加入的苯胺单体溶解以后，被吸收在 B_4C 粒子表面，聚苯胺的聚合过程首先发生在 B_4C 表面，生成的聚合物围绕 B_4C 吸收和生长，但是由于 B_4C 的存在，聚合物链的正常伸展方向受阻，使得分子之间的键变短。在 PANI 和 B_4C 复合过程中，聚苯胺分子结构中有些化学键发生改变，一部分化学键用来结合 B_4C，这种结合会影响到 PANI 中大 π 共轭结构的振动，使得键的振动频率升高。此外，在 $3460cm^{-1}$ 处 N—H 的吸收峰改变不大，只是加入 B_4C 的聚苯胺吸收峰减弱，主要是 N—H 不在聚苯胺分子主链上，受大 π 键的影响比较小。吸收峰的减弱，说明 B_4C 与聚苯胺分子链间存在某种化学键作用。图 2－35b 的峰强度明显比 c 的强，由于 c 的碳化硼量比 b 的多一倍，B_4C 的增多，影响光的透过率，从这个方面可以说明，B_4C 通过化学键的方式结合到 PANI 中。

2.3.3.2 SEM 分析

图 2－36 为处理后 B_4C 和 PANI/B_4C 的表面形貌图。从图可以

图 2－36 B_4C(a) 和 PANI/B_4C(b)表面形貌图（SEM）

看出，B_4C 是一种长方棱柱型晶体，经过表面改性以后，表面有大量的毛刺。PANI/B_4C 复合材料由于团聚呈棉团状，聚苯胺的边缘呈不规则的多边形。说明 B_4C 基本被 PANI 所包裹，形状与所裹挟的 B_4C 相似，基本看不到裸露的 B_4C 粒子。为进一步了解复合材料的元素组成，对复合材料微区进行了成分分析，其能谱如图 2－37 所示。

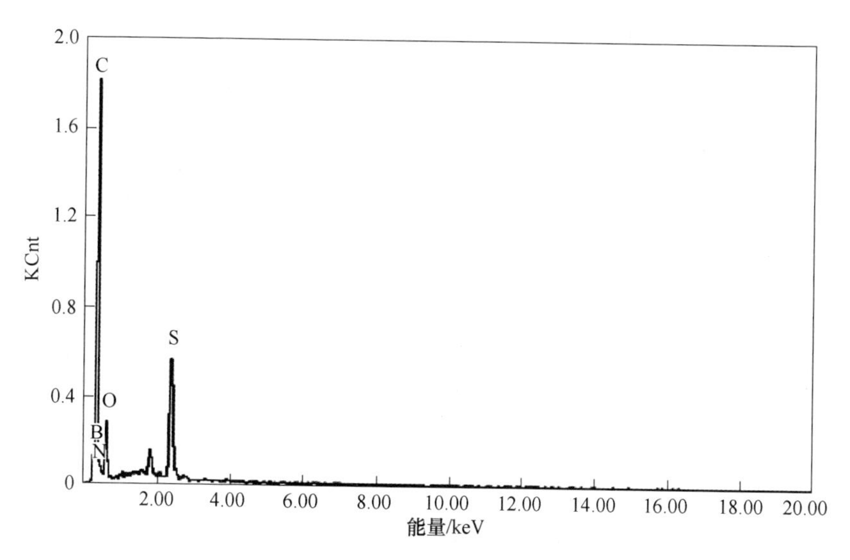

图 2－37　PANI/B_4C 复合材料的 EDAX 能谱图

表 2－10 为取任意两处不同位置作元素分析，结合图 2－37，PANI/B_4C 复合材料中主要元素为 C、N、O、S 和 B，没有其他新的元素出现。其中，S、O 主要是通过掺杂以后进入聚苯胺分子链间，从元素分析来说，这种掺杂是有效的；C、N 元素主要来源于聚苯胺分子结构，有少部分的 C 来源于 B_4C，而 B 来源于 B_4C。通过能谱分析发现，不同位置的元素成分含量不同，主要是由于复合材料在聚合过程中容易团聚，导致分散不均匀。总体来说，B_4C 基本上被包裹在 PANI 中，形成 PANI/B_4C 复合材料。

表 2 – 10　PANI/B_4C 复合材料的能谱数据表

位　置	各元素质量分数/%				
	C	N	O	S	B
点 1	65.35	3.89	4.96	2.08	23.36
点 2	69.83	3.47	5.80	2.32	18.29

2.3.3.3　XRD 分析

图 2 – 38 为 B_4C、PANI/B_4C 和 H_2SO_4 与 SSA 掺杂制备的聚苯胺的 X 衍射图谱。由图 2 – 38c 可以看出，掺杂态聚苯胺分别在 18°、22°和 25°左右出现弥散的衍射峰，说明掺杂态的聚苯胺具有一定的结晶度。图 3 – 38a 可以看出，B_4C 粒子在 2θ 为 10° ~ 90°之间出现了几个比较强的衍射峰，其谱线与斜六方体 B_4C 符合。

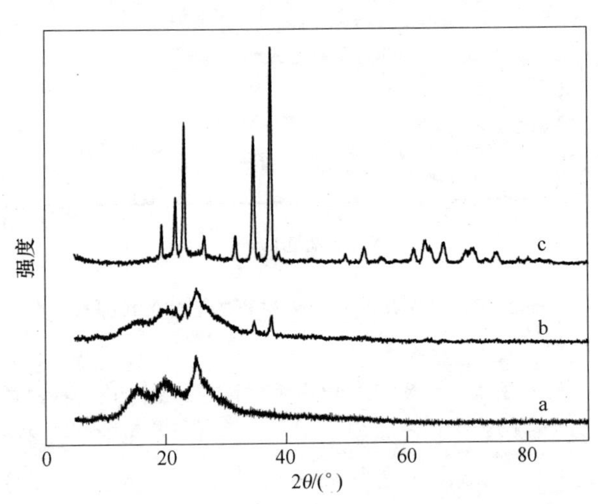

图 2 – 38　PANI（a）、PANI/B_4C（b）和 B_4C（c）XRD 衍射图谱

导电高聚物分子结构短程有序，中程和远程都无序，因此，聚合物的结晶态没有晶体那样完整，其通过 X 衍射的特征峰不像晶体材料那样尖锐，有时衍射峰呈弥散态。聚苯胺属于无定型态的材料，对于本征态的聚苯胺有无结晶态的结构，各个研究的制备方法的差

异，有不同的见解。聚苯胺在衍射图谱中出现不同的弥散衍射峰，有别于晶体材料的特征衍射峰，说明聚苯胺主要是无定型非晶态聚合物。在聚合物的衍射图谱中，其衍射峰越多，其结晶程度越高。

在 2θ 为 10°~30°范围内，PANI 的衍射峰和 B_4C 粒子的衍射峰有部分的重叠。由图 2-38b 可以看出，通过原位聚合法所制备的 PANI/B_4C，在 10°~30°范围内，除了有掺杂态聚苯胺所有的弥散衍射峰外，又包含了该范围内 B_4C 的衍射峰。这些衍射峰的面积相对有所变窄，峰的强度减弱，说明通过聚合反应以后，PANI 骨架中掺杂了 B_4C，使得 PANI 分子链骨架的规整性提高，分子链的结果缺陷减少，极化子以及带电电荷在分子链间的离域化程度增加，分子链的有序化程度提高，从而使得复合材料的结晶度增加，这可以解释图谱中衍射峰的面积变窄以及峰的强度减弱的原因。在 2θ 为 30°~90°范围内出现的衍射峰为斜六方晶体 B_4C 特征峰，由于聚苯胺的包裹，其峰强度减弱，说明 B_4C 与聚苯胺的复合，并没有改变 B_4C 的结构和晶型。综合三种材料的衍射峰，可以看出 PANI/B_4C 兼有 PANI 和 B_4C 各自的特征衍射峰，又与两者有很明显的差异，从这方面可以看出，聚苯胺与碳化硼的复合不是简单的包裹关系，而它们之间是通过某种特定的化学键的方式所结合，结合光谱分析结果，说明复合材料结合存在化学键的相互作用。

2.3.4 PANI/B_4C 复合材料的稳定性

图 2-39a 为 PANI 热分析曲线，图 2-39b 为 PANI/B_4C 复合材料热分析曲线。PANI 从室温到 1000℃温度范围内有两个失重平台，而 PANI/B_4C 有三个失重平台。对于 PANI 而言，在温度小于 150℃内的第一个重量损失主要是残存在 PANI 中的水分子以及在聚苯胺分子链间掺杂剂的脱离，最大的失重在 77.5℃，失重约为 8%；温度在 250~400℃有一个失重平台，最大失重出现在 249℃，失重约为 9%，在此温度范围内，主要是聚合物中的掺杂剂的脱离以及一些低聚物的分解；温度超过 380℃以后，聚合物的分子骨架迅速分解生成乙炔和氨气等气体，导致聚苯胺的质量损失比较严重。

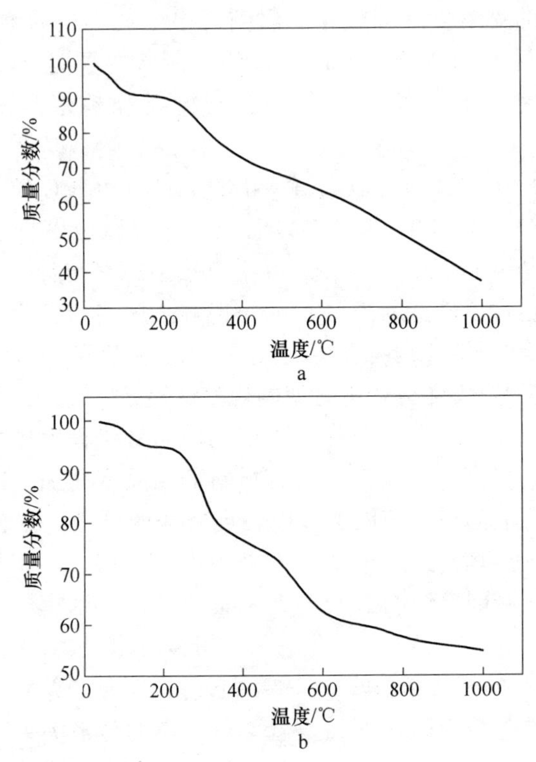

图 2－39　PANI、PANI/B_4C 复合材料热分析曲线

a—聚苯胺热分析曲线；b—PANI/B_4C 复合材料热分析曲线

对于 PANI/B_4C 复合材料热分析曲线，从室温到 400℃范围内发生的变化和 PANI 相似，不同的是复合材料的最大失重点分别在 79℃和 292℃，失重分别为 4.8% 和 14%。温度超过 513℃以后，PANI/B_4C 复合材料的分解比较缓慢，主要原因是聚苯胺分子链中的 C 原子和 N 原子与 B_4C 晶体中的 C 原子和 B 原子形成新的分子结构基团，在 500～1000℃范围内可能发生聚合物骨架降解的同时，新形成的分子结构链也断裂，生成新的物质。说明 B_4C 的加入，提高了 PANI 的热稳定性，在低温范围内不太明显，在温度比较高时，显示了聚苯胺与碳化硼特殊的复合方式，具体的复合机理，有待于进一步探讨。

2.3.5 PANI/B_4C 复合材料的形成机理

碳化硼是菱面体型晶体，其中由 12 个原子（$B_{11}C$）构成的二十面体带负电，而 3 个原子构成 C—B—C 链带正电。在混酸溶液中，以碳化硼粒子为核心，周围吸附大量的阴离子和阳离子；此外，苯胺单体溶解于酸溶液中会变成苯胺阳离子，苯胺阳离子汇聚在二十面体 $B_{11}C$ 附近，为此，在碳化硼表面吸附大量的不同种类的阴阳离子。当加入氧化剂后，聚合反应开始后，反应以碳化硼粒子为核心进行聚合，苯胺分子氧化成高聚物以后，聚合反应加速进行。另外，碳化硼晶体结构中的 C—B—C 链中的碳原子可能与聚苯胺骨架结构中的元素通过化学键相结合，增强聚苯胺与复合材料的结合，形成聚苯胺包覆碳化硼粒子的核壳结构的复合材料。

碳化硼特殊的菱面体结构，而且 C—B—C 链结构中的 C 原子会与聚苯胺骨架中的 N 原子或 H 原子形成新的化学键，碳化硼粒子形成特殊的掺杂剂掺杂于聚苯胺骨架结构中，B_4C 的“掺杂”改变了聚苯胺链中电子云的排布，使得电子云密度降低，原子间的相互作用力降低，增大电荷跃迁或离域的可能性；同时，由于 B_4C 中 C 原子与 PANI 中 N 原子有新的化学键产生，使得部分 B 元素富集，提高复合材料的电导率。前面，通过 FTIR、XRD，以及 TEM 等进行分析发现，聚苯胺与 B_4C 之间不是简单的包覆关系，它们之间可能存在某种化学键相互作用。

2.4 聚苯胺/Co_3O_4 复合材料的制备技术和性能

2.4.1 PANI/Co_3O_4 复合材料制备工艺

Co_3O_4 通过草酸钴沉淀法制备[10]，温度 70℃，稀释 Co^{2+} 为 0.34mol/L，滴加草酸溶液，同时用 1∶1 氨水保持钴溶液 pH = 1.5 ~ 1.7，磁力搅拌反应 2h，获得粉红色草酸钴沉淀，洗涤、烘干、磨细，550℃煅烧 4h，得到黑色 Co_3O_4 粉末。

PANI/Co_3O_4 复合材料通过化学氧化原位合成。将一定量的 Co_3O_4 超声分散于 200mL 1mol/L 硫酸和 0.5mol/L 5 - 磺基水杨酸混合溶液，加入6.25mL苯胺后高速搅拌20min，滴加100mL 1mol/L过硫酸铵溶液，反应在冰水浴中进行，5℃下聚合6h。反应结束后抽滤，依次用0.2mol/L的硫酸溶液和丙酮洗涤至滤液无色，然后去离子水冲洗至pH=7，滤饼60℃下干燥12h，得到翠绿色PANI/Co_3O_4复合材料，在玛瑙研钵中研磨，过200目筛。

2.4.2 PANI/Co_3O_4复合材料的制备工艺研究

2.4.2.1 复合掺杂酸中两组分含量对复合材料性能的影响

在c(An)=0.5mol/L，c(氧化剂)=0.4mol/L，m(Co_3O_4)∶m(An)=5%，c(酸)=1mol/L，反应温度5℃，反应时间10h的条件下，研究SSA与H_2SO_4配比对产物的电导率和产率的影响，结果见表2-11。

表2-11 SSA与H_2SO_4配比对产物的电导率和产率的影响

SSA∶H_2SO_4	电导率/S·cm^{-1}	产率/%
1∶10	3.45	92.3
1.5∶10	3.76	93.5
2∶10	4.18	94.7
2.5∶10	4.62	96.0
4∶10	3.97	94.1

从表2-11中可以看出，随着SSA的含量在SSA与H_2SO_4配比中增大，产物的电导率和产率都是先增大后减少。当SSA∶H_2SO_4=2.5∶10时，电导率最高为4.62S/cm，产率为96.0%，但是产率的变化范围不是很大，这是因为掺杂剂主要影响产物的导电性和稳定性。质子酸在掺杂过程中，起着提供质子源和酸性环境的作用，其中质子酸分子的大小将对聚苯胺链的空间结构和材料稳定性产生直接影响，进而对产物的导电性和热稳定性产生影响。采用SSA与H_2SO_4混合酸共掺杂，由于SSA对阴离子较H_2SO_4对阴离子体积大，当作为平衡电荷的对阴离子进入聚苯胺分子的主链后，使聚合物的链更加伸展，降低聚苯胺分子链间的相互作用，使聚苯胺分子内和分子

间的结构有利于分子链上的电荷离域化，从而提高聚合物的导电性；当配比为 2.5∶10 时，电导率达到最大值，说明此时聚苯胺的电荷离域程度具有最大值，掺杂基本上达到饱和状态。然而当 SSA 的含量继续增大时，电导率有所下降，可能是因为体系中的 SSA 过多，从而反应速度变慢，导致聚合物分子质量分布不均，共轭链变短，不利于导电通路的通畅，另外，产物中游离的大分子 SSA 不易清洗，也会降低产物的导电性。因此 SSA 与 H_2SO_4 配比选择 2.5∶10 为宜。

2.4.2.2 反应温度和时间对复合材料电导率的影响

保持其他条件不变，在反应温度 5℃、10℃、20℃、30℃的条件下，研究反应温度和时间对复合材料电导率的影响，结果见图 2－40。温度对 PANI/Co_3O_4 复合材料电导率的影响可以从两方面来考虑：一方面从动力学上分析，升高温度有利于复合材料快速聚合和掺杂，对提高生产效率是有利的；另一方面从热力学角度上考虑，PANI 的合成过程为放热反应，反应温度的升高不利于反应的正向进行，引发反应中的副产物过多，而且反应温度过高，将会导致聚合物过氧化，严重影响复合材料的导电性。从图中可以看出，不同温度反应下复合材料的电导率随反应时间的变化趋势大致一样，都是随着反应时间的增加，复合材料的电导率先增大而后趋于平稳，不同的是

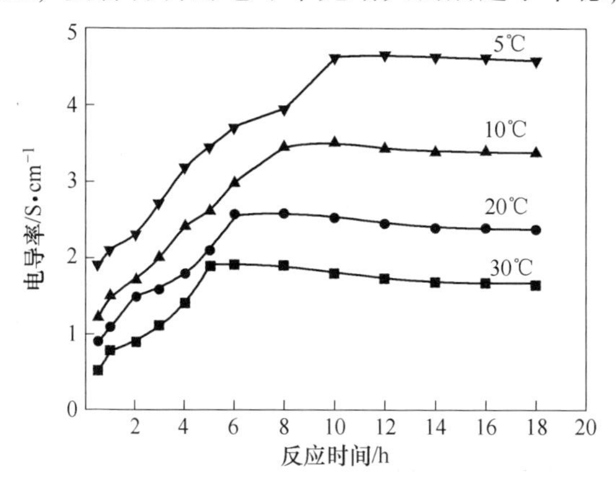

图 2－40 不同反应温度下反应时间对 PANI/Co_3O_4 复合材料电导率的影响

反应温度越低，所获得的产物电导率越高，但是达到最高电导率所需的时间最长。当反应温度为5℃时，反应10h后，复合材料的电导率可以达到最高值（4.62S/cm）；而当反应温度为30℃时，反应仅需4h就可以达到最大电导率（1.93S/cm），从而可以得出反应温度越低，复合材料的电导率越大，反应时间也越长，因为电导率对阳极材料的性能影响较为显著，因此聚合反应温度选择5℃。

为了进一步研究PANI复合材料的聚合机理，在5℃反应条件下分别测定了不同反应阶段的粒度变化，结果见图2-41。从粒度分布图上可以看出，在反应时间为0.5h、1h、2h和4h时平均粒度分别为4.47μm、5.59μm、8.77μm和13.74μm，随着反应时间的延长，产物的粒度呈增大趋势，同时产物颜色也依次变化为浅蓝色→深蓝色→浅绿色→墨绿色。这是由于苯胺的聚合反应是分阶段进行的，当有氧化剂加入苯胺的水溶液体系中后，苯胺先被氧化成简单的苯胺正离子自由基，然后自由基之间再进行聚合，此时氧化剂加入量还很少，生成的苯胺自由基较少，因此存在一个明显的诱导期，产物粒度增加相对较慢；随着氧化剂加入量的增多，聚合反应快速进行，由低聚物向高聚物生成，分子量增加和分子链增长，宏观表现为电导率和粒度都快速增大；最后随着氧化剂和苯胺单体反应完全，分子链停止增长，反应终止，电导率和粒度不在变化趋于稳定。

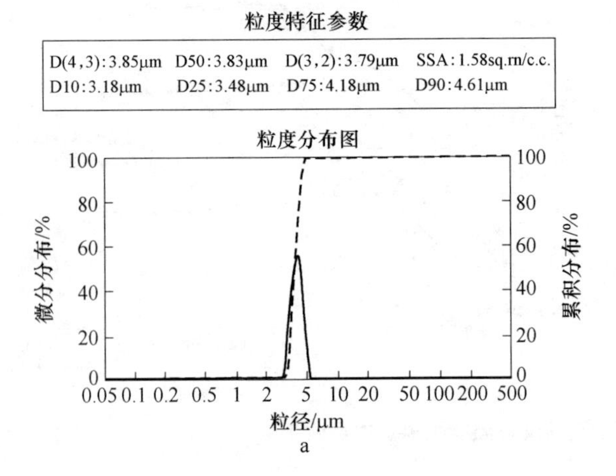

a

粒度特征参数

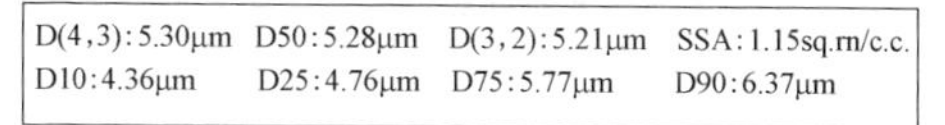

D(4,3): 5.30μm	D50: 5.28μm	D(3,2): 5.21μm	SSA: 1.15sq.m/c.c.
D10: 4.36μm	D25: 4.76μm	D75: 5.77μm	D90: 6.37μm

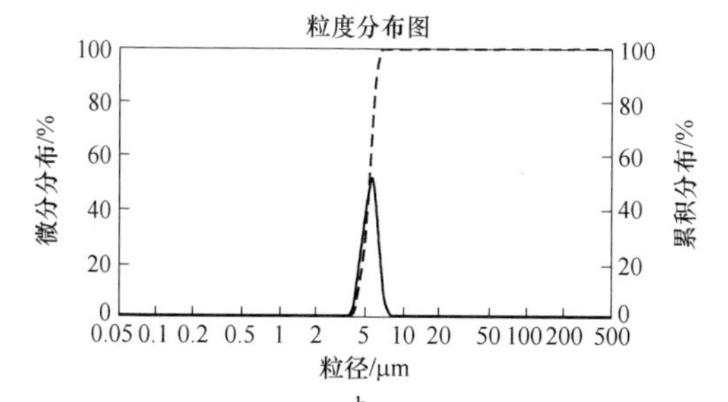

b

粒度特征参数

D(4,3): 7.99μm	D50: 7.89μm	D(3,2): 7.64μm	SSA: 0.79sq.m/c.c.
D10: 5.87μm	D25: 6.76μm	D75: 9.14μm	D90: 10.39μm

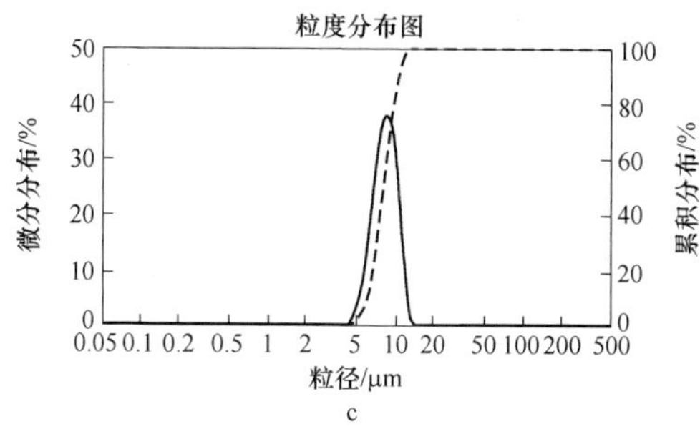

c

粒度特征参数

D(4,3): 8.92μm	D50: 8.63μm	D(3,2): 8.24μm	SSA: 0.73sq.m/c.c.
D10: 5.87μm	D25: 6.97μm	D75: 10.57μm	D90: 12.48μm

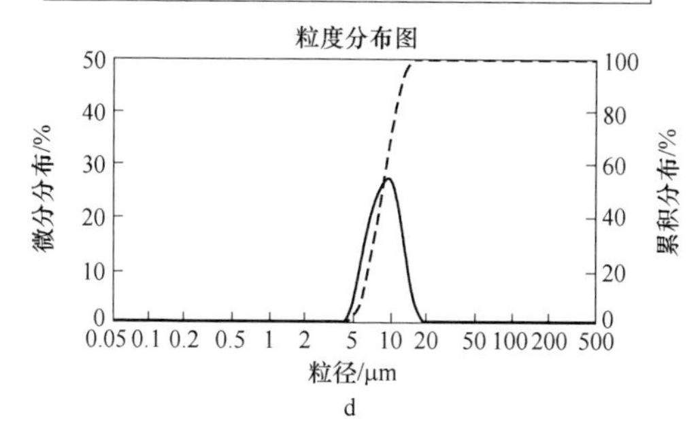

d

图 2-41 不同反应时间产物的粒度分布

a—0.5h；b—1h；c—2h；d—4h

2.4.2.3　掺杂酸浓度对复合材料电导率的影响

其他条件保持不变，研究复合掺杂酸用量对 PANI/Co_3O_4 复合材料电导率的影响，实验结果如图 2－42 所示。从图中可以看出，随着复合掺杂酸浓度的增加，复合材料电导率也随之增大，当复合酸浓度为 1.0mol/L 时，电导率具有最大值（4.62S/cm）。掺杂酸在聚合过程中作为对阴离子，对 PANI/Co_3O_4 复合材料的分子链结构形成有很大影响，从而决定材料的导电性。规整的聚苯胺分子结构以头－尾相接的形式存在[11,12]，当掺杂酸浓度较低时，复合材料的聚合出现头－头相连的形式，影响导电通路的通畅，因而电导率此时较低；当反应体系中酸度较高时，聚合过程中以头－尾形式相接，复合材料电导率提高；然而随着复合酸浓度超过 1.0mol/L 时，电导率略有下降，这是因为此时掺杂已达到饱和，质子化程度最高，继续增加掺杂酸的用量，过多的酸会吸附在复合材料上，从而降低了电导率。

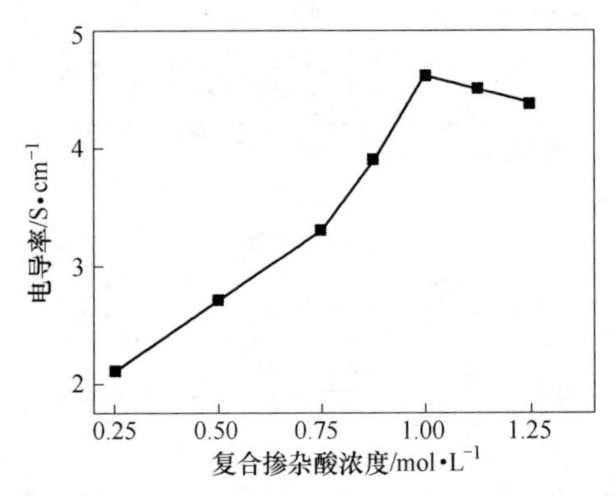

图 2－42　复合掺杂酸用量对 PANI/Co_3O_4 复合材料电导率的影响

2.4.2.4　氧化剂用量对 PANI/Co_3O_4 复合材料电导率的影响

过硫酸铵具有氧化能力强，后处理简单，是最常用的氧化剂之一。其他条件保持不变，研究过硫酸铵浓度对 PANI/Co_3O_4 复合材料电导率的影响，实验结果如图 2－43 所示。从图中可以看出，随着过硫酸铵浓度的增加，复合材料的电导率随之增加，当浓度达到0.5mol/L时，电导率达到最大，随着过硫酸铵浓度的继续增加，电导率快速下降。这是由于当过硫酸铵浓度很低时，复合材料的氧化反应不完全，导致产物中低聚物较多，分子链之间缺乏长的导电通道，电导率相对较低；当过硫酸铵浓度过高时，反应的活化中心过多，不利于形成高分子的聚合物，而且过多的氧化剂还会使苯胺深度氧化，聚合物大分子链的共轭结构遭破坏，引起产物的电导率下降。因此，本实验过硫酸铵的浓度采用0.5mol/L。

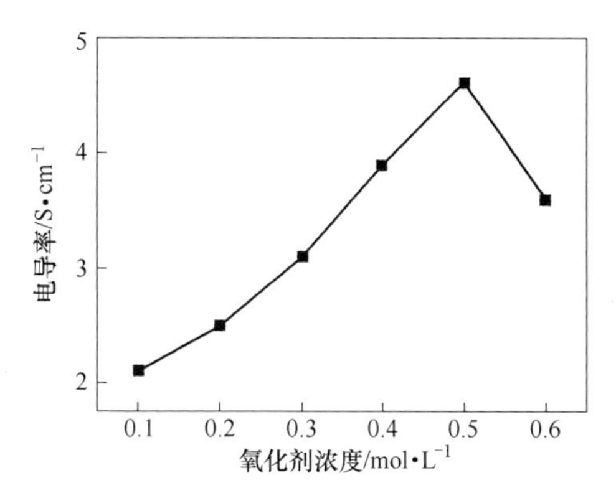

图2-43 氧化剂用量对PANI/Co_3O_4 复合材料电导率的影响

2.4.2.5 Co_3O_4 含量对PANI/Co_3O_4 复合材料电导率的影响

在反应体系中，其他条件保持不变，改变Co_3O_4 的加入量，所得产物PANI/Co_3O_4 的电导率如图2-44所示。从图中可以看出，随着Co_3O_4 的加入，电导率逐渐升高，当m（Co_3O_4）：m（An）=5%时，电导率最高为4.62S/cm，之后随着Co_3O_4 含量增加，电导率呈下降趋势。在导电高分子中，微观结构的导电性取决于聚合物的共轭程度、链长和链的有序性等因素[13]。PANI/Co_3O_4 复合材料中，以Co_3O_4 粒子为核心或者模板，PANI链在Co_3O_4 粒子表面逐渐增长，复合材料间的作用力明显加强，复合产生的协同作用也随之增强，当Co_3O_4 用量很少时，可使聚合物链的排布趋于有序，利于导电通路的通畅；然而当Co_3O_4 含量增大时，过量的Co_3O_4 粒子不能完全被 PANI 包裹，起到阻碍电荷转移的作用，从而降低材料的导电性。

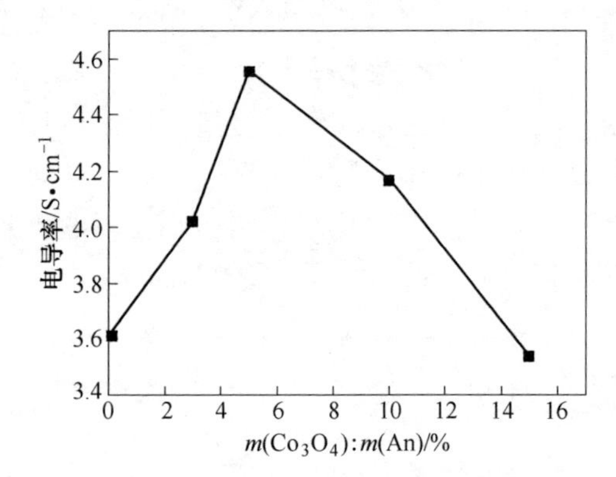

图 2 - 44 Co_3O_4 含量对 PANI/Co_3O_4 电导率的影响

2.4.3 PANI/Co_3O_4 复合材料的结构及表面形貌

综合前面几个因素对 PANI/Co_3O_4 复合材料电导率的影响，确定出 PANI/Co_3O_4 复合材料的制备工艺条件：c(An) = 0.5mol/L，c(氧化剂) = 0.5mol/L，c(酸) = 1mol/L，其中 SSA 与 H_2SO_4 的配比为 2.5 : 10，m(Co_3O_4) : m(An) = 5%，在 5℃ 条件下反应 10h。并对该条件所得复合材料进行分析。

2.4.3.1 FTIR 分析

图 2 - 45 为 Co_3O_4、纯 PANI 和 PANI/Co_3O_4 复合材料的 FT - IR 图谱。在 Co_3O_4 的 FT - IR 图谱中，665cm^{-1} 和 584cm^{-1} 特征吸收峰来自 ν(Co—O) 振动峰。PANI 的特征吸收峰如下：1568cm^{-1} 和 1487cm^{-1} 左右的吸收峰分别对应着醌环和苯环的 C ═C 键的伸缩振动峰，1298cm^{-1} 的吸收峰为苯式结构中 C—N 的伸缩振动特征峰，1245cm^{-1} 的吸收峰为与醌环有关的 C—N 伸缩振动峰，811cm^{-1} 左右的吸收峰代表二取代苯环上的 C—H 面外弯曲振动峰。

从 PANI/Co_3O_4 复合材料 FT - IR 图谱中可以看出，其吸收峰与 PANI 各吸收峰基本一致，说明复合材料中 PANI 的分子结构与直接制备的纯 PANI 的结构一致，但是 PANI/Co_3O_4 吸收峰的位置发生稍微的红移或者蓝移，较为明显的如 1568cm^{-1} 处的特征峰红移至 1567cm^{-1}，1487cm^{-1}处的特征峰蓝移至 1489cm^{-1}。此外，664cm^{-1} 和 584cm^{-1}来自 Co_3O_4 的 ν(Co—O) 振动峰，然而吸收峰强度明显减弱，这说明可能在 PANI 和 Co_3O_4 表面之间存在弱的共价键结合[14]。

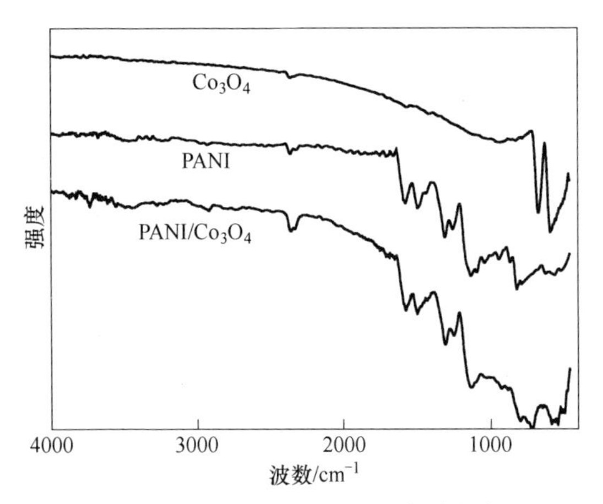

图 2 – 45 Co_3O_4、纯 PANI 和 PANI/Co_3O_4 复合材料的 FT – IR 图谱

2.4.3.2 XRD 分析

图 2 – 46 为 Co_3O_4、PANI/Co_3O_4 和 PANI 复合材料的 XRD 图谱。从图可知，Co_3O_4 出现了较强的衍射峰，与 Co_3O_4的 JCPDS 80 – 1533 卡片的衍射峰基本相符，即为立方晶系。PANI 的 XRD 图谱分别在 $2\theta = 14.8°$、$19.5°$、$25.0°$出现 3 个较宽的特征衍射峰，表明 PANI 部分结晶，主要以无定型态形式存在。而 PANI/Co_3O_4 的 XRD 图谱同时出现了 Co_3O_4 特征峰和 PANI 的 3 个较宽的特征衍射峰，但强度都有所减弱。这一方面表明 Co_3O_4 与 PANI 的复合并没有改变 Co_3O_4 的结构和晶型；另一方面表明在聚合过程中 Co_3O_4 粒子与 PANI 相互作用，限制了 PANI 聚合过程中的结晶行为，并影响了 Co_3O_4 衍射峰强度，这一结果与前面红外光谱讨论的 PANI 和 Co_3O_4 之间存在相互

作用的结果一致。

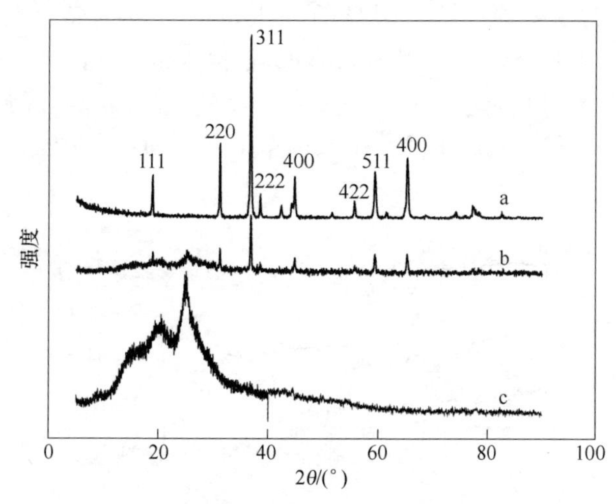

图 2 - 46　Co_3O_4（a）、PANI/Co_3O_4（b）和 PANI（c）的 XRD 图谱

2.4.4　PANI/Co_3O_4 复合材料的稳定性

图 2 - 47 为 PANI 和 PANI/Co_3O_4TGA 和 DTG 热分析曲线。图 2 - 47a PANI 的 TGA 曲线出现 3 个明显的失重阶段：第 1 个失重阶段从初始温度持续到 100℃，失重约 8.69%，主要来自样品所含水分；第 2 个失重阶段为 200 ~ 600℃，该阶段质量损失来自质子酸脱掺杂和部分有机物分解[15]；第 3 失重阶段持续到 1000℃，PANI 加速分解，最终样品残余率为 26.11%。PANI/Co_3O_4 复合材料失重阶段与 PANI 相似，第 1 个阶段失重 3.28%，在第 2 失重阶段中，图 2 - 47b DTG 图谱出现的 470℃和 543℃处吸热峰同样来自质子酸脱掺杂和有机物分解，较纯 PANI 分解温度向高温阶段推移，第 3 阶段分解速率明显降低，最终样品残余率为 47.59%，与 PANI 相比，PANI/Co_3O_4 复合材料表现出较好的热稳定性。PANI/Co_3O_4 复合材料的热稳定提高可能是由于 PANI 和 Co_3O_4 粒子间的相互作用，Kowsar M 等[16]也证实了这种推测。另外，还可以看出 PANI 和 PANI/Co_3O_4 复合材料在 200℃以下都保持稳定。同时，图 2 - 47b 显示 PANI/Co_3O_4

吸热峰63℃和285℃，较PANI的45℃和283℃吸收峰都有所提高。

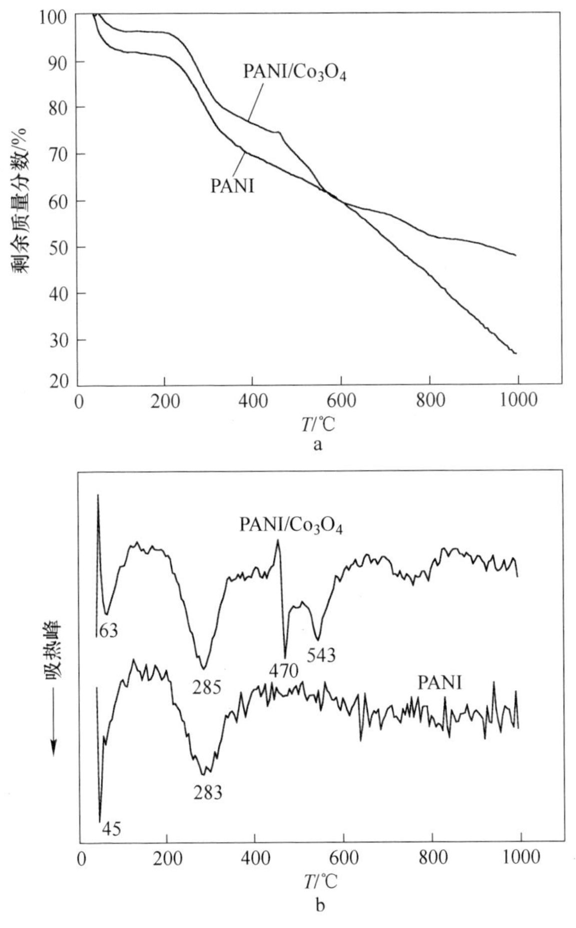

图2-47 PANI和PANI/Co_3O_4 热分析曲线

a—TGA；b—DTG

2.4.5 PANI/Co_3O_4 复合材料的形成机理

PANI与Co_3O_4 的复合并不是简单的混合，而是通过化学键将Co_3O_4 粒子包裹起来形成一种有序组织结构，称为核壳结构，结构示意图见图2-48。Co_3O_4 粒子超声分散于苯胺水溶液中，掺杂剂的对阴离子可以大量地吸附在 Co_3O_4 表面，在聚合反应开始后，产生的苯胺正离子自由基也被吸引到 Co_3O_4 粒子表面附近，而且 Co_3O_4 粒子的存在可以降低体系的表面能，因此聚合优先以 Co_3O_4 为核心进行反应，由于 PANI 对苯胺的聚合有催化作用，一旦 Co_3O_4 粒子表面聚合有 PANI，聚合反应就会加快进行从而包裹 Co_3O_4 粒子，形成核壳结构的 PANI/Co_3O_4 复合材料。通过 FTIR 和 XRD 分析可知，Co_3O_4 粒子和 PANI 之间存在强烈的化学键作用，使得 PANI 链的电荷离域化作用增强，体系致密性提高，从而提高了复合材料的导电性。

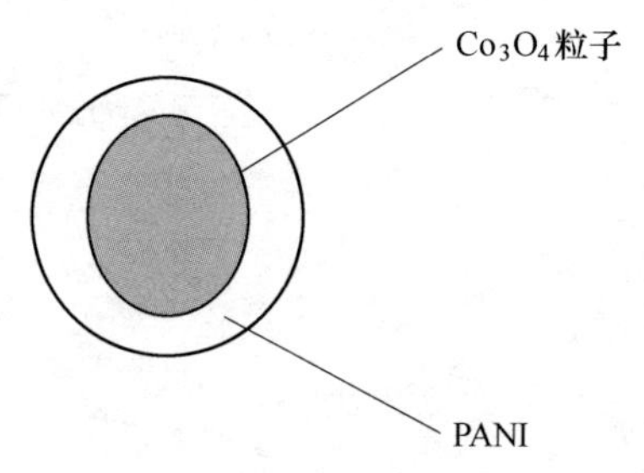

图 2-48　PANI/Co_3O_4 复合材料核壳结构示意图

参 考 文 献

[1] 刘少琼，于黄中，黄河，等．TiO_2 纳米微粒对聚苯胺性能的影响 [J]. 高等学校化学学报，2002，23（1）：161～163.

[2] Chuang F Y，Yang S M. Titanium oxide and polyaniline core - shell nano - composites [J]. Synth. Met.，2005，152：361～368.

[3] Saxena V，Malhotra B D. Prospects of conducting polymers in molecular electronics [J]. Current Applied Physics，2003，3（3）：293～305.

[4] Li X，Chen W C，Bian C，et al. Surface modification of TiO_2 nanoparticles by polyaniline [J]. Appl. Surf. Sci.，2003（217）：16～22.

[5] 于雅鑫，张德文，陆平．CdS/聚苯胺导电复合材料的制备与表征 [J]. 长春工业大学学报（自然科学版），2008，29（6）：670～374.

[6] 黄惠，郭忠诚．合成聚苯胺/碳化钨复合材料及聚合机理探讨 [J]. 高分子学报，2010，10：1180～1185.

[7] Ray S S，Biswas M. Water - dispersible conducting nano - composites of polyaniline and poly N - vinylcarbazole with nanodimensional zirconium dioxide [J]. Synth. Met.，2000，108：

231 ~ 236.

[8] Maity A, Biswas M A. Conducting composite based on poly (N - viny - lcarbazole) - formalin resin and acetylene black [J]. J. Appl. Polym. Sci., 2004, 94: 803 ~ 811.

[9] 任斌，黄河，刘少琼，等. 原位聚合法制备聚苯胺/聚乙烯醇导电材料的研究 [J]. 华南师范大学学报，2003，2：58 ~ 61.

[10] Shambharkar B H, Umare S S. Production and characterization of polyaniline/Co_3O_4 nanocomposite as a cathode of Zn - polyaniline battery [J]. Materials Science and Engineering B, 2010, 175 (2): 120 ~ 128.

[11] Heeger A J. Semiconducting and metallic polymers: the fourth generation of polymeric materials [J]. Synth. Met., 2002, 125 (1 - 2): 23 ~ 42.

[12] Chen Y, Kang E T, Neoh K Q, et al. Intrinsic redox states of polyaniline studied by high - resolution X - ray photoelectron spectroscopy [J]. Colloid and Polymer Science, 2001, 279 (1): 73 ~ 76.

[13] Saxena V, Malhotra B D. Prospects of conducting polymers in molecular electronics [J]. Current Applied Physics, 2003, 3 (3): 293 ~ 305.

[14] Chou Shulei, Wang Jiazhao, Liu Huakun. Electrochemical deposition of porous Co_3O_4 nanostructured thin film for lithium - ion battery [J]. Journal of Power Sources, 2008, 182 (1): 359 ~ 364.

[15] He Yongjun. Preparation of polyaniline/nano - ZnO composites via a novel pickering emulsion route [J]. Powder Technol, 2004, 147 (1 - 3): 59 ~ 63.

[16] Kowsar M, Sajeela A, Singla M L. Low temperature sensing capability of polyaniline and Mn_3O_4 composite as NTC material [J]. Sensors and Actuators A, Physical, 2007, 135 (1): 113 ~ 118.

3 聚苯胺/无机复合阳极的制备工艺及电化学性能

作为湿法冶金电积有色金属的阳极材料，首先需要有较好的导电性，满足传送电流的需要；其次，要有良好的抗腐蚀能力，在与强酸电解质长期接触的条件下，仍能正常工作。抗腐蚀性的好坏直接决定材料是否有用于有色金属电解阳极的可能性。聚苯胺/无机复合材料结合了金属化合物与聚合物的特点，既有较好的导电性又有好的耐腐蚀性和力学性能，可作为阳极的候选材料。

聚苯胺基复合材料作为有色金属电积的阳极，除对电化学特性有要求外，对其力学性能、形状等也有要求，而且化学法制备的聚苯胺基复合材料呈粉末状，要作为阳极使用必须进行一定的机械成型加工。加工工艺及在加工过程中各种因素对力学性能和电性能会产生影响。

以 PANI/WC 复合材料为主要研究对象，研究加工过程中各种因素对力学和电性能的影响，并对成型工艺进行讨论；同时，也分析对比 PANI/WC、PANI/B_4C、PANI/TiO_2 和 PANI/Co_3O_4 复合阳极的电化学特性。

3.1 聚苯胺/无机复合阳极的成型工艺

模压是一种最常见的成型方法，在实验室中使用最为广泛。模压成型法有着流程短、成型快、效率高的特点。故本章主要介绍模压法压制聚苯胺/无机复合材料阳极试样。具体条件如下：使用液压机为 WE－10A 型液压式万能实验机，成型使用的模具为自制，配料采用的试剂为化学试剂和自制的聚苯胺/无机复合材料，使用的有机添加剂也是纯度较高的化学试剂。制备工艺过程中主要以 PANI/WC 为研究对象。

3.1.1 制备工艺

首先，将所有原料进行烘干，以保证配比的准确。然后，将合成的 PANI/WC 复合材料与钛酸酯偶联剂按一定的配比进行混合，在球磨机中湿磨 12h，球料比为 2:1，湿磨介质为工业乙醇（降低聚苯胺基在球磨过程中的氧化程度）。将料浆倒入烧杯中，在烘箱中 60℃下烘 8h，去除乙醇溶液，得到疏松的原料粉末。

将上述的粉末进行造粒，在烘干的粉料中加入浓度为 1% 的聚乙烯醇溶液少许，在研钵中混合均匀，再将粉料用 80 目（0.175mm）筛子过筛，以达到造粒目的。将造粒后的原料在密闭容器中静置 24h，使粉料中的水分与黏结剂分布均匀。

干压开始时，在金属模具的内侧壁预先涂一薄层油酸，称取一定量的造粒粉料装入模腔内，轻敲模具侧壁，适当振动使粉料均匀填充模腔的各角落，并保证粉料上表面的平整。加压过程中，保持平稳的加压速度，当压力达到预期值后保持压力 5～15min，然后再卸压，出模。本实验中压制试样的成型压力为 0～60MPa，考察了成型压力对试样性能的影响。将成型后的试样放入干燥箱中，在 40℃下干燥 3～4h，然后温度升至 60℃继续干燥 3～4h，即得到 PANI/WC 复合阳极试样。操作工艺流程如图 3－1 所示。

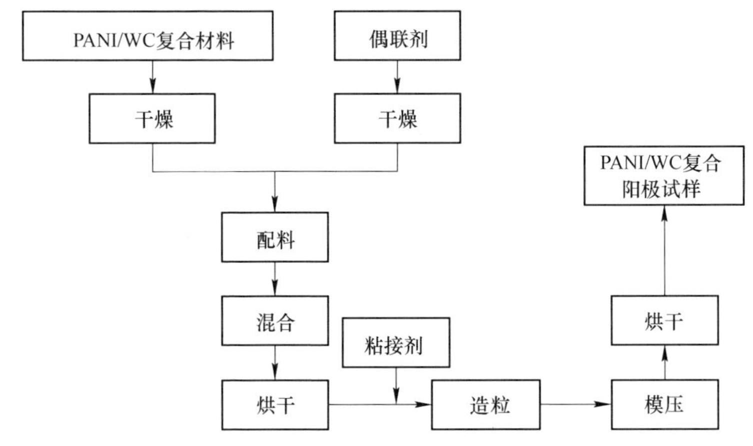

图 3－1 模压法制备 PANI/WC 复合阳极试样

电阻测试是直流低电阻仪，试样为 ϕ40mm、厚度 1.5mm 的圆片型极板，如图 3 - 2 所示。将极板夹在两铜板之间，铜板上加负载 30kg。阳极板与负载（铜板）之间放置铂纸，以尽量减小接触电阻的影响，测得的电阻为 R_1，将极板取下，测得两铂纸的电阻为 R_2，则极板的电阻为 $R_1 - R_2$。

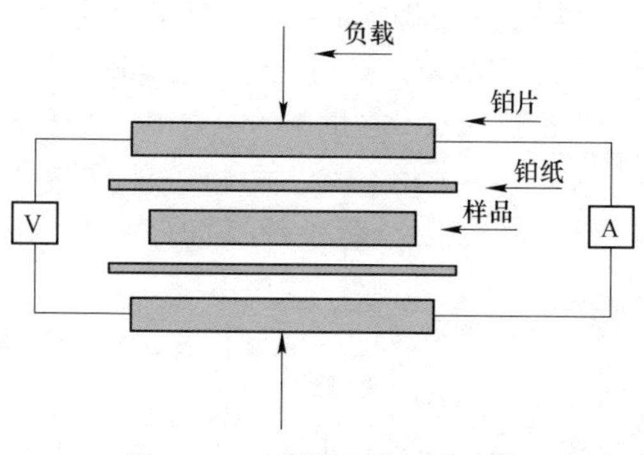

图 3 - 2　电阻测量装置示意图

3.1.2　模压条件

模压是一种最常见的成型方法，在实验室中使用最为广泛。为了得到具有一定形状与尺寸的压件，将称量好的粉末装入阴模腔中，然后在压机上以一定的压力，通过冲模对粉末加压，在卸去压力之后，把压坯从阴模腔内顶出，压坯就成型了。压制时，在模冲的压力作用下，引起粉末向模腔壁的各个方向施加压力，这种压力称为侧压力。侧压力同时也包括外层粉末与模腔壁之间的摩擦力，随着模冲力的大小不同而不同，呈正比例变化。由于摩擦力和侧压力的产生，使得模冲压力（压制力）分布不均匀，以及在粉末与冲头之间，粉末与模壁之间的压制力大，而越接近压坯中心位置或越远离压制力的部位其压制力越小。在压制过程中，粉末颗粒经受着弹性变形和塑性变形，因而在压坯内聚集了较大的内应力，去除压制力之后，由于这些内应力的作用，使得压坯有膨胀的趋势。在垂直于压制力的方向上，这种膨胀力会受模壁的阻碍。因此，压制力卸除后，压坯紧紧地固住在压模内，为了从压模中取出压坯就需要加一定的压力。当压坯从压模中脱出以后，在压制时聚集在压坯中的弹性应力会使压坯向压制的方向和垂直于压制方向同时膨胀，这种现象称为弹性后效[1]。

通过对模压工艺理论上的了解，对影响成型过程的因素进行分析，并采取相应的有效措施提高干压质量，使试样生坯具有较高的密度，最终提高了试样的性能。

3.1.2.1 加压方式

采用模压压制粉末，加压方式有单向压制、双向压制和等静压制三种形式，压制时压力的损耗（粉末相互间摩擦损耗）与外耗(粉末与模壁间的摩擦损耗)，造成压坯各部位受力不均匀（密度不均匀)，在压制形状较复杂或高度较大的制品时，压制力损耗的现象更为突出。因此，在设计或选定工艺方案时，尽可能考虑双向压制或等静压制，并且制品的高径比（高度与直径的尺寸之比）不宜大于30。合理地选择加压方式，是获得理想的制品和节省投资、降低成本的重要条件。本实验中压制的聚苯胺基试样，使用的是沿长度方向加压的模具，冲模截面为70mm×50mm，压制的生坯高度为5～7mm。

3.1.2.2 压制压力

压制力的大小决定了压坯的密度和线收缩系数，一般来说，压制力越大，压坯的密度也就越大。但过高的压制力不仅会引起压坯的分层和材料结构改变，而且会造成设备寿命缩短，能源浪费。在生产实践中，一般不通过压制力来控制压坯的密度。原因有以下几点：粉末粒度的大小、压模状态及掺入的润滑剂的性质，都可能影响压坯密度；压制力难于实现精确控制。在大部分情况下，均采用控制粉末重量和压坯体积的办法来保证压坯密度的一致性。

3.1.2.3 加压速度

加压速度也是影响压坯密度的因素之一。对于加压成型如果加压过快，粉末中的空气得不到排逸，影响制品的力学性能。一般说来，加压速度倾向于慢速。但加压速度太慢，不仅影响效率，而且压坯的性能变坏。压坯脱模速度应尽可能快，压坯出模后，由于弹性内应力的松弛而使压坯产生弹性后效，这种弹性后效现象是在瞬间发生的。如出模速度过慢或出模过程有停顿情况时，压坯先出模的部分可能明显膨胀，而未出模的部分可能仍受较大压力，于是在交界线上极易产生横向裂纹，易造成废品。因此，在本实验中，加压过程速度严格按照设备使用规程，控制得较慢，在达到最大压力后，保持1～30min的间歇，使试样充分排气，卸压后很快将试样顶出，出现的废品率很低。

3.1.2.4　其他

粉末装模最主要的是保证装料均匀，以保证压坯各部分压缩比的一致性，这对于薄壁形、薄板形以及尺寸较大的环形制品尤为重要，这种因粉末流动范围小而使压坯各部位造成压缩比不一致的情况，常常引起压坯的局部“分层”或烧结后出现畸形。为了使粉末装填均匀，实验中采用专门的工具进行敲击并振动模具使粉末充填得密实和均匀，以减少装模的不均匀性。另外，压制成型后的生坯要进行干燥，以消除压制时产生的部分应力和促进润滑物的进一步挥发，以免影响压坯的干燥。实验中先将试样自然干燥一天后，再放入烘箱干燥。如直接进入烘箱干燥，试样会出现开裂现象。

3.1.3　成型因素的影响

3.1.3.1　压力对电学性能和力学性能的影响

成型压力与电阻的变化关系如图3－3所示。从图3－3中可看出，在最初的2.5MPa以内，电阻值几乎没有变化，这可能与加压之初在压力较低的情况下，样品压实和流动而使样品的实际压力低于所测数据有关；随着压力的继续增加，电阻急剧下降，在压力为25MPa处出现极小值；之后电阻值又缓慢升高，至35MPa左右后基本不变。这与崔硕景等[2]在Bridgman型压力机上研究聚苯胺的导电性能的结果基本相似。根据材料在相对低压时电阻随压力升高而降低的实验结果，可以判断 PANI/WC 为电子性导电材料，导电的原因是聚苯胺结构上共轭大 π 键电子云重叠。在低压时随着压力增大，材料的自由体积含量减少，分子链间距离变小，分子中的共轭大 π 键随着压力增加重叠程度增加。这意味着载流子浓度增加，因此电阻变小，之后则是迁移率随压力的变化起主导作用。

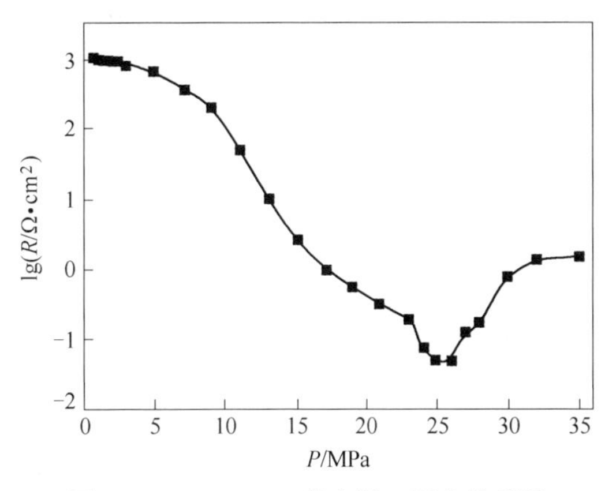

图 3－3 PANI/WC 的电阻－压力关系图

表 3－1 是在不同压力下所得阳极的力学性能。如表 3－1 所示，随着成型压力的增加，阳极的拉伸强度、弯曲强度和弯曲模量均得到了提高；但是断裂伸长却是先增大后减小。当成型压力为 25MPa 时，拉伸强度、弯曲强度和弯曲模量增长缓慢，基本趋于一致；另外，此时阳极表现出很大的韧性，相对于其他成型压力下，它的断裂伸长率为最大。

表 3－1 成型压力对阳极力学性能的影响

压力/MPa	拉伸强度/MPa	断裂伸长率/%	弯曲强度/MPa	弯曲模量/MPa
15	53	7.2	4.9	96.7
20	69	7.9	5.6	113.5
25	75	8.1	12.3	294.6
30	80	7.2	12.5	302.0
35	82	6.4	12.6	337.5

3.1.3.2 保压时间对电学性能和力学性能的影响

在25MPa压力下不同保压时间模压后试样，常温条件下测得阳极试样电阻和保压时间之间的关系，结果如图3－4所示。由图3－4可以看出，随着保压时间的延长，所得阳极试样的电阻逐渐减小，但到15min后基本不变。阳极材料是松装密度相对较小的物质，微粒间的空隙比较大，保压时间主要是使材料微粒间的空隙减小，在一定时间内使得微粒逐渐致密，从而提高导电性。

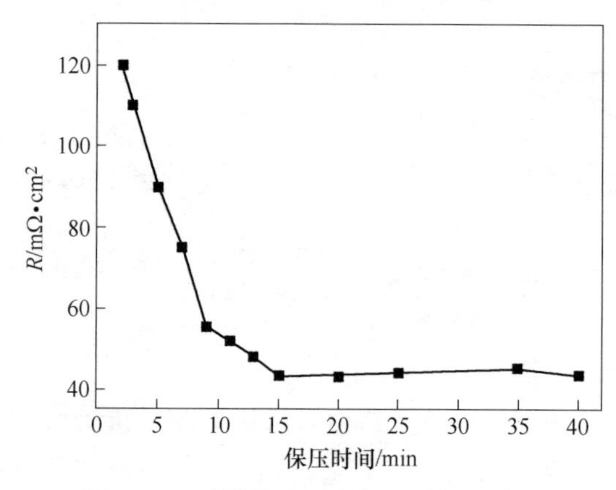

图3－4 试样的电阻和保压时间的关系

表3－2是在25MPa下保压数分钟所得阳极试样的力学性能。如表3－2所示，随着保压时间的延长，阳极的拉伸强度、断裂伸长率、弯曲强度和弯曲模量等变化不是太明显，这说明在一定的保压时间内对阳极的力学性能影响不大。

表3－2 保压时间对阳极力学性能的影响

保压时间/min	拉伸强度/MPa	断裂伸长率/%	弯曲强度/MPa	弯曲模量/MPa
10	67	7.9	12.2	290.6
15	69	7.9	12.3	294.6
20	70	8.0	12.3	294.6
25	70.5	7.9	12.5	302.0

3.1.3.3 偶联剂的用量对电学性能和力学性能的影响

不同含量偶联剂试样在经过25MPa模压后，常温条件下测得电阻和偶联剂含量之间的关系，结果如图3－5所示。由图3－5可知，随着偶联剂含量的增加，电阻总体变化趋势是先减小后增大。因此，偶联剂含量占阳极材料质量的5%左右对阳极的导电性贡献最大。

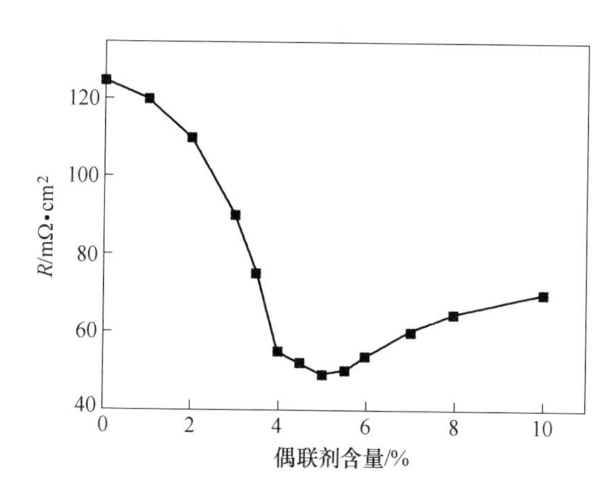

图3－5 电阻和偶联剂含量的关系

表3－3是在25MPa下所得阳极的力学性能。如表3－3所示，偶联剂的添加使得阳极的各项力学性能明显提高，随着偶联剂含量的增加，阳极的拉伸强度、断裂强度、弯曲强度和弯曲模量均逐渐增强；但必须考虑偶联剂对电导率的影响，所以把偶联剂的用量控制在5%左右为宜。

表3－3 偶联剂对阳极力学性能的影响

偶联剂含量/%	拉伸强度/MPa	断裂伸长率/%	弯曲强度/MPa	弯曲模量/MPa
0	69	7.9	12.3	294.6
3	74	8.2	13.5	367.2
5	77	8.5	14.1	432.1
8	81	8.8	14.8	503.2
10	87	9.1	15.3	563.4

3.1.3.4 粘接剂的用量电学性能和力学性能的影响

不同含量粘接剂试样在经过 25MPa 模压并保压 15min 后，常温条件下测得电阻和粘接剂含量之间的关系，结果如图 3－6 所示。如图 3－6 所示，随着粘接剂含量的增加，电阻总体变化趋势是增大，但是在含量小于 6% 左右时，电阻的增大相对比较小；在含量大于 6% 左右时，电阻成倍增大。因此，确定粘接剂含量占阳极材料质量的 6% 左右。

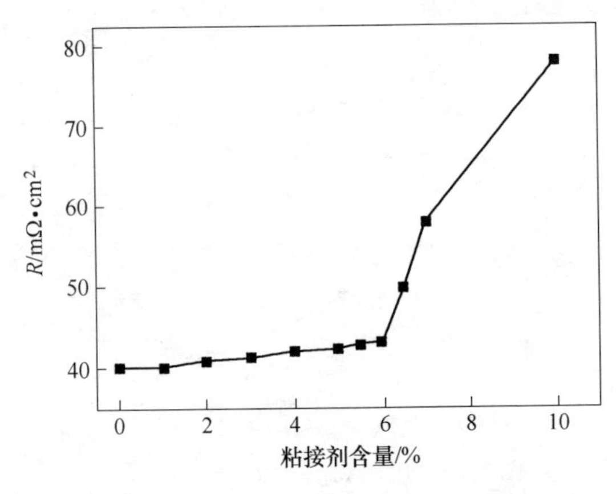

图 3－6 电阻和粘接剂含量的关系

表 3－4 是在 25MPa 下所得阳极的力学性能。如表 3－4 所示，粘接剂的添加使得阳极的各项力学性能明显提高，随着粘接剂含量的增加，阳极的拉伸强度、断裂强度、弯曲强度和弯曲模量均逐渐增强；但必须考虑粘接剂对电导率的影响，所以把粘接剂的用量控制在 6% 左右为宜。

表 3－4 粘接剂对阳极力学性能的影响

粘接剂含量/%	拉伸强度/MPa	断裂伸长率/%	弯曲强度/MPa	弯曲模量/MPa
0	77	8.5	14.1	432.1
3	80	8.6	14.5	467.2
4	81	8.7	15.1	492.1
6	81.5	8.8	15.8	503.2
10	83.2	9.1	15.3	563.4

综合考虑成型因素对阳极的电阻和力学性能的影响，我们得出较佳的成型条件为：压力25MPa、粘接剂含量6%、偶联剂含量5%和保压时间15min为宜。

表3-5是在较佳成型压力下四种阳极的力学性能。由表3-5可知，随着合成工艺的不断改进，对机械强度有一定程度的改善，其中PANI/WC复合阳极的机械强度最好。

表3-5 不同阳极力学性能

试 样	拉伸强度/MPa	断裂伸长率/%	弯曲强度/MPa	弯曲模量/MPa
PANI-SA	67	7.5	13.1	412.1
PANI-SA+SSA	73.5	8.6	14.5	457.2
PANI/TiO_2	78.9	8.7	15.1	482.1
PANI/WC	81.5	8.8	15.8	503.2

3.1.3.5 添加剂对阳极外观形貌的影响

采用模压成型，压力25MPa，保压15min的压制条件下，制作了不含粘接剂和偶联剂的PANI/WC阳极样品、PANI/WC中含有6%粘接剂及同时含有6%粘接剂和5%偶联剂的PANI/WC阳极样品。通过肉眼直接可观察到，使用偶联剂和粘接剂压制成的PANI/WC阳极表面起伏较小，形貌比较平整光滑；只含粘接剂的PANI/WC阳极表面有一定程度起伏不平；而不加偶联剂和粘接剂的样品表面比较粗糙，而且有明显的裂纹。

为进一步研究压制过程中PANI/WC阳极的微观变化，通过SEM对所得PANI/WC阳极观察，结果如图3-7所示。由图3-7a可见，阳极表面均有大量裂缝和孔洞；当加了粘接剂之后，阳极表面的孔洞和裂缝有所减少（图3-7b）。而图3-7c所示为同时含有粘接剂和偶联剂的样品，其表面比较光滑，也没有较大的空隙出现，说明在偶联剂和粘接剂的共同作用下使得PANI/WC阳极中微粒之间紧密接触。此外，还观察到白色的小点，为了确定白色小点的成分；对图3-7c中的点1和点2做成分分析，所得结果如表3-6所示。

图 3－7　PANI/WC 阳极的扫描电镜图片（2000×）

a—无添加剂；b—添加粘接剂；c—添加偶联剂和粘接剂

从表 3－6 可知，在阳极的表面有裸露的 WC 颗粒（如图 3－7c 中点 2），可能是由于 PANI/WC 复合材料包覆不紧密，在配料球磨过程中 WC 被剥离出来；或是因为聚合过程中包覆不完全，具有少量游离的 WC 粒子存在；也可能是由于压制试样过程中，部分 PANI/WC 复合材料包覆不紧密，受到外界压力后使得 WC 粒子裸露出来。

表 3－6　PANI/WC 阳极的能谱分析数据

能谱测试位置	各元素质量分数/%				
	C	N	O	S	W
点 1	68. 67	9. 14	12. 84	5. 12	0
点 2	42. 61	0	4. 39	4. 99	48. 02

3.2 聚苯胺无机复合阳极的抗氧化性

3.2.1 PANI/WC 阳极的抗氧化性实验

由于聚苯胺有完全还原态、本征态（完全还原态与完全氧化态的中间态）和完全氧化态，在模压中形成网状结构，研究其在空气中的氧化显得十分必要。本实验使用氧化增重法研究了 PANI/WC 阳极材料在空气中的氧化行为，希望了解其抗氧化性能。用于测定 PANI/WC 阳极试样抗氧化性的实验装置如图 3－8 所示。

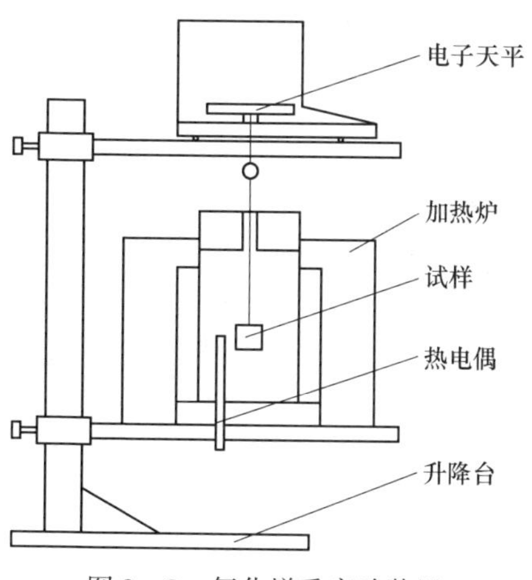

图 3－8　氧化增重实验装置

图 3－8 中，加热炉为 Fe－Cr－Al 丝做发热体的管状电炉，经预备实验的测量，其恒温区长 100mm，在 25～100℃间其恒温精度为 5℃，控温设备为 ZWK－1600 智能温度控制仪，控温热电偶为 Pt－$PtRh_{10}$型，称量天平为岛津 AY120 型电子天平。正式实验前，先在同温度下对悬吊系统进行预氧化处理，比较实验前后结果在称量允许的误差范围内，设定 Ni－Cr 悬吊系统质量无变化。

3.2.2 聚苯胺及无机复合阳极的氧化动力学研究

试样的氧化增重是指当试样在高温状态下，空气中的氧与试样表面的活性物质发生化学反应，然后，通过试样表面的间隙向试样内部扩散，当接触到新的活性物质，发生化学反应后，向试样的更深处扩散。在此过程中，空气中的试样通过化学反应形成氧化物而留存于试样内部，从而使试样呈总体质量增加的状态。在氧化增重的过程中，存在着两个步骤，与化学反应速度受两方面因素制约相同，一方面是化学反应速度，另一方面是扩散速率。当化学反应速度相对较慢时，即成为反应速度的限制环节，在温度和其他条件都不变时，化学反应的平衡常数为定值，所以总的反应速度将不变。当扩散速率过慢而成为限制性环节时，由于扩散路径的变长，扩散所需要时间也变长，表现为总的反应速度的下降。通过氧化增重实验，可以大概了解聚苯胺试样在氧化过程中哪一步起主导作用。实验得到的氧化增重数据见图 3 – 9。

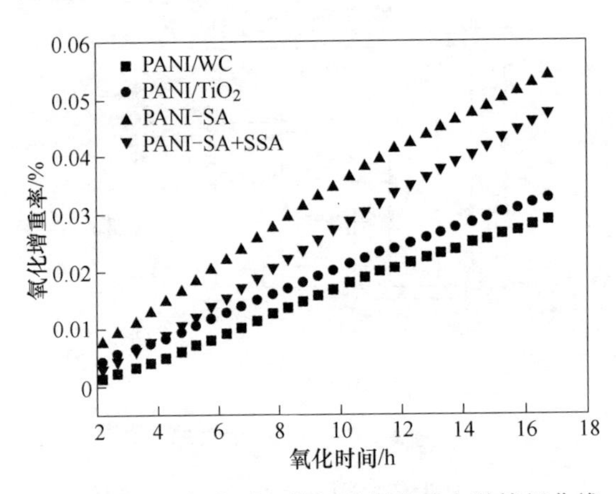

图 3 – 9 氧化增重率与氧化时间的恒温氧化动力学特征曲线（100℃）

从图 3 – 9 可看出，四种材料的氧化增重率均随氧化时间的延长而直线增加，PANI – SA 的氧化动力学曲线位置最高，PANI/WC 纳米复合材料的氧化动力学曲线位置最低，表明延长氧化时间，四种材料的氧化程度都有所增加，PANI – SA 材料的氧化程度最大，PANI/WC 复合材料氧化程度最小。

根据氧化动力学曲线的形态，以 $\Delta w = A + Bt$（其中，Δw 为氧化增重率，t 为氧化时间，A、B 均为常数）为数学模型，对氧化增重率与热处理温度之间的氧化动力学特征曲线进行了线性拟合，得到了以上四种材料的氧化动力学方程（$\Delta w = f(t)$）及回归系数 R 如下：

PANI－SA 材料：

$\Delta w(\text{PANI}-\text{SA}) = 0.00059 + 0.00334t \qquad R = 0.997$

PANI－SA＋SSA 材料：

$\Delta w(\text{PANI}-\text{SA}+\text{SSA}) = -0.00299 + 0.00305t \qquad R = 0.998$

$PANI/TiO_2$ 复合材料：

$\Delta w(\text{PANI}/\text{TiO}_2) = 0.00029 + 0.00199t \qquad R = 0.999$

PANI/WC 复合材料：

$\Delta w(\text{PANI}/\text{WC}) = -0.00196 + 0.0187t \qquad R = 0.998$

从四个氧化动力学方程可以看出，均近似符合直线（$\Delta w = A + Bt$）的规律，说明以上四种材料在高温氧化过程中，氧化增重率与氧化时间存在一定的线性关系，即随着氧化时间的不断延长，氧化增重率按直线递增的方式增加。同时，可以看出基本按同一反应速率进行，可以认为试样在实验过程的大部分时间内保持相同的氧化速度，发生的一些微小变化可能是试样内部各组分分布的不均匀，使反应物的数量有所增减，造成了试样增重率的变化。

本节中，增重是氧化过程，氧化反应的速度非常快，氧元素向试样内部的扩散速度则成为氧化增重的控制环节。由于本试样的致密程度未能达到理想值，氧元素在试样内的扩散在大部分时间内较为平稳，反映到实验结果即得到一条斜率较为稳定的氧化增重曲线。新的反应加入或试样内部物质分布的不均匀，会使斜率发生较大的变化，但由于化学反应进行得非常快，对曲线斜率的影响只是暂时的，对长时间氧化增重率的作用不大。从整个氧化过程来看，氧元素的扩散过程和传质过程为主体反应。

3.3 聚苯胺/无机复合阳极的耐腐蚀性分析

3.3.1 硫酸体系

将不同阳极试样放在 5mol/L H_2SO_4 溶液中测量塔菲尔（Tafel）曲线，扫描电压范围为 0～0.8V，扫描速率为 10mV/s，结果如图 3－10所示。对图 3－10 所得 Tafel 曲线数据进行分析，得到腐蚀电

位 E_{corr} 和腐蚀电流密度 i_{corr} 值，见表 3－7。

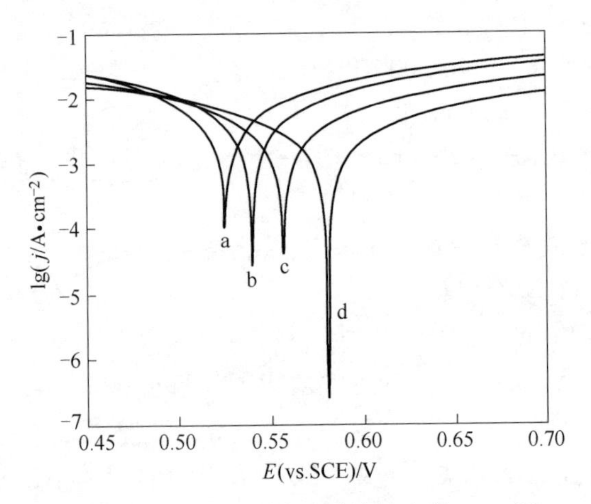

图 3－10　阳极试样在硫酸溶液中的 Tafel 图

a—PANI－SA；b—PANI－SA＋SSA；c—PANI/TiO_2；d—PANI/WC

表 3－7　阳极试样在 5mol/L H_2SO_4 中的腐蚀电位和电流密度

阳　极	E_{corr}（vs. SCE）/mV	i_{corr}/A · cm^{-2}
PANI－SA	526	1.24×10^{-2}
PANI－SA＋SSA	537	1.08×10^{-2}
PANI/TiO_2	556	6.82×10^{-3}
PANI/WC	581	4.81×10^{-3}

由表 3－7 可知，曲线 a～d 的自腐蚀电位分别约为 526mV、537mV、556mV、581mV，腐蚀倾向有所减弱。而且曲线 a～d 中试样的阳极极化曲线和阴极极化曲线的交点均向电流小的方向移动，腐蚀电流密度明显减小。因此，与纯聚苯胺阳极膜相比，聚苯胺复合材料阳极的腐蚀电位变大，而腐蚀电流密度变小，故它自腐蚀性明显较弱。PANI/WC 复合阳极的腐蚀电位最大，而腐蚀电流密度最小，说明它的耐蚀性最好。

3.3.2　盐酸体系

将不同阳极试样放在 5mol/L HCl 溶液中测量塔菲尔曲线，扫描电压范围为0~0.8V，扫描速率为10mV/s，结果如图3-11所示。对所得Tafel曲线数据进行特殊分析，得到腐蚀电位E_{corr}和腐蚀电流密度i_{corr}值，见表3-8。

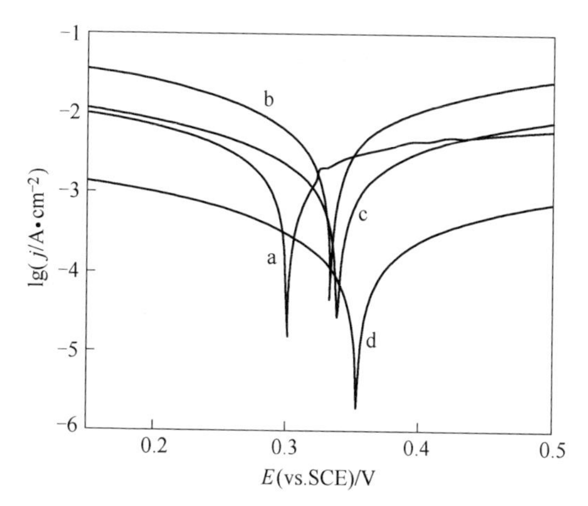

图3-11 阳极试样在盐酸溶液中的Tafel图

a—PANI-SA；b—PANI-SA+SSA；c—PANI/TiO_2；d—PANI/WC

由表3-8可知，曲线a~d的自腐蚀电位分别约为301mV、330mV、338mV、354mV，腐蚀倾向有所减弱。而且曲线a~d中试样的阳极极化曲线和阴极极化曲线的交点大部分向电流小的方向移动（除了PANI-SA+SSA阳极的自腐蚀电流向高电流方向移动），腐蚀电流密度明显减小。从四种阳极的自腐蚀总体看来，PANI/WC阳极的自腐蚀电压最大（354mV），电流最小（2.28×10^{-4}A/cm^2），说明它的耐蚀性最好。

表3-8 阳极试样在5mol/L HCl中的腐蚀电位和电流密度

阳 极	E_{corr}(vs. SCE) /mV	i_{corr}/A · cm^{-2}
PANI-SA	301	3.93×10^{-3}
PANI-SA+SSA	330	6.32×10^{-3}
PANI/TiO_2	338	2.68×10^{-3}
PANI/WC	354	2.28×10^{-4}

3.3.3 氢氧化钠体系

将不同阳极试样放在 4mol/L NaOH 溶液中测量塔菲尔曲线，扫描电压范围为 0 ~ 0.8V，扫描速率为 10mV/s，结果如图 3 - 12 所示。对图 3 - 12 所得 Tafel 曲线数据进行特殊分析，得到腐蚀电位 E_{corr} 和腐蚀电流密度 i_{corr} 值，见表 3 - 9。

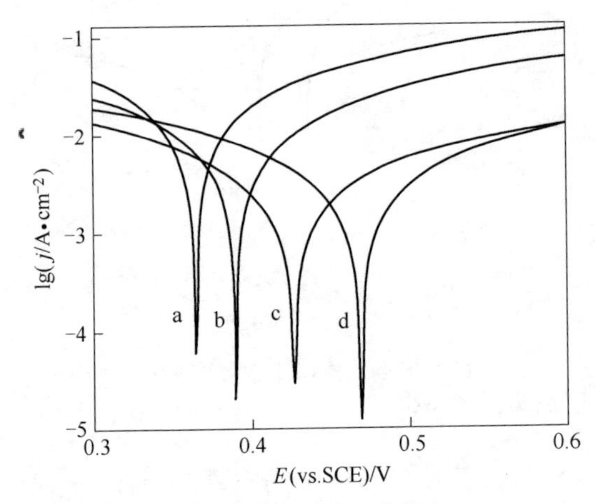

图 3 - 12 阳极试样在氢氧化钠溶液中的 Tafel 图

a—PANI - SA；b—PANI - SA + SSA；c—PANI/TiO_2；d—PANI/WC

由表 3 - 9 可知，曲线 a ~ d 的自腐蚀电位分别约为 364mV、397mV、427mV、469mV，腐蚀倾向有所减弱。而且曲线 a ~ c 中试样的阳极极化曲线和阴极极化曲线的交点均向电流小的方向移动，腐蚀电流密度明显减小；而曲线 d 中试样的阳极极化曲线和阴极极化曲线的交点反而向电流大的方向移动。从四种阳极的自腐蚀总体看来，PANI/WC 阳极的自腐蚀电压最大（469mV），电流较小（4.27×10^{-3} A/cm²），说明它的耐蚀性相对较好一点。

表 3 - 9 阳极在 4mol/L NaOH 中的腐蚀电位和电流密度

阳　极	E_{corr}（vs. SCE）/mV	i_{corr}/A · cm^{-2}
PANI - SA	364	2.39×10^{-2}

续表 3-9

阳 极	E_{corr}(vs. SCE) /mV	i_{corr}/A · cm^{-2}
PANI-SA+SSA	397	9.01×10^{-3}
PANI/TiO_2	427	4.03×10^{-3}
PANI/WC	469	4.27×10^{-3}

3.4 聚苯胺/无机复合材料的电化学性能研究

3.4.1 电化学稳定性

导电性和电活性聚合物的稳定性在多种应用领域中显得非常重要。导电聚合物的稳定性，包括电化学稳定性、热稳定性、环境稳定性等，而电化学稳定性也是反映导电聚合物性能的一个重要参数，特别是在阳极材料、电池、电致变色、传感器等电子技术领域的应用[3]。聚苯胺、聚吡咯等在足够高的阳极电位下将发生降解，人们已确定聚苯胺的降解产物一般为对苯醌、对氨基苯酚、醌亚胺等[4~6]。文献 [7] 报道了当 Pt 和 Pd 微粒嵌入聚苯胺膜时会加速它的降解，而聚丙烯酸掺杂能提高聚苯胺的电化学活性和电导率[8]，二茂铁化合物（FeEDTA）的存在也会阻碍聚苯胺在电位循环扫描过程中的降解[9]。因此，聚苯胺的电化学稳定性与取代基和掺杂剂种类、合成方法、扫描电位上限等密切相关，此外还受到许多因素的影响，如掺杂阴离子、引入聚合物膜中或支持电解液中的物质等，有必要对其进行比较研究。

3.4.1.1 在硫酸体系中的电化学稳定性

研究聚苯胺基阳极在 Zn^{2+}65g/L、$H_2SO_4$150g/L 水溶液中的电化学稳定性，将所制备的聚苯胺基阳极在 -0.2 ~ 1.1V 的扫描电压范围内以 10mV/s 的扫描速度循环伏安扫描 50 次，其中第 1 次和第 50 次的循环伏安曲线如图 3-13 所示。从图可以看出它们的循环伏安曲线呈柳叶形状并且对称性较好，曲线总体而言比较平滑；不存在明显的氧化还原峰，说明阳极的容量几乎完全由双电层电容提供。从曲线上也可以看出，在该电势范围内，电解液没有发生明显的分解。同时循环伏安曲线良好的对称性说明此阳极材料的可逆性良好。图中 PANI－SA 和 PANI－SA＋SSA 阳极的 CV 曲线循环 50 次后出现一定程度的偏移，并且响应电流值略有下降；而图中 PANI/TiO_2 和 PANI/WC 阳极的 CV 曲线循环 50 次后曲线与刚开始时的 CV 曲线基本重叠，响应电流变化也不明显，说明纯聚苯胺阳极的电化学稳定性比 PANI/WC 阳极的电化学稳定性差。响应电流密度是 PANI－SA ＜PANI－SA＋SSA＜PANI/TiO_2＜PANI/WC，说明 PANI/WC 复合阳极的电化学稳定性最好，有较大的法拉第电容，导电性最好，有较宽的电化学窗口。

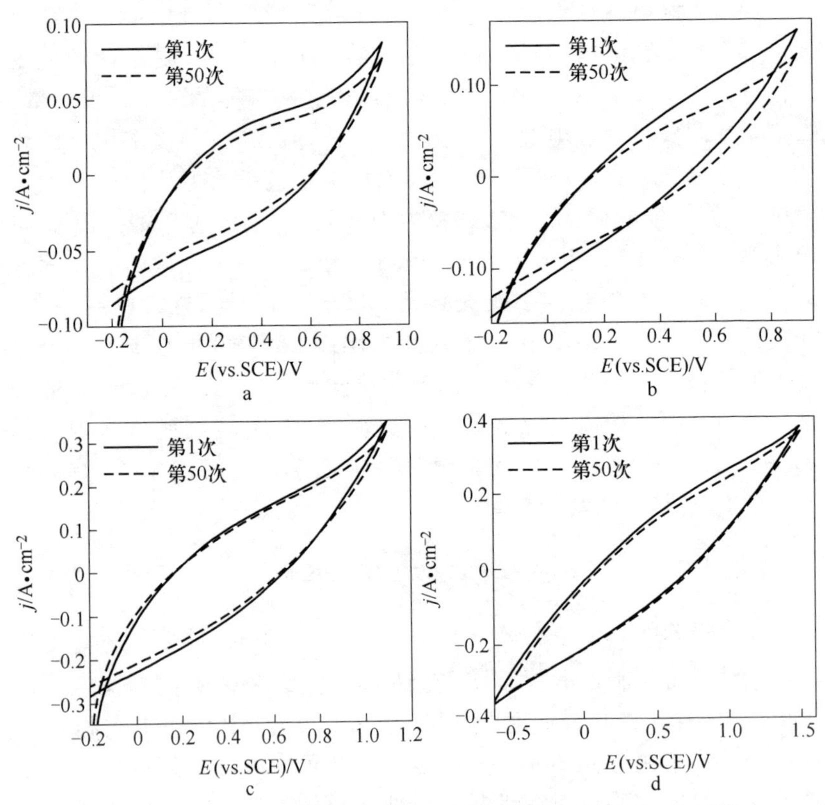

图 3－13 阳极试样在硫酸介质中控制电位循环扫描的 CV 图谱

（扫描速度为 10mV/s）

a—PANI－SA；b—PANI－SA＋SSA；c—PANI/TiO_2；d—PANI/WC

3.4.1.2 在盐酸体系中的电化学稳定性

研究不同阳极试样在 Co^{2+} 80g/L、HCl 60g/L 水溶液中的电化学稳定性，将所制备的阳极试样在 -0.2 ~ 1.1V 的扫描电压范围内以 10mV/s 的扫描速度循环伏安扫描 50 次，其中第 1 次和第 50 次的循环伏安曲线如图 3-14 所示。从曲线上可以看出，在该电势范围内，电解液没有发生明显的分解。从图可以看出它们的循环伏安曲线呈柳叶形状，PANI/TiO_2 和 PANI/WC 阳极的 CV 曲线中出现了不太明

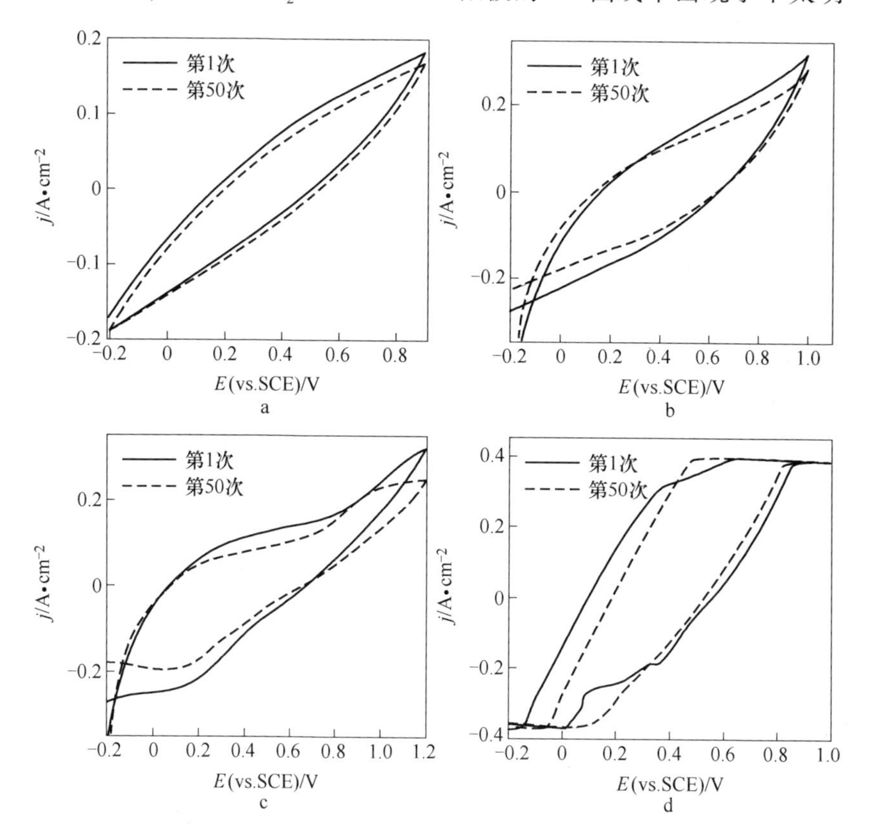

图 3-14 阳极试样在盐酸介质中控制电位循环扫描的 CV 图谱

（扫描速度为 10mV/s）

a—PANI-SA；b—PANI-SA+SSA；c—PANI/TiO_2；d—PANI/WC

显的氧化还原峰，而且对称性不好，成对的氧化还原峰间的电势差较大，说明阳极材料的可逆性比较差。表明该阳极材料的电荷储存既有双电层电容又有假电容的存在。重复循环扫描50次以上，循环伏安曲线复现性没有硫酸溶液中好，可见该阳极在盐酸溶液中的电化学稳定性比硫酸溶液中的电化学稳定性差。另外，纯聚苯胺阳极试样在硫酸溶液中的电化学稳定性比复合阳极试样的要好。

3.4.1.3　在氢氧化钠体系中的电化学稳定性

研究不同阳极试样在4mol/L NaOH水溶液中的电化学稳定性，将所制备的阳极试样基在 -0.2 ~ 1.1V 的扫描电压范围内以10mV/s的扫描速度循环伏安扫描50次，其中第1次和第50次的循环伏安曲线如图3 - 15所示。从图可以看出它们的循环伏安曲线中未出现明显的氧化氧化还原峰，而且对称性较差，说明阳极材料在碱性溶液中可逆性比较差。从曲线上可以看出，在该电势范围内，电解液没有发生明显的分解，但是在循环扫描范围内，峰电流逐渐减少。可能是由于碱性溶液中的 OH^- 和聚苯胺结构中 H^+ 发生反应，使得聚苯胺发生脱掺杂反应，从而导电性降低。重复循环扫描50次以上，循环伏安曲线复现性不好，可见阳极在氢氧化钠溶液中的电化学稳定性不好。聚苯胺基阳极材料在碱性溶液中的电化学性能有待进一步研究。

3.4.2　电化学阻抗谱分析

交流阻抗（EIS）较常规电化学方法可以获得更多的关于动力学和界面结构的信息，因此EIS已被广泛应用于研究电化学反应过程及阳极界面性质变化。此外，交流阻抗还是测量电极/溶液双电层电容和溶液电阻的有效方法。现在EIS作为常用的测试手段已广泛地应用到各类导电高分子体系，是研究聚合物膜阳极的重要方法。它可以提供研究体系中发生的动力学过程以及相关的电化学参数，如电阻、双电容以及氧化还原电容等丰富的信息。较之其他涉及大幅度扰动的技术而言，电化学交流阻抗对处于稳态的体系，施加一个小幅度正弦波电位扰动（≤5mV），只引起测试系统平衡（稳态）有

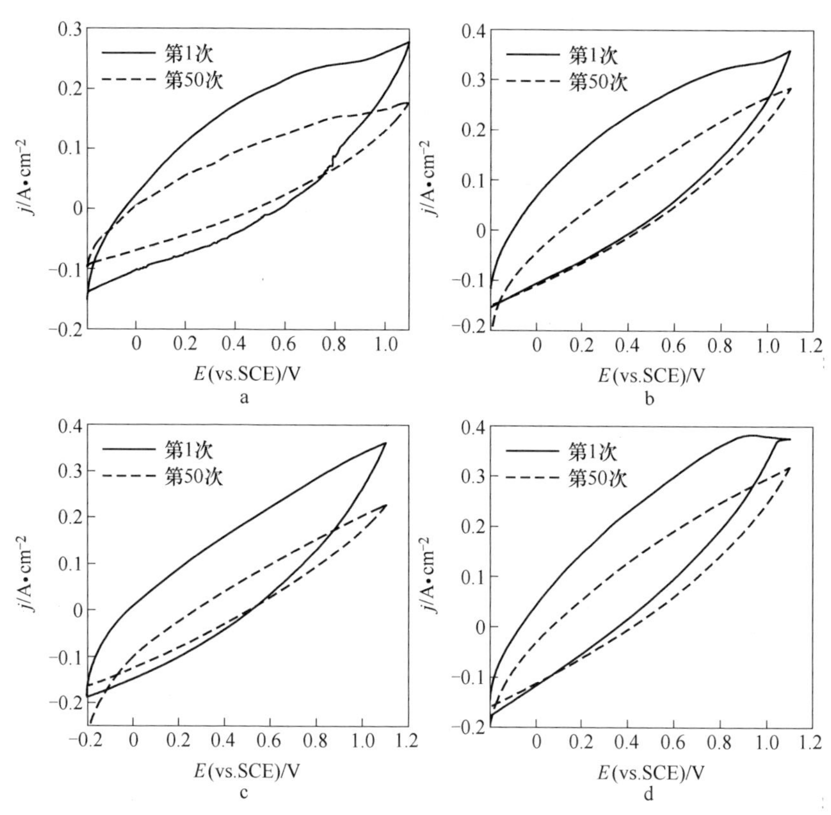

图 3－15　阳极试样在氢氧化钠介质中控制电位循环扫描的 CV 图谱（扫描速度为 10mV/s）

a—PANI－SA；b—PANI－SA＋SSA；c—PANI/TiO_2；d—PANI/WC

微小的偏离，这种测量不会导致膜结构发生大的变化。阻抗方法涉及选取一个等效电路以在一个宽广的频率范围内对电化学电池的响应进行模型化拟合，并且对测量的阻抗进行分析估计电路元件的物理意义。以此对实验条件下阳极/电解质溶液界面的电性能进行完整的描述。尽管理论上建立的模型可用于描述阻抗谱的基本特征，但由于聚合物阳极的复杂性，要对测量获得的阻抗谱进行解释，已经清楚地表明还需要额外的假设。尽管如此，通过对实验测量获得的不同氧化还原状态下的阻抗进行频谱解析，模拟与实测谱图对应的电化学等效电路，拟合各个等效元件，仍然可以得到反映导电聚合物性能的重要参数，如电荷传递电阻、溶液电阻、双层电容、CPE以及离子扩散的电阻等。另外，EIS可以在一定程度上确立聚合物膜阳极的结构和形貌特征，如膜厚薄致密或多孔、颗粒或纤维状、膜均匀与否等。

阻抗谱通常可以利用一些电子元件组成的等效电路进行模拟，不同元件对应于不同的阳极过程，从而对电化学体系进行分析。常用元件为电感（L）、电容(C)、电阻(R)及常相位扩散元件CPE(Q)。其中Q由Y_0及n两个参数组成,CPE的导纳表示式为$Y^*(\omega) = Y_0(j\omega)^n = Y_0 j\omega\cos(n\pi/2) + JY_0 j\omega\sin(n\pi/2)$。$n=0$表示纯电阻,$n=1$表示纯电容,$n=0.5$表示Warburg阻抗;$n=-1$表示电感。

3.4.2.1 在硫酸体系中的电化学阻抗谱分析

为了进一步研究聚苯胺基阳极析氧反应动力学特征，在Zn^{2+} 65g/L，H_2SO_4 150g/L溶液中溶液温度保持40℃，在开路电压下进行电化学阻抗（EIS）测试。由于在更高的电势下，氧气泡的大量析出，干扰了阳极表面的稳定性，信噪比较差，不能得到理想的测试结果，因此选用在开路电压下进行测试。众所周知，人们常常用1个等效电路来分析交流阻抗的数据，然而导电聚合物的电荷传递是相当复杂的，要找到1个由物理元素组成的电路和所研究的体系完全相同是非常困难的。对于导电高分子聚苯胺中的电荷传递的模型现在还有不同的假设[10]，根据实验所得谱图形状，可用等效电路来代表该电化学体系，如图3－16所示，采用该等效电路图对聚苯胺基阳极在硫酸溶液中开路电位下的交流阻抗谱进行拟合。其中，R_s为未补偿的溶液电阻，*CPE*为常相位角元件（阳离子界面的双电层电容），R_p为聚苯胺表面中间产物的吸附和脱附过程的电阻，R_{ct}为电荷传递电阻和W为离子在阳极活性物质离子中有限传递的类Warburg扩散阻抗[11]。图3－17是聚苯胺基阳极在开路电位下的交流阻抗谱，以及根据等效电路图通过软件Zsimpwin拟合的结果。从图3－17可以看出，拟合结果与实验结果比较吻合，说明拟合结果的可信度比较高，具体拟合的等效电路参数如表3－10所示。

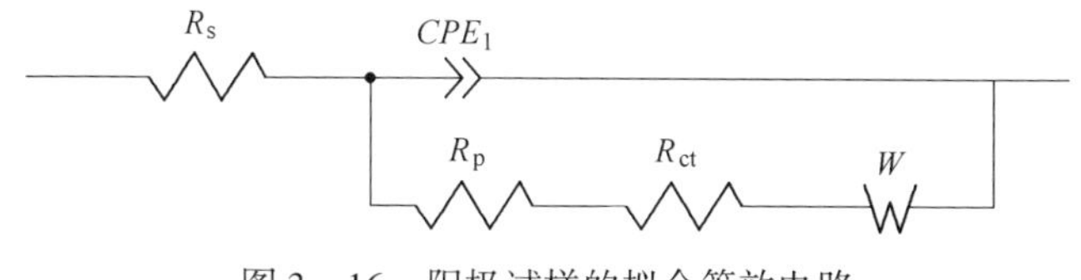

图 3－16 阳极试样的拟合等效电路

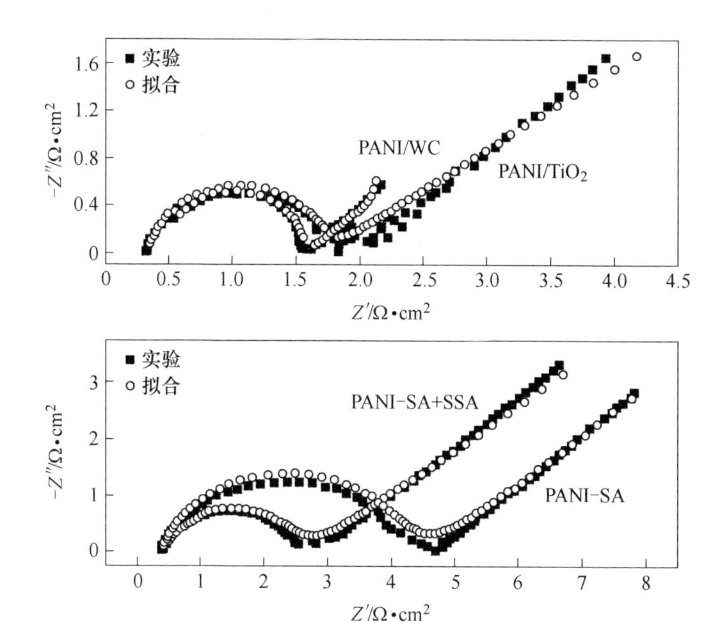

图 3－17 阳极试样的 Nyquist 曲线

由图 3－17 可知，四种阳极试样的 Nyquist 图谱类型基本一致，高频区为一半圆弧，低频区是一条与实轴有一定夹角的直线。其特征类似于多孔阳极或氧化还原阳极的 Nyquist 图谱特征[12]。若体系的动力学过程与活性离子的扩散过程速度相当，这时在交流阻抗谱图上，高频区将出现一个半圆，低频区是一条与实轴成 45°的直线。而出现扩散控制区域频率高低，则反映了电化学中动力学过程相对速度的快慢，出现扩散控制区域频率越高，表明该体系动力学过程的相对速度越快，这一结果与文献报道一致[13]。在低频区存在一条直线是由于该体系在此频率范围内动力学过程进行得很快，R_{ct} 与 W

相比显得不重要，这时体系受扩散控制。不同聚苯胺基阳极的圆弧半径大小依次是 PANI－SA > PANI－SA + SSA > PANI/TiO_2 > PANI/WC，表明电荷在阳极表面的传递阻抗 R_{ct} 逐渐减小，这一结论与拟合的结果一致。

表 3－10　阳极的电化学阻抗各参数的拟合值

阳　极	PANI－SA	PANI－SA + SSA	PANI/TiO_2	PANI/WC
$R_s/\Omega \cdot cm^2$	0.403	0.409	0.283	0.469
$R_{ct}/\Omega \cdot cm^2$	0.638	0.432	0.384	0.117
$R_p/\Omega \cdot cm^2$	3	1.92	1.497	0.992
CPE－T/$\Omega^{-1} \cdot cm^{-2} \cdot S^n$	0.000263	0.000394	0.00156	0.00586
n	0.792	0.783	0.683	0.977
W－R/$\Omega \cdot cm^2$	1.966	1.21	0.0581	1.558
W－T	2.7	0.461	0.0003066	443.08
W－P	0.228	0.212	0.21	0.457

表 3－10 给出了从阻抗数据拟合得到聚苯胺基阳极的等效电路中各参数变化值。从表中可以直观地看出，电荷转移电阻 R_{ct} 和析氧反应活性有关的电阻 R_p 差异比较明显，复合阳极的电阻均比纯聚苯胺阳极的电阻小，进一步说明聚苯胺与无机粒子复合有利于阻抗的降低，提高了材料的电化学性能。采用常相位角元件（CPE）拟合时，元件中无量纲参数 n 对应的数值范围在 0.6～1.0 之间，很好地表现为电容的特征，特别是 PANI/WC 阳极的 n 为 0.977，比其他三种阳极的电容特性更好。在 PANI－SA 阳极中电荷转移电阻 R_{ct} 和析氧反应活性有关的电阻 R_p 值均最大，而 PANI/WC 阳极中通过阳极的电荷转移电阻 R_{ct} 和析氧反应活性有关的 R_p 值均最小，这说明 PANI/WC 阳极具有最好的析氧电催化活性。聚苯胺基阳极的电催化活性顺序为 PANI－SA < PANI－SA + SA < PANI/TiO_2 < PANI/WC。

此外，通过高频区的半圆还可以计算阳极的时间常数 τ。其定义如下：

$$\tau = \frac{1}{2\pi f_0} \tag{3-1}$$

式中 τ——时间常数，s；

f_0——半圆虚部（Z''）最大值处对应的频率，Hz。

在开路电位下阻抗谱的拟合结果并根据公式 3－1 计算得到的阳极的时间常数依次为 0.163ms、0.136ms、0.0904ms 和 0.005ms。对于 PANI－SA 阳极来说，它的时间常数为 0.163ms；对于 PANI/WC 复合材料阳极来说，它的时间常数为 0.005ms，表明用它作阳极材料的电容器要好于其他三种阳极。

3.4.2.2 在盐酸体系中的电化学阻抗谱分析

为了进一步研究聚苯胺基阳极上析氧反应动力学特征，在 Co^{2+} 80g/L，HCl 60g/L 溶液中溶液温度保持 40℃，在开路电压下进行电化学阻抗（EIS）测试。不同聚苯胺基阳极的 EIS 测试结果见图 3－18，图中 Z'、$-Z''$分别为阻抗的实部和虚部。分析表明，不同聚苯胺基阳极在盐酸溶液中的阻抗谱均有较佳的拟合等效电路图[14]。其中，R_s 为未补偿的溶液电阻，CPE 为常相位角元件，R_p 为聚苯胺表面中

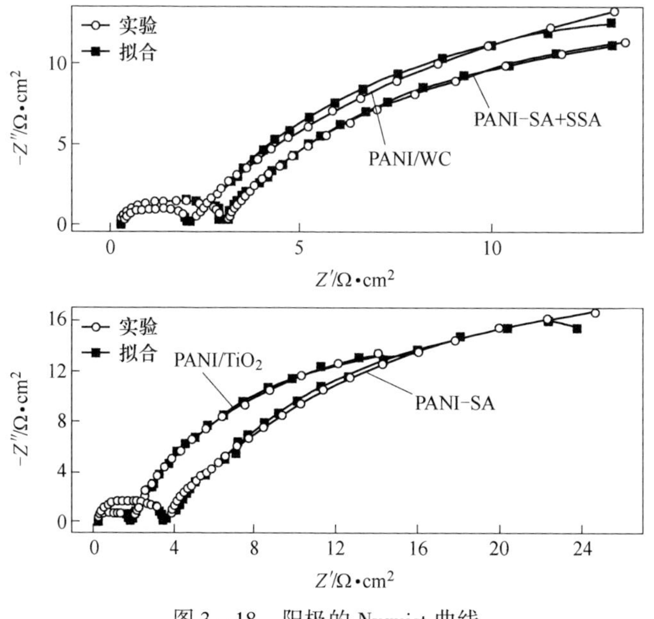

图 3－18 阳极的 Nyquist 曲线

间产物的吸附和脱附过程的电阻，R_{ct}为电荷传递电阻。其中 CPE_1R_p 对应阳极的物理阻抗，即阳极表面与阳极内部的物理阻抗，表现在高频区；CPE_2R_{ct}对应阳极/溶液界面的电化学反应阻抗，与法拉第反应动力学有关，其表现在低频区。聚苯胺基阳极在开路电位下的交流阻抗谱根据等效电路图 3－19 通过软件 Zsimpwin 拟合的结果如图 3－18 所示。从图可以看出，拟合结果与实验结果比较吻合，说明拟合结果的可信度比较高。具体拟合的等效电路参数如表3－11 所示。

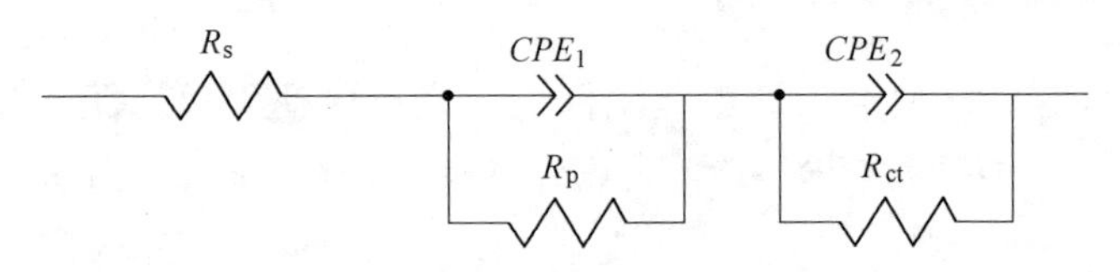

图 3－19　阳极拟合的等效电路

表 3－11　阳极的电化学阻抗各参数的拟合值

阳　极	PANI－SA	PANI－SA＋SSA	$PANI/TiO_2$	PANI/WC
$R_s/\Omega \cdot cm^2$	0.353	0.319	0.291	0.275
$R_{ct}/\Omega \cdot cm^2$	53.98	44.19	36.81	32.17
$R_p/\Omega \cdot cm^2$	3.112	2.671	1.777	1.574
$CPE_1-T/\Omega^{-1} \cdot cm^{-2} \cdot S^n$	1.478×10^{-6}	7.62×10^{-6}	1.645×10^{-5}	3.678×10^{-5}
n_1	1.072	1.065	1.048	0.99
$CPE_2-T/\Omega^{-1} \cdot cm^{-2} \cdot S^n$	6.13×10^{-3}	6.26×10^{-3}	5.42×10^{-3}	5.88×10^{-3}
n_2	0.723	0.830	0.794	0.843

从表 3－11 中可以看出，电荷转移电阻 R_{ct}和析氧反应活性有关的电阻 R_p 差异比较明显，复合阳极的电阻均比纯聚苯胺阳极的电阻小，进一步说明聚苯胺与无机粒子复合有利于阻抗的降低，提高了材料的电化学性能。采用常相位角元件（CPE_1）拟合时，元件中无量纲参数 n_1 对应的数值范围在 0.99～1.072 之间，很好地表现为电容的特征，特别是 PANI/WC 阳极的 n 为0.99，但是其他三种阳极的 n_1 都略大于 1，具体原因有待于进一步研究。在 PANI－SA 阳极中电

荷转移电阻 R_{ct} 和析氧反应活性有关的电阻 R_p 值均最大，而 PANI/WC 阳极中通过阳极的电荷转移电阻 R_{ct} 和析氧反应活性有关的 R_p 值均最小，这说明 PANI/WC 阳极具有最好的电催化析氧活性。阳极的电催化活性顺序为 PANI - SA < PANI - SA + SSA < PANI/TiO_2 < PANI/WC。这一结果与硫酸溶液中的一致，只是在盐酸溶液中阳极表现出更大的电荷转移电阻，说明聚苯胺基阳极更适于在硫酸溶液中应用。

对开路电位下所测得的阻抗谱进行拟合并根据式 3 - 1 计算得到的阳极的时间常数。对于 PANI - SA + SSA 阳极来说，它的时间常数为 0.0789ms；对于 PANI/WC 复合阳极来说，它的时间常数为 0.0108ms。PANI/WC 复合阳极较低的 τ 值表明用它作阳极材料的电容器要优于其他三种阳极。

CPE_2 - T（Q）值反映阳极外表面的双电层电容 C_{dl}，但是在这里表现为伪电容。由式 3 - 2 可求得阳极的双电层电容[15]：

$$Q = (C_{dl})^n [(R_s)^{-1} + (R_{ct})^{-1}]^{1-n} \qquad (3-2)$$

式中 Q——双电层电容；

C_{dl}——外表面双电层电容；

R_s——溶液电阻；

R_{ct}——电荷转移电阻；

n——无量纲参数。

其中，Q、n、R 等由电路拟合得到，将所测得的阻抗谱的拟合结果按公式 3 - 2 计算得到的阳极双电层电容。通过所计算的阳极双电层电容值，与单位平滑 Hg 阳极表面的电容值约为 20μF/cm^2 进行比较，来估算阳极表面的粗糙度。结果如表 3 - 12 所示。

表 3 - 12 阳极的时间常数、电容和表面粗糙度计算值

阳 极	τ/ms	C_{dl}/μF · cm^{-2}	粗糙度
PANI - SA	0.0789	1399	69.95
PANI - SA + SSA	0.0508	1801	90.05
PANI/TiO_2	0.0429	1016	50.8
PANI/WC	0.0108	1776	88.8

从表 3 – 12 看出，四种阳极的表面粗糙度差别较大，可能由于材料本身的粒度差别从而导致阳极的粗糙度有差别。从电化学性能测试结果来看，总体均是 PANI/WC 阳极的电化学性能比较稳定；但是它的粗糙度并不是最小的，这也说明了四种阳极的电化学活性的主要影响因素并不是阳极的表面粗糙度而是阳极本身的性能。

3.4.2.3　在氢氧化钠体系中的电化学阻抗谱分析

为了进一步研究阳极的析氧反应动力学特征，在 NaOH 160g/L 溶液中溶液温度保持 40℃，在开路电压下进行电化学阻抗（EIS）测试。不同阳极的 EIS 测试结果见图 3 – 20，图中 Z'、$-Z''$分别为阻抗的实部和虚部。分析表明，不同阳极在氢氧化钠溶液中的阻抗谱均有较佳的拟合等效电路，见图 3 – 21。其中，R_1 为未补偿的溶液电阻，L 为电感元件，CPE 为常相位角元件，R_2 包含了聚苯胺表面中间产物的吸附和脱附过程的电阻和电荷传递电阻，即 $R_{ct}+R_p$。在开路电位下的交流阻抗谱根据等效电路图通过软件 Zsimpwin 拟合的

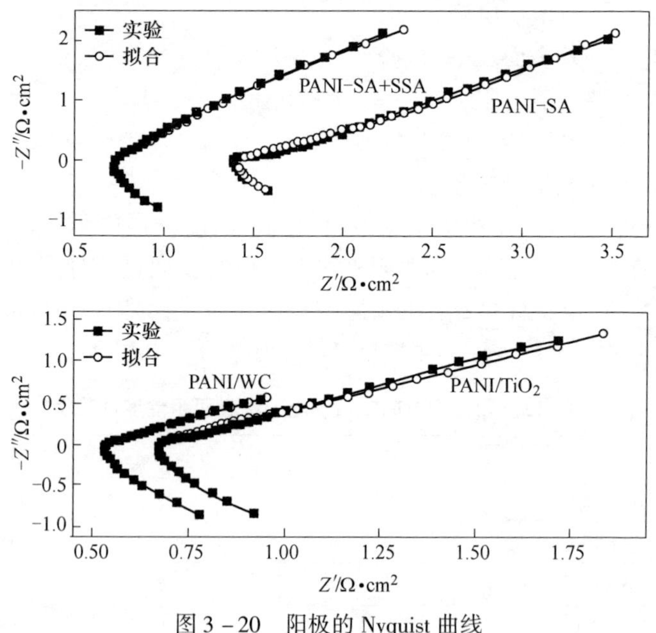

图 3 – 20　阳极的 Nyquist 曲线

结果见图 3－20。从图看出，拟合结果与实验结果比较吻合，说明拟合结果的可信度比较高。具体拟合的等效电路参数如表 3－13 所示。

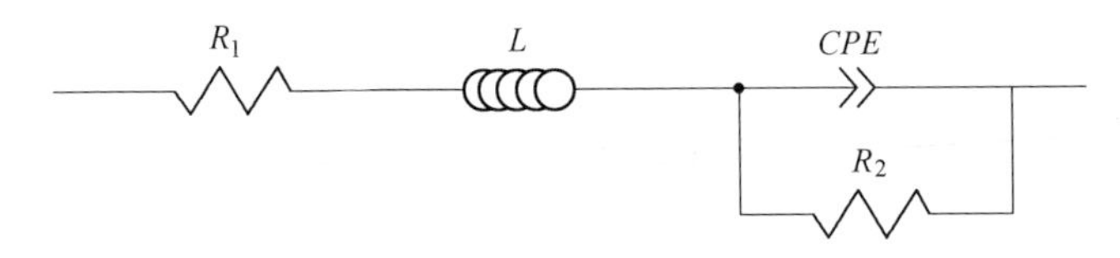

图 3－21 阳极拟合的等效电路

表 3－13 阳极的电化学阻抗各参数的拟合值

阳 极	PANI－SA	PANI－SA＋SSA	PANI/TiO_2	PANI/WC
$R_1/\Omega \cdot cm^2$	0.667	0.732	0.731	0.543
$L/\mu H$	1.45	1.46	1.53	1.41
$R_2/\Omega \cdot cm^2$	87.8	15.98	15.96	4.96
$CPE-T/\Omega^{-1} \cdot cm^{-2} \cdot S^n$	2.34	2.018	2.018	2.012
n	0.552	0.691	0.692	0.667

从表中 3－13 看出，代表电荷转移电阻与析氧反应活性有关的电阻 R_2 的数值大小差异明显，PANI/WC 阳极的电阻均比其他阳极的电阻小许多，进一步说明聚苯胺与 WC 粒子复合有利于阻抗的降低，提高了材料的电化学性能。采用常相位角元件（CPE_1）拟合时，元件中无量纲参数 n 对应的数值范围在 0.5～0.6 之间，说明聚苯胺基阳极在碱性溶液中的电容特性不好，特别是 PANI－SA 阳极的 n 为 0.552，比其他三种阳极的电容特性更差。最为明显的是在高频区中出现了感抗电阻 L，可能由测试回路引起[8]；而前面讨论的在酸性溶液中并没有感抗电阻 L 出现。这也可能是由于在碱性溶液中大量的 OH^- 聚集在阳极的周围，使得掺杂态的聚苯胺脱掺杂变成不导电的阳极过程中出现了感抗电阻 L。因此说明聚苯胺基阳极并不适于碱性溶液中使用，具体原因有待进一步研究。

综合考虑上面对聚苯胺基阳极研究的耐腐蚀性、电化学稳定性及电化学阻抗分析说明，该类阳极比较适合于硫酸性体系中有色金属电积。

3.4.3　阳极的电阻与频率的关系

在较佳的实验条件：压力 25MPa、粘接剂 6%、偶联剂 5% 和保压时间 15min 下，干压法将前面制备的四种阳极材料成型，即 PANI-SA、PANI-SA+SSA、PANI/TiO_2 和 PANI/WC 等阳极。为了更进一步了解阳极的导电性，下面讨论阳极的电阻与频率的关系，如图 3-22所示。

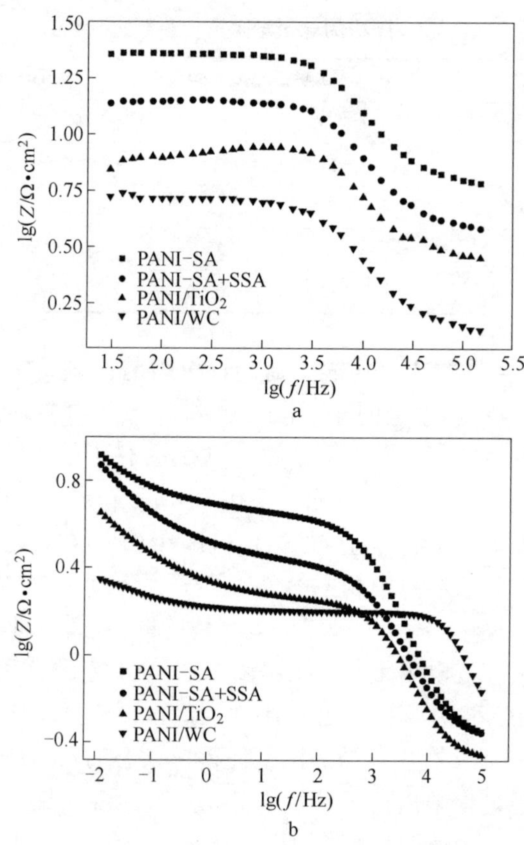

图 3-22　阳极试样在空气中（a）和在 pH = 1 硫酸溶液中（b）的 Bode 图谱

图 3-22 所示为在较佳压制条件下聚苯胺基阳极在空气中和硫

酸溶液中的 Bode 图。由图 3 - 22 可知，频率的变化对聚苯胺基阳极的电阻影响较大。比较图 3 - 22a 中不同频率区的阻抗可以看出：在频率从 10Hz 到 $10^{3.5}$Hz 之间，频率对聚苯胺基四种阳极的电阻率基本上没有影响，而频率超过 $10^{3.5}$Hz 之后，电阻呈线性关系降低，到达 $10^{4.5}$Hz 之后电阻率的变化减缓；这说明在空气中聚苯胺基四种阳极在频率为 $10^{3.5}$ ~ $10^{4.5}$Hz 之间表现为较小的阻抗行为，电容效果比较好；另一方面也可以看出，聚苯胺基四种阳极的电阻率大小依次是：PANI - SA > PANI - SA + SSA > PANI/TiO_2 > PANI/WC，这与前面的测试结果一致。

比较图 3 - 22b 中不同频率区的阻抗可以看出：在高频区，阻抗与频率呈线性关系，且 PANI/WC 阳极的阻抗大于其余三种聚苯胺基阳极的阻抗；在低频区，阻抗与频率呈线性关系，且 PANI/WC 阳极的阻抗小于其余三种聚苯胺基阳极的阻抗；在中频区，频率对阻抗几乎没有影响。从而说明聚苯胺基阳极的电导率在高频区呈线性增加，一方面，可能由于阳极材料的无序性而导致的；另一方面，可能由于极化子在聚合物分子链中朝着链间距离较短的方向移动，同时使得在这一区域出现孤子。但是在高频区 PANI/WC 阳极的阻抗反而比其他三种阳极的阻抗大的原因有待于进一步研究。比较图 3 - 22a 和图 3 - 22b 可知，聚苯胺基阳极在空气中的电阻均比在硫酸溶液中的电阻大得多；在高频区，在空气中频率对电阻的影响要小于硫酸溶液中的影响；在低频区，由于测试条件限制，未能观测到空气中聚苯胺基阳极在低频区的变化情况。

3.5 聚苯胺/碳化硼复合材料的电化学性能研究

3.5.1 PANI/B_4C 耐蚀性分析

传统的铅银合金阳极在硫酸锌电解液中耐蚀性能相对较差，主要是由于生成的二氧化铅薄膜疏松不致密，容易脱落，造成阳极寿命缩短。当电解液体系中含 Cl^- 比较高时，Cl^- 的存在，会破坏 PbO_2 的晶格结构，铅合金阳极直接“暴露”在硫酸溶液中，新生成的保护膜会遭 Cl^- 不断破坏，不仅使得阳极的腐蚀加剧，而且溶液中含铅量增高，阴极产品的含铅量上升，影响产品的品质。

下面通过考察聚苯胺以及掺入不同比例的 PANI/B_4C 复合材料在纯的硫酸锌电解液体系中及含有 Cl^- 和 Mn^{2+} 的硫酸锌电解液中的耐蚀性能，研究加入碳化硼以后能否提高复合材料的耐蚀性能，延长阳极的寿命。

3.5.1.1　纯硫酸锌电解液体系耐蚀性测试

图 3－23 为不同的阳极试样在 Zn^{2+} 为 60g/L，H_2SO_4 为 150g/L 的硫酸锌溶液中的塔菲尔曲线，扫描电压范围为 0～0.8V，扫描速率为 5mV/s。对所得的曲线数据通过计算机模拟计算分析，得出各自的腐蚀电位 E_{corr} 和腐蚀电流密度 i_{corr}。

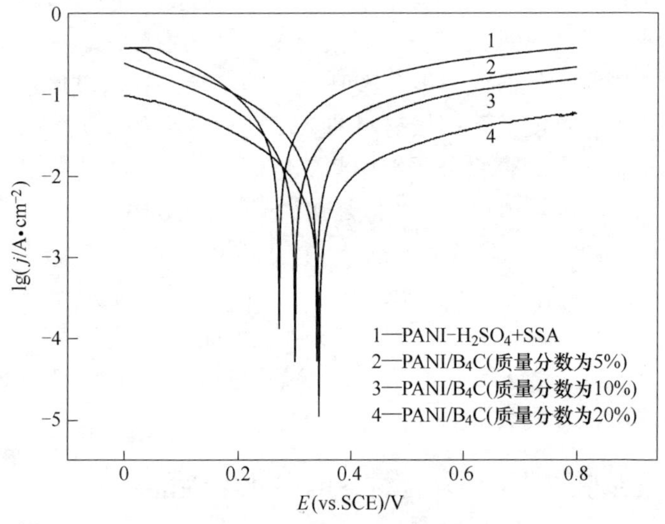

图 3－23　阳极在硫酸锌电解液体系中 Tafel 图

由表 3－14 可以看出，腐蚀曲线 1～4 的自腐蚀电位分别为 273mV、340mV、365mV 和 427mV。对于阳极来说，自腐蚀电位越高，材料的耐蚀性能越好。相比较纯的聚苯胺，掺入碳化硼，复合材料的耐蚀性明显提高，碳化硼参入量越多，腐蚀倾向减弱。而且，随着碳化硼加入量的增多，自腐蚀电位变高，腐蚀电流密度减小，阳极在硫酸锌能够持久耐用。

表 3-14 阳极在硫酸锌电解液体系中腐蚀电位和腐蚀电流密度

阳 极	腐蚀电位/mV	腐蚀电流密度/A · cm^{-2}
PANI-SA+SSA	273	3.08×10^{-2}
PANI/B_4C(5%)	340	1.42×10^{-4}
PANI/B_4C(10%)	365	3.05×10^{-4}
PANI/B_4C(20%)	427	9.65×10^{-4}

3.5.1.2 含 Cl^- 硫酸锌电解液体系耐蚀性测试

图 3-24 为不同的阳极试样在 Zn^{2+} 为 60g/L，H_2SO_4 为 150g/L，Cl^- 为 3g/L 的硫酸锌电解液中的塔菲尔曲线，扫描电压范围为 0 ~ 0.8V，扫描速率为 5mV/s。对所得的曲线数据通过计算机模拟计算分析，得出各自的腐蚀电位 E_{corr} 和腐蚀电流密度 i_{corr}。

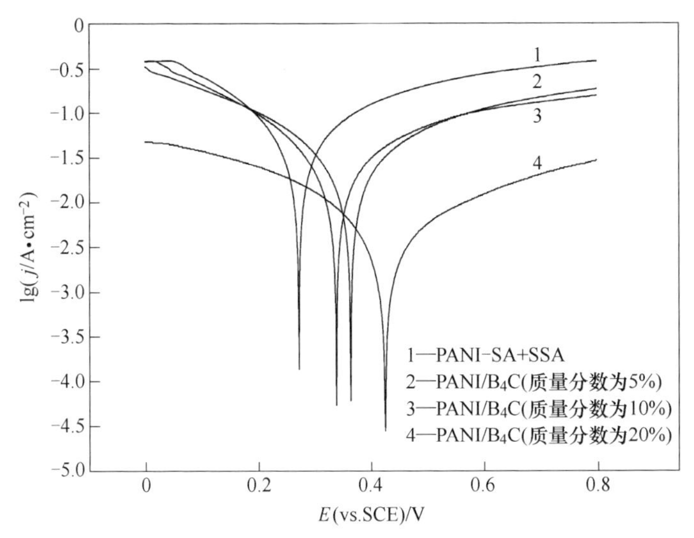

图 3-24 阳极在含 Cl^- 硫酸锌电解液体系中 Tafel 图

由表 3-15 可以看出，腐蚀曲线 1 ~ 4 的自腐蚀电位分别为 240mV、301mV、337mV 和 343mV，腐蚀趋向逐点减小。同时，从表可以看出，各种聚苯胺阳极的腐蚀电流密度也随着复合材料中碳化硼含量的增多而减小。相比较，加入 Cl^- 以后，聚苯胺及复合材料的腐蚀电位与腐蚀电流密度均有所改变，自腐蚀电位降低，腐蚀电流密度增大，说明 Cl^- 的加入对复合材料具有一定的腐蚀性。综合各种材料的腐蚀情况，PANI/B_4C（20%）的自腐蚀电位最高（343mV），腐蚀电流密度较低（$8.93\times10^{-4}A/cm^2$）。

表 3 - 15　阳极在含 Cl^- 的硫酸锌电解液体系中腐蚀电位和腐蚀电流密度

阳　极	腐蚀电位/mV	腐蚀电流密度/A · cm^{-2}
PANI - SA + SSA	240	1.34×10^{-2}
PANI/B_4C（5%）	301	3.87×10^{-3}
PANI/B_4C（10%）	337	1.52×10^{-4}
PANI/B_4C（20%）	343	8.93×10^{-4}

3.5.1.3　含 Mn^{2+} 硫酸锌电解液体系耐蚀性测试

图 3 - 25 为不同的阳极试样在 Zn^{2+} 为 60g/L，H_2SO_4 为 150g/L，Mn^{2+} 为 5g/L 的硫酸锌电解液中的塔菲尔曲线，扫描电压范围为 0 ~ 0.8V，扫描速率为 5mV/s。对所得的曲线数据通过计算机模拟计算

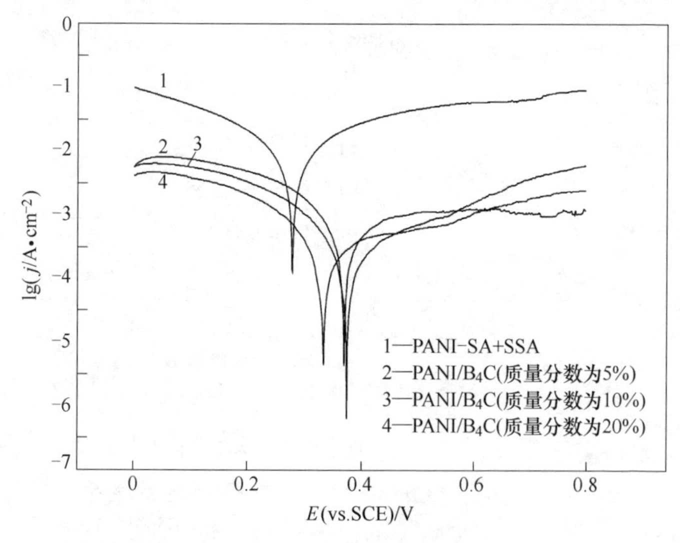

图 3 - 25　阳极在含 Mn^{2+} 硫酸锌电解液体系中 Tafel 图

分析，得出各自的腐蚀电位 E_{corr} 和腐蚀电流密度 i_{corr}。

由表 3－16 可以看出，曲线 1～4 的自腐蚀电位分别为 279mV、334mV、370mV 和 376mV，腐蚀趋势减小。PANI/B_4C 阳极与 PANI－SA＋SSA 阳极进行比较，碳化硼材料的加入，增强了复合材料的耐蚀性。随着碳化硼量的增多，复合材料的耐蚀性进一步增加。在硫酸锌电解液中，Mn^{2+} 在阳极生成的阳极泥 MnO_2，部分附着在阳极表面，能够阻止阳极的进一步腐蚀。比较发现，Mn^{2+} 的加入，能够降低聚苯胺复合阳极的腐蚀电流密度，对阳极有一定的保护作用。

表 3－16 阳极在含 Mn^{2+} 的硫酸锌电解液体系中腐蚀电位和腐蚀电流密度

阳 极	腐蚀电位/mV	腐蚀电流密度/$A \cdot cm^{-2}$
PANI－H_2SO_4＋SSA	279	1.56×10^{-2}
PANI/B_4C(5%)	334	4.24×10^{-4}
PANI/B_4C(10%)	370	6.05×10^{-4}
PANI/B_4C(20%)	376	9.74×10^{-4}

3.5.2 PANI/B_4C 复合阳极极化曲线

图 3－26 为 PANI 阳极和 PANI/B_4C 复合阳极在 $ZnSO_4$－H_2SO_4 电解液体系中，Zn^{2+}60g/L，$H_2SO_4$150g/L，扫描速率为 10mV/s，扫描电位范围为 0.3～1.5V 时的极化曲线，从 1 号曲线到 3 号曲线可以看出，大约在 0.82V，3 条曲线的曲率发生变化，主要是在此电位下，由于聚苯胺的催化活化作用，氧气开始在聚苯胺及复合阳极上开始析出。3 条曲线的氧气析出电位差别不大，对氧气析出电位起作用的是聚苯胺本身的催化作用。同时，从 3 条曲线可以看出，在相同的电解液体系中，PANI 阳极最先达到极限电流密度（即电流再不随电压的升高而增高），而掺杂 B_4C 以后的聚苯胺复合阳极的导电性明显优于掺杂态聚苯胺，能够承受较高的电流密度，而不至于使得电极材料因为电压过高而造成“击穿”。从阳极极化曲线可以说明两点：一是掺杂聚苯胺和复合材料的氧气开始析出电位变化不大，说明主要是 PANI 起催化作用；二是制备的 PANI/B_4C 复合材料在硫酸

锌电解液体系中的电导率优于掺杂态聚苯胺的电导率。

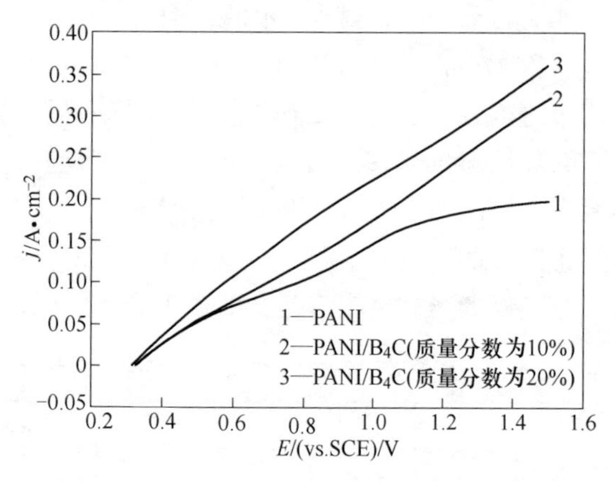

图 3－26　PANI 及 PANI/B_4C 阳极极化曲线

从表 3－17 中的动力学数据可以看出，与 PANI 阳极相比较，PANI/B_4C 复合阳极的 a、b 值均减小，说明在 PANI 材料中参入碳化硼粒子后，能够提高复合材料的催化活性。从三种阳极材料的 a、b 值来看，三者差别不太大，说明碳化硼材料的加入可能提高了 PANI 材料的催化稳定性，能够在一定范围内降低电解过程中的槽电压，但是槽电压降低不明显。从三者的交换电流密度 i^0 来看，PANI 的交换电流密度最小，PANI/B_4C（质量分数为 20%）最大，说明 B_4C 材料能够进一步提高 PANI 复合材料的催化活性。

表 3－17　PANI 及 PANI/B_4C 阳极的析氧动力学参数

阳　极	不同电流密度 j 下的电位/V					a	b	i^0/A · cm^{-2}
	500 A/m^2	750 A/m^2	1000 A/m^2	1500 A/m^2	2000 A/m^2			
PANI	0. 492	0. 623	0. 792	1. 012	1. 46	0. 937	0. 481	1.12×10^{-3}
PANI/B_4C（质量分数为 10%）	0. 483	0. 588	0. 705	0. 906	1. 094	0. 786	0. 395	1.81×10^{-3}
PANI/B_4C（质量分数为 20%）	0. 439	0. 507	0. 582	0. 733	0. 928	0. 626	0. 283	3.14×10^{-3}

3.5.3 PANI/B_4C 复合阳极材料的循环伏安和电化学稳定性

目前，聚合物材料主要应用于电致变色材料、电容器材料、塑料电池以及传感器等方面，它们都需要材料的稳定性，如电化学稳定性、环境稳定性、热稳定性等。聚苯胺材料在较高的电位下发生降解，主要产物为苯醌、对氨基苯酚、醌亚胺等。不同的掺杂剂、掺杂方式、合成方法、溶液中不同离子等因素都能影响聚苯胺材料的电稳定性。本小节主要考察聚苯胺/碳化硼复合阳极材料在硫酸锌电解液体系中稳定性。

研究不同聚苯胺阳极在 Zn^{2+} 60g/L、H_2SO_4 150g/L 的硫酸锌电解液中的循环伏安曲线及电化学稳定性，阳极试样的扫描电压范围为 0.25～1.4V，扫描速率为 10mV/s，扫描次数为 50 次，图 3－27 为 PANI 阳极以及 PANI/B_4C 阳极第 1 次和第 50 次扫描循环伏安曲线。从图可以看出，两条曲线都没有明显的氧化峰和还原峰，说明聚苯胺在扫描电位下没有发生降解，而聚苯胺阳极在电极与电解液界面之间提供了一个双电荷层的电容；曲线平滑，两组循环伏安曲线的对称性比较好，说明聚苯胺基阳极材料的可逆性好；同时，PANI 阳极和 PANI/B_4C 复合阳极的循环伏安曲线扫描斜率在 0.8V 左右发生了改变，此为氧气在聚苯胺阳极的析出电位。从图还可以看出，PANI

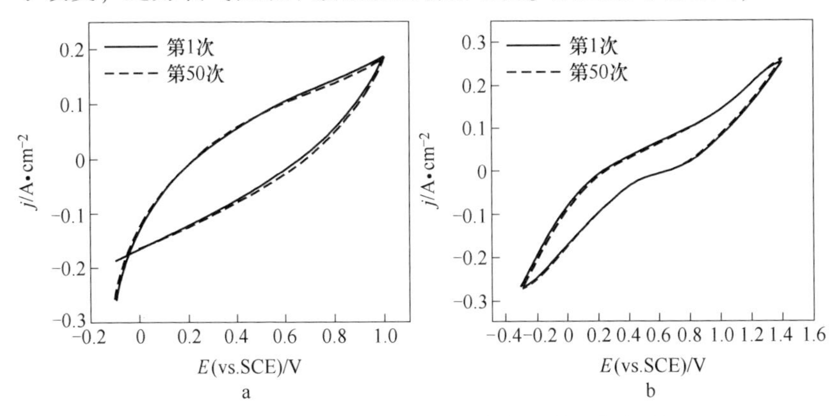

图 3－27 阳极在硫酸锌电解液中的循环伏安图

a—PANI；b—PANI/B_4C

阳极经过循环伏安扫描 50 次以后出现了偏移，响应电流密度值也略有下降；而图中的 PANI/B_4C 阳极扫描 50 次以后的曲线与开始时的 CV 曲线基本重叠，而响应电流密度没有发生变化，说明 PANI/B_4C 复合阳极的电化学稳定性要优于单纯 PANI 阳极。从响应电流密度来看，PANI/B_4C 的也明显高于 PANI 的，说明在制备聚苯胺复合阳极过程中，掺杂碳化硼能够提高阳极的导电性，法拉第电容也有所提高，同时，电化学工作窗口也比较宽，适应于较高电位的工作。

3.5.4　交流阻抗分析

为了进一步研究 PANI/B_4C 阳极的析氧反应的动力学特性，在 Zn^{2+} 60g/L、H_2SO_4 150g/L 的硫酸锌电解液体系中，测定了 PANI 阳极、PANI/B_4C(10%) 复合阳极、PANI/B_4C(20%) 复合阳极的交流阻抗图谱。由于在较高的电势下，阳极表面不断地有氧气析出，干扰电极表面双电层的稳定性，影响测试的效果，因此本次实验交流阻抗在开路电位下测定，低频为 0.01Hz，高频为 100000Hz。

从图 3－28 可以看出，PANI 阳极、PANI/B_4C 复合阳极的交流阻抗图谱的形状基本一致，高频区为半圆形，低频区为与实轴形成 π/2 夹角的直线。说明在高频区，电极反应主要受电化学动力学控制，

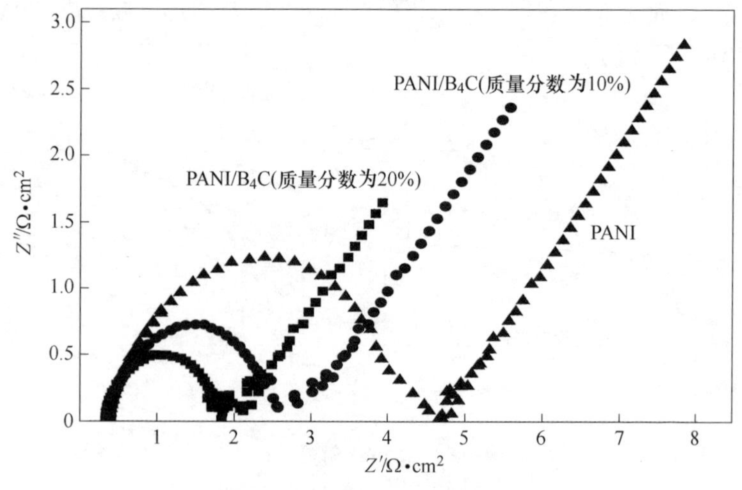

图 3－28　不同阳极的交流阻抗图谱

低频区受到溶液中离子向电极扩散速率的控制；同时，圆形半径大小，可以说明电极表面电荷转移阻抗 R_{ct} 的大小，半径越小，转移阻抗 R_{ct} 越小，从阻抗图谱可以说明，B_4C 的加入能够提高 PANI 在硫酸锌电解液体系的导电性。另外，电极材料的催化活性由电荷传递阻抗 R_{ct} 和扩散电容决定，与 Nyquist 图谱的曲率半径相关，半径越小，催化性能越好。从图看出，随着复合材料中碳化硼含量增多，电极的催化活性增强，主要是由于碳化硼的加入提高了复合材料的稳定性。

3.6　聚苯胺/四氧化三钴复合材料的电化学性能研究

3.6.1　PANI/Co_3O_4 复合阳极耐蚀性分析

传统的 Pb - Ag 合金由于生成的 PbO_2 膜不致密，易脱落，造成该类阳极在硫酸电解体系中的耐蚀性能较差；特别是当有 Cl^- 存在时，Cl^- 可以破坏 PbO_2 的晶格结构，PbO_2 保护膜不断地遭到破坏，造成阳极的腐蚀加剧，而且电解液中铅含量上升，影响阴极产物的品质。

本节通过考察 PANI/Co_3O_4 复合阳极在硫酸铜电解液体系和盐酸溶液中的耐腐蚀性，研究 Co_3O_4 的加入对 PANI 阳极耐腐蚀性能的影响。

3.6.1.1　硫酸铜电解液体系中的耐腐蚀性分析

图 3 - 29 为 PANI/Co_3O_4 复合阳极的塔菲尔（Tafel）曲线，所对应的自腐蚀电位 E_{corr} 和腐蚀电流密度 J_{corr} 见表 3 - 18。由表 3 - 21 可以看出，Tafel 曲线 a ~ d 的自腐蚀电位分别为 283mV、316mV、335mV 和 357mV。对于阳极材料来说，自腐蚀电位越高，腐蚀电流密度越小，材料的耐蚀性能越好。与 PANI 相比较，随着 Co_3O_4 加入量的增多，自腐蚀电位升高，当 $m(Co_3O_4):m(An)=5\%$ 时，自腐蚀电位和电流密度分别为 357mV 和 2.29×10^{-3} A/cm，耐腐蚀性最好，在硫酸铜电解液体系中较能够持久耐用，然而当 Co_3O_4 加入量继续增大时，复合材料的耐腐蚀性有所降低，原因为过量的 Co_3O_4

无法完全被 PANI 包覆，结合不致密，从而导致材料耐腐蚀性下降。

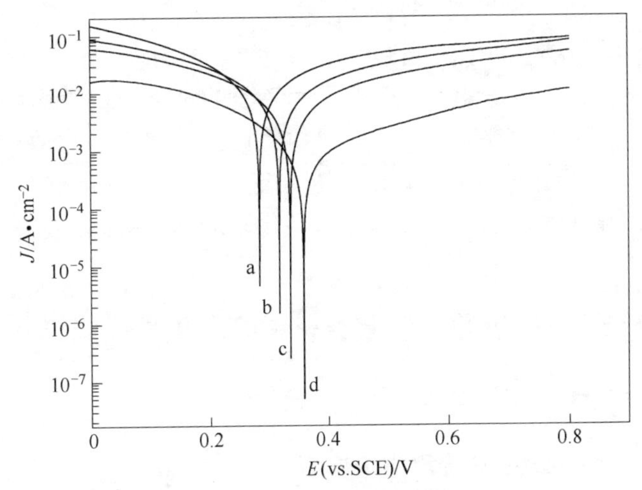

图 3－29　阳极在硫酸铜电解液体系中的 Tafel 图

a—PANI；b—PANI/Co_3O_4（3%）；

c—PANI/Co_3O_4（10%）；d—PANI/Co_3O_4（5%）

表 3－18　阳极在硫酸铜电解液体系中的腐蚀电位和腐蚀电流密度

阳　极	$m(Co_3O_4)$ ：m(An)　/%	E_{corr}/mV	J_{corr}/A · cm^{-2}
PANI	0	285	2.87×10^{-2}
PANI/Co_3O_4	3	316	2.24×10^{-2}
PANI/Co_3O_4	5	357	2.29×10^{-3}
PANI/Co_3O_4	10	335	1.32×10^{-2}

3.6.1.2　盐酸溶液中的耐腐蚀性分析

图 3－30 为 PANI/Co_3O_4 复合阳极的塔菲尔（Tafel）曲线，所对应的自腐蚀电位 E_{corr}和腐蚀电流密度 J_{corr}见表 3－19。由表 3－19 可以看出，Tafel 曲线 a～d 的自腐蚀电位分别为 314mV、323mV、352mV 和 349mV。对于阳极材料来说，自腐蚀电位越高，腐蚀电流密度越小，材料的耐蚀性能越好。与 PANI 相比较，随着 Co_3O_4 加入量的增多，自腐蚀电位升高，当 $m(Co_3O_4)$ ：m(An)　=5% 时，自腐

蚀电位和电流分别为352mV和$1.22\times10^{-3}A/cm^{-2}$，耐腐蚀性最好，在盐酸电解液体系中较能够持久耐用，然而当Co_3O_4加入量继续增大时，复合材料的耐腐蚀性有所降低，原因为过量的Co_3O_4无法完全被PANI包覆，结合不致密，从而导致材料耐腐蚀性下降。

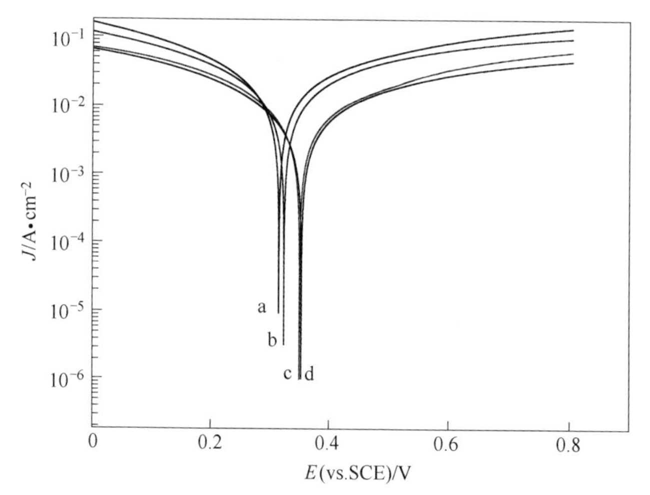

图3-30 阳极在盐酸溶液体系中的Tafel图

a—PANI；b—PANI/Co_3O_4(3%)；c—PANI/Co_3O_4(10%)；d—PANI/Co_3O_4(5%)

表3-19 阳极在盐酸溶液中的腐蚀电位和腐蚀电流密度

阳 极	$m(Co_3O_4):m(An)$ /%	E_{corr}/mV	J_{corr}/A·cm^{-2}
PANI	0	314	3.65×10^{-2}
PANI/Co_3O_4	3	323	3.12×10^{-2}
PANI/Co_3O_4	5	352	1.22×10^{-3}
PANI/Co_3O_4	10	349	1.28×10^{-2}

3.6.2 交流阻抗分析

3.6.2.1 硫酸铜电解液体系中的交流阻抗分析

为了进一步研究PANI/Co_3O_4复合阳极的反应动力学特征，在开路电压下进行交流阻抗测试，其中测试溶液中 H_2SO_4 180g/L，Cu^{2+} 45g/L，温度为（45±1）℃，复合阳极的交流阻抗图谱如图 3－31 所示。从图中可以看出，三种阳极的交流阻抗图谱基本上一致，高频区为一半圆弧，圆弧大小与电极的电荷传递电阻有关，三种阳极的圆弧半径大小依次为：PANI/Co_3O_4（5%）＜PANI＜PANI/Co_3O_4（10%），低频区是一条与实轴成一定夹角的直线，主要受传质扩散控制。

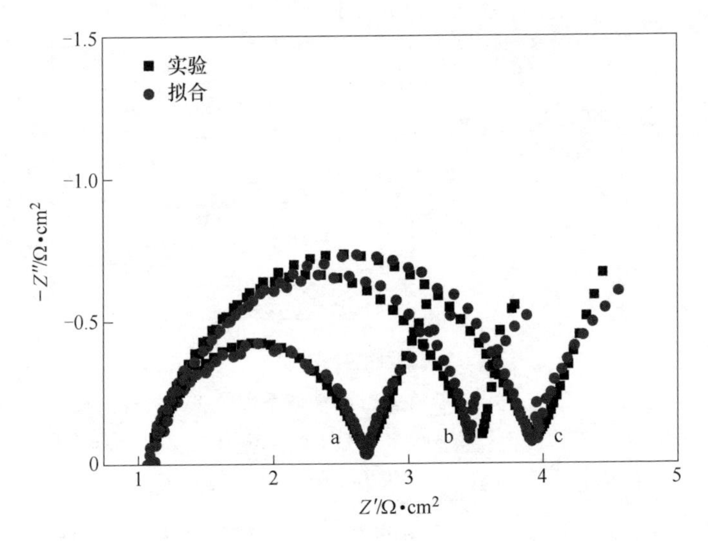

图 3－31　阳极在硫酸铜电解液体系中的交流阻抗图谱

a—PANI/Co_3O_4（5%）；b—PANI/Co_3O_4（10%）；c—PANI

为了更好地进行分析，人们通常用等效电路来拟合交流阻抗，然后进行数据分析，结合实验所得交流阻抗图谱，拟合等效电路如图 3－32 所示。图中，R_s 为从参比电极的鲁金毛细管口到被研究电极间的溶液电阻；常相位角元件 *CPE* 代表电极与电解质两相之间双电层电容；R_p 为极化电阻，当电极电势是决定电极过程速率的唯一状态变量时，极化电阻与电荷传递电阻 R_{ct} 相等；W_o 为扩散阻抗也称为 Warburg 阻抗，由电阻率部分 W_o-R 和电容部分组成。等效电路各参数的拟合值见表 3－20。

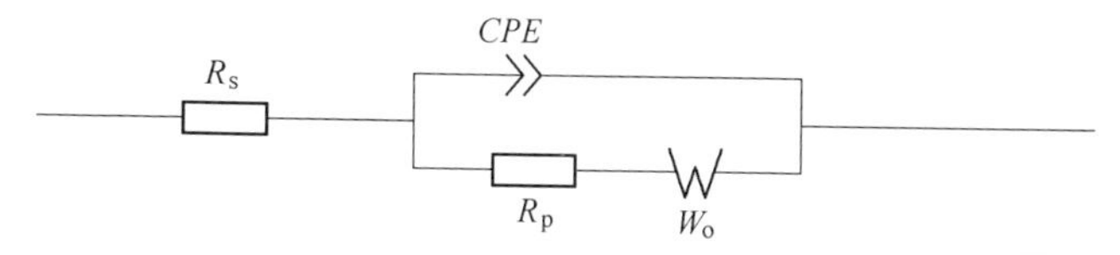

图 3-32 拟合等效电路图

表 3-20 电化学阻抗各参数的拟合值

阳 极	PANI/Co_3O_4(5%)	PANI/Co_3O_4(10%)	PANI
R_s/Ω · cm^2	1.071	1.047	1.086
R_p/Ω · cm^2	1.602	2.453	3.016
W_o - R/Ω · cm^2	1.961	2.662	2.907

从表 3-20 中可以看出，溶液电阻 R_s 相差不大，是因为溶液电阻与电解液组成等因素有关，由于都在同一体系中测试，所以溶液电阻 R_s 基本相等；极化电阻 R_p 与材料的电荷转移电阻及电催化活性有关，PANI/Co_3O_4(5%)、PANI/Co_3O_4(10%) 和 PANI 阳极的极化电阻分别为 1.602Ω、2.453Ω 和 3.016Ω，复合阳极的电阻较纯 PANI 阳极有所降低，说明 Co_3O_4 的加入可以提高材料的电催化活性，从而有利于阻抗的降低，但是 Co_3O_4 的加入量并不是越多越好，当含量超过一定程度后，极化阻抗开始增加；同时从表中还可以看出，三种阳极的 Warburg 阻抗大小顺序为 PANI/Co_3O_4(5%) <PANI/Co_3O_4(10%) <PANI，与极化电阻 R_p 的趋势一致。

3.6.2.2 盐酸溶液中的交流阻抗分析

从表 3-21 中可以看出，在 HCl 溶液中的极化电阻 R_p 相差相对较大，PANI/Co_3O_4(5%)、PANI/Co_3O_4(10%) 和 PANI 阳极的极化电阻分别为 1.240Ω · cm^2、2.517Ω · cm^2 和 2.853Ω · cm^2，其中 PANI/Co_3O_4(5%) 阳极的 R_p 值最小，说明 PANI/Co_3O_4(5%) 阳极具有最好的电催化活性，这一结果与硫酸铜电解液体系中的结果一致。另外，三种阳极的 Warburg 阻抗大小顺序同样为 PANI/Co_3O_4(5%) <PANI/Co_3O_4(10%) <PANI，说明 PANI/Co_3O_4(5%) 阳

极具有较好的传质扩散性能。

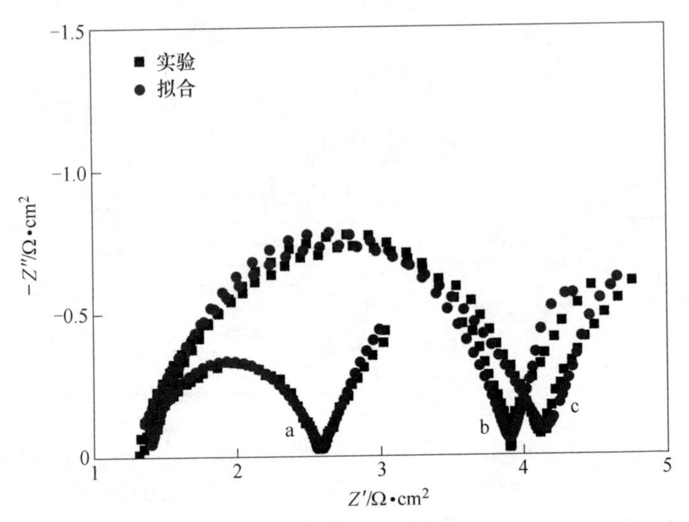

图 3－33　阳极在盐酸溶液中的交流阻抗图谱

a—PANI/Co_3O_4(5%)；b—PANI/Co_3O_4(10%)；c—PANI

表 3－21　电化学阻抗各参数的拟合值

阳　极	PANI/Co_3O_4(5%)	PANI/Co_3O_4(10%)	PANI
R_s/Ω · cm^2	1. 331	1. 386	1. 378
R_p/Ω · cm^2	1. 240	2. 517	2. 853
W_o − R/Ω · cm^2	1. 758	1. 907	2. 162

3. 6. 3　PANI/Co_3O_4 复合阳极的电化学稳定性

导电聚合材料的稳定性对其能否成功应用显得十分重要，而电化学稳定性是反映其性能的一个重要参数，特别是在阳极材料、传感器、电致变色等电子技术领域。对 PANI 基复合材料来说，影响其电化学稳定性的因素很多，主要有合成方法、掺杂剂种类、扫描电位范围等。本实验通过循环伏安法研究了 PANI 和 PANI/Co_3O_4 复合阳极在 Cu^{2+}45g/L、$H_2SO_4$180g/L 溶液中的电化学稳定性，电位扫描范围为 0. 2 ~ 0. 8V，扫描速率为 10mV/s，扫描次数为 50 次。图

3－34为阳极循环伏安曲线的第1次和第50次扫描。

从图3－34中可以看出，阳极的循环伏安曲线呈柳叶状并且相对比较平滑，没有出现明显的氧化还原峰，同时阳极的循环伏安曲线对称性较好说明阳极材料具有良好的可逆性；重复扫描50次后，PANI阳极的循环伏安曲线略微出一些现偏差，响应电流值略有下降，而PANI/Co_3O_4复合阳极两次循环伏安曲线基本上完全重合，表明PANI/Co_3O_4复合阳极具有较好的电化学稳定性，较宽的电化学窗口。

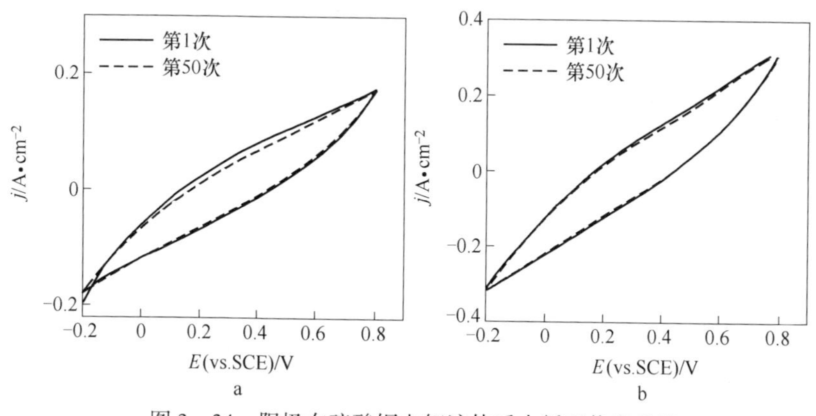

图3－34 阳极在硫酸铜电解液体系中循环伏安曲线

a—PANI；b—PANI/Co_3O_4

3.7 聚苯胺/无机复合材料的电催化活性

通常将阳极显著地影响某些阳极反应速度而本身阳极无任何变化的作用称为电催化作用。电催化活性是评价电催化作用的主要参数之一，理想的阳极材料是在满足同样的阳极主反应速度条件下消耗尽可能少的电能，即阳极反应过电位最低，这是人们一直所期望并追求的。

电催化常常涉及阳极与反应物粒子间键的破裂与形成。最有效的电催化剂应当是能形成中等强度吸附键的物质。实践表明，影响这种电催化剂性能的因素有两类。一类是几何因素。涉及的电催化剂比表面和表面状态，主要由电催化剂的制备方法决定。另外有关催化表面与反应物离子之间的几何排列，需要良好的空间对应关系。这将有助于原有键的破裂和新键的形成，因而可以使反应速度得以提高。另一类因素是能量因素，它主要取决于阳极反应中所涉及的各种粒子与催化剂的相互作用。考虑电催化剂的能量因素，实际上就是讨论阳极材料的成分和性质对阳极反应的影响。电催化活性主要取决于导电因素和几何因素。导电因素取决于材料的化学成分和各成分的物理化学性质（电子结构，晶体结构），几何因素取决于材料的微观结构。

阳极的电催化作用主要表现在以下三个方面：

(1) 阳极与活化配合物间存在着相互作用。由它决定了过渡状态的吉布斯自由能，因而也就决定了反应的活化吉布斯自由能。这里是通过不同阳极引起的反应活化吉布斯自由能的变化来影响阳极反应速度。

(2) 阳极与被吸附于其上的反应物或中间产物之间存在着相互作用。这种作用确定了反应物或中间产物的浓度，而且确定了能够进行阳极反应的有效表面积。此外，在不同阳极上还有可能形成不同形式的中间产物。因此，它不但对阳极反应速度有影响，而且还会影响其反应历程。这是通过反应物或中间产物的浓度、有效的反应表面积和中间产物类型的变化，对反应速度或反应历程产生适当的影响。

(3) 在一定阳极电位下，阳极本性与溶液中不参加阳极反应的溶剂和溶质组分在阳极上的吸附能力，有一定的关系。若溶剂与溶质组分在不同阳极上的吸附能力不同，界面间双电层结构自然不同，于是会对阳极反应速度有影响。

影响电催化性能的因素主要有两个方面：一方面是结构因素，包括电催化剂的比表面和比表面形态。如催化活性层缺陷的性质和表面浓度，各种晶面的暴露程度及比表面积大小等。这主要取决于催化剂的制备方法及工艺条件。另一方面，能量因素或电子因素。它主要是由阳极反应中所涉及的各种粒子与催化剂间的相互作用决定。

3.7.1 结构因素对电催化活性的影响

阳极析氧时，首先要发生某种表面变化。若选择只在表面过程进行的电位范围内测定循环伏安曲线，并进行图解积分，得到的伏安电荷（q^*）来定量表征活性阳极表面的活性点数目[16]，可看成是电催化活性表面积的一种量度[17]。但是，q^* 值并不能真实反映多孔性（由多晶、裂纹等引起）阳极的实际析氧活性点数目，用 $1/q^*$（即单位活性点上的析氧电流）来比较阳极的析氧真实活性也是不可取的。阳极的析氧催化活性（以一定电位下的 O_2 发生电流来衡量是合理的、实际的）受阳极表面的实际发生析氧的活性点数目和阳极表面的电子构型所决定。前者由活性组元的表面浓度（活度）和真实表面积所控制；而后者则是阳极材料内在的特性。而且 R_{ct} 也代表了阳极材料的活性点位置和活性点数目[18]。因此，为了获得关于阳极材料真正的电催化活性，R_{ct} 是由材料的微观形貌影响的。根据文献报道[19]，$1/R_{ct}$ 表示整个阳极的活性，伏安电荷 q^* 表示活性点数目，用 $1/(R_{ct}q^*)$ 数据比较阳极的电催化活性好坏。基于上面阻抗分析和循环伏安测试的数据和结论可知，聚苯胺基阳极并不适于在碱性体系中使用。因此，下面比较聚苯胺基阳极在硫酸体系和盐酸体系的电催化活性。

不同体系下不同阳极材料的电催化活性如图 3－35 所示。

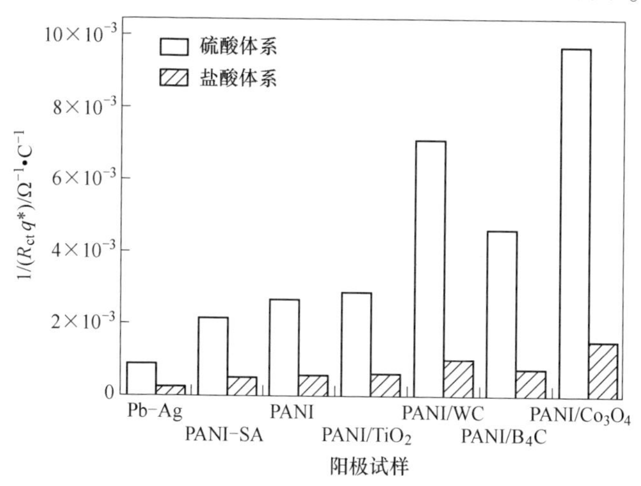

图 3－35 在酸性溶液中聚苯胺基阳极的催化活性（$1/(R_{ct}q^*)$）比较图

由表3 – 22可知，聚苯胺基阳极的电催化活性大小依次是PANI/Co_3O_4 > PANI/WC > PANI/B_4C > PANI/TiO_2 > PANI > PANI – SA > Pb – Ag，而且在硫酸溶液中阳极的活性比在盐酸体系中的好，说明该阳极更适于在硫酸体系使用。PANI基阳极比表面积较大，与溶液界面接触的活性点数目较多，因此表现出较高的催化活性；而且加入同样具有催化活性的Co_3O_4、WC、Co_3O_4等粒子后，可以提供更多的催化活性点数目，因此PANI复合阳极表现出最好的催化活性。事实上，影响阳极电化学活性的因素较多，如表面的活性点数目（几何因素）、电催化剂自身化活性（内在材料因素）及阳极体系的物理电阻。其中后者导致在阳极内部产生欧姆降，降低阳极的电催化活性。

表3 – 22　不同阳极催化活性

阳　　极	Pb – Ag (1%)	PANI – SA	PANI	PANI/TiO_2	PANI/WC	PANI/B_4C	PANI/Co_3O_4
硫酸体系 $1/(R_{ct}q^*)$ /$\Omega^{-1}\cdot C^{-1}$	0.88×10^{-3}	2.15×10^{-3}	2.66×10^{-3}	2.86×10^{-3}	7.1×10^{-3}	4.62×10^{-3}	9.67×10^{-3}
盐酸体系 $1/(R_{ct}q^*)$ /$\Omega^{-1}\cdot C^{-1}$	0.22×10^{-3}	0.51×10^{-3}	0.56×10^{-3}	0.61×10^{-3}	1.02×10^{-3}	0.73×10^{-3}	1.51×10^{-3}

3.7.2　能量因素对电催化活性的影响

影响阳极性能的主要因素有结构因素（空间因素）和能量因素（反应活化能）两大类。前面已经对聚苯胺基阳极的结构因素进行了讨论，下面主要探讨聚苯胺基阳极的能量因素。分别测定20 ~ 50℃温度范围内聚苯胺基阳极在H_2SO_4电解液体系中的极化曲线，分别求得聚苯胺基阳极在电解液中的活化能，并将七种阳极的活化能进行比较。图3 – 36为阳极试样在Zn^{2+} 65g/L，H_2SO_4 150g/L中不同温度下的阳极极化曲线。

从图3 – 36中可以看出，聚苯胺基阳极在0.4V就开始有电极反应，而Pb – Ag(1%）阳极要到2.1V左右才开始有氧气析出，这说

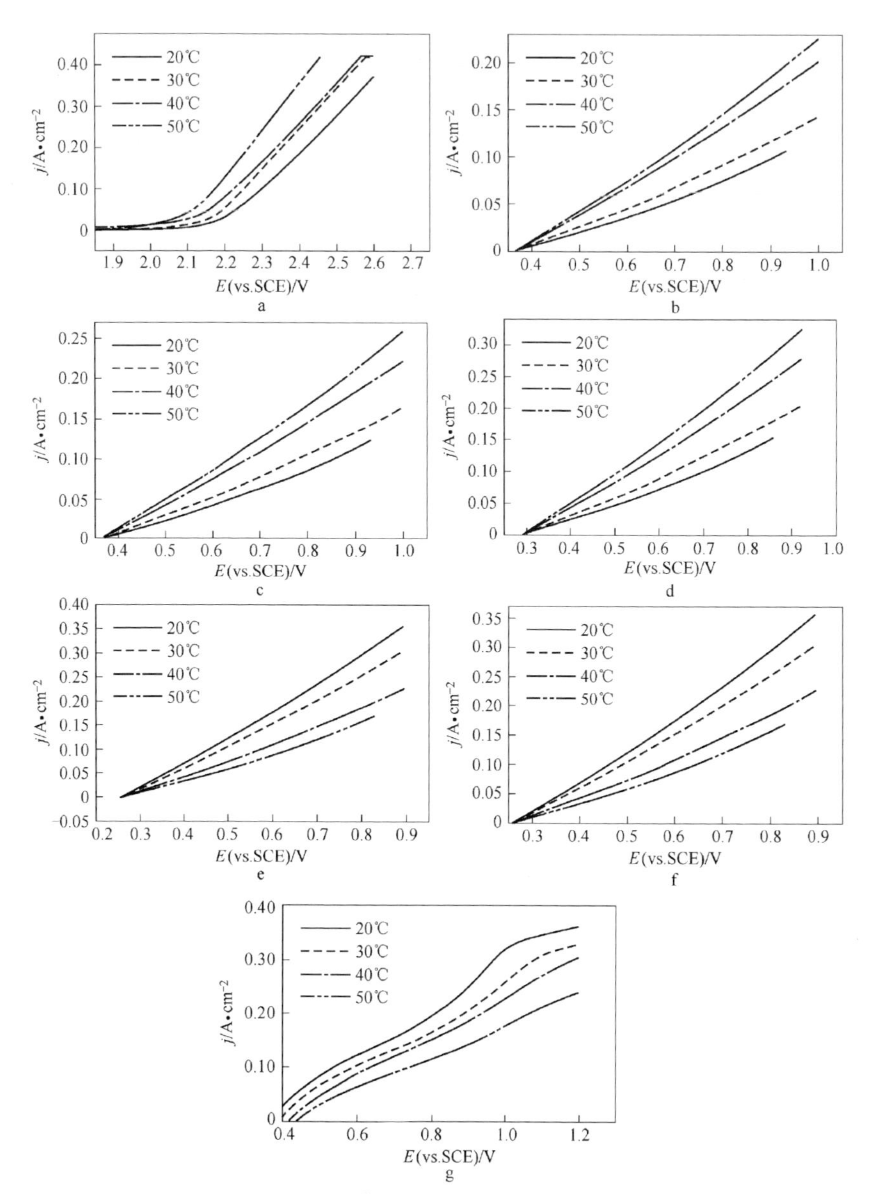

图 3-36 不同温度时在 Zn^{2+}65g/L，$H_2SO_4$150g/L 中的阳极极化曲线

a—Pb-Ag(1%)；b—PANI-SA；c—PANI；d—PANI/TiO_2；

e—PANI/WC；f—PANI/B_4C；g—PANI/Co_3O_4

明聚苯胺基阳极具有更好的析氧电催化活性。根据极化曲线，可获得聚苯胺基阳极 0.6V 极化电位和 Pb－Ag(1%) 阳极 2.3V 极化电位时 lg$j$ 与 1/T 之间的关系，结果如图 3－37 所示。

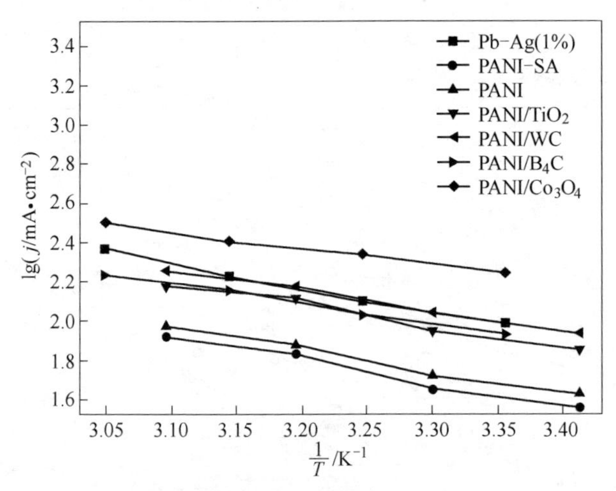

图 3－37 阳极在极化电位为 0.6V 时电流密度与温度之间的关系

根据活化能公式（3－3），可求得阳极的表观活化能，结果见表 3－23。

$$\Delta G = -2.303R\left[\frac{\partial\ \lg j}{\partial\ (1/T)}\right]E \tag{3-3}$$

式中 ΔG——表观活化能；

R——气体常数；

j——电流密度；

T——温度。

由表 3－23 可知，在硫酸溶液中，聚苯胺基阳极的活化能明显比 Pb－Ag(1%) 阳极活化能低，即在阳极析氧反应中，聚苯胺基阳极的电催化活性明显高于 Pb－Ag(1%) 阳极。但是所研究阳极中电催化活性又各不相同，PANI/Co_3O_4 在硫酸溶液中的活化能最大为 15.71kJ/mol，而文献中报道无机催化材料[20] 在同等条件下一般为 33.4kJ/mol，而本实验制备的 PANI/WC 复合阳极的表观活化能仅为

11.94kJ/mol，表现出最好的催化活性。同时，聚苯胺与具有催化活性的无机材料复合后体现出更好的电催化活性。

表 3-23 阳极在 Zn^{2+}65g/L，$H_2SO_4$150g/L 中的表观活化能

阳　极	Pb-Ag(1%)	PANI-SA	PANI	PANI/TiO_2	PANI/WC	PANI/B_4C	PANI/Co_3O_4
表观活化能 /kJ·mol^{-1}	50.72	13.71	13.01	12.45	11.94	13.58	15.71

通过从结构因素和能量因素两方面的分析可以说明，PANI 基复合阳极具有良好的电催化性能，能够显著降低阳极的极化电位，从而可以达到较好的节能效果，具有广阔的应用前景。

参考文献

[1] 段继光. 工程陶瓷技术 [M]. 长沙：湖南科学技术出版社，1994.

[2] 崔硕景，许大鹏，苏文辉，等. 高压下聚苯胺系高分子导体电学特性的研究 [J]. 高压物理学报，1987，1(1)：71~76.

[3] Mazeikiene R，Malinauskas A. Electrochemistry stability of polyaniline [J]. European Polymer Journal，2002，38：1947~1952.

[4] Stiwell D E，Park S M. Electrochemistry of conductive polymers Vl：degradation Reaetion kineties of Polyaniline studied by rotating ring disk eleetrode [J]. Journal of Electrochemical Society，1989，136：688~698.

[5] Arsov L D，Plierh W，Kossmehl G. Electrochemical and Raman spectroscopic study of polyaniline：influence of the potential on the degradation of polyaniline [J]. Journal of Solid State Electroehemistry，1998，2：355~361.

[6] Nakayama M，Saeki S，Ogura K. In situ observation of electrochemical formation and degradation proeesses of polyaniline by fourier - transform infrared spectroscopy [J]. Analytical Sciences，1999，15：259~263.

[7] Maksimov Y M，Podlovehenko B I，Gladysheva T D，et al. Structural and sorptive properties of platinum - polyaniline and palladium - polyaniline systems obtained by cycling the electrode potential [J]. Russian Journal of Electrochemistry，1999，35：1225~1231.

[8] Cai L T，Chen H Y. Preparation and electroactivity of polyaniline/ poly(acrylieacid) film electrodes modified by platinum micropartieles [J]. Journal of Applied Electrochemistry，1998，28：161~166.

[9] Zagal J H，Delrio R R，Retamal B A，et al. Stability and electrocal properties of polyaniline films formed with EDTA and Fe - EDTA in the electrolyte [J]. Journal of Applied Electro-

chemistry, 1996, 26: 95 ~ 101.

[10] Li Hanlu, Wang Jixiao, Chu Qingxian, et al. Theoretical and experimental specific capacitance of polyaniline in sulfuric acid [J]. J. Power Sources, 2009, 190(2): 578 ~ 586.

[11] Horvat - Radošević V., Kvastek K., Kraljić - Roković M. Impedance spectroscopy of oxidized polyaniline and poly(*o* - ethoxyaniline) thin film modified Pt electrodes [J]. Electrochimica Acta, 2006, 51(17): 3417 ~ 3428.

[12] Lindfors T, Bobacka J, Lewenstam A, et al. Study on soluble polypyrrole as a component in all - solid - state ion - sensors [J]. Electrochim Act, 1998, 43(23): 3503 ~ 3509.

[13] Bard A J, Faulker L R. Electrochemical methods: Fundamentals and applications [M]. 2nd Edition John Wiley & Sons, 2001: 386.

[14] 胡吉明. Ti 基 $IrO_2 + Ta_2O_5$ 阳极析氧电催化与失效机制研究 [D]. 北京: 北京科技大学, 2000.

[15] Alves V A, Silva L A, Boodts J F C. Sueface characterization of $IrO_2/TiO_2/CeO_2$ oxide electrodes [J]. Electrochimica Acta, 1998, 44: 1525 ~ 1534.

[16] Da Silva L A, Alves V A, Trasatti S, et al. Surface and electrocatalytic properties of ternary oxides $Ir_{0.3}Ti_{0.7-x}Pt_xO_2$. Oxygen evolution from acidic solution [J]. J. Electroanal. Chem., 1997, 427(1 - 2): 97 ~ 104.

[17] Trasatti S. Electrocaltalysis in the anodic evolution of oxygen and chlorine [J]. Electrochem Acta, 1984, 29(11): 1503 ~ 1512.

[18] Ma Hongchao, Liu Changpeng, Liao Jianhui, et al. Study of ruthenium oxide catalyst for electrocatalytic performance in oxygen evolution [J]. J. Molecular Catalysis A: Chemical, 2006, 247(1 - 2): 7 ~ 13.

[19] Alves V A, Silva L A, Boodts J F C. Surface characterization of IrO_2/ TiO_2/CeO_2 oxide electrodes and faradaic impedance investigation of the oxygen evolution reaction from alkalin solution [J]. Electrochimica Acta, 1998, 44(5): 1525 ~ 1534.

[20] Bohm H. Fuel cell assemblies with an acidic electrolyte [J]. Journal of Power Sources, 1976, 1(2): 177 ~ 182.

4 聚噻吩及聚苯胺复合材料的制备技术

导电高分子可分为本征型导电高分子和复合型导电高分子两大类。本征型导电高分子的分子主链由交替排列的双键和单键组成，使其沿分子主链的成键轨道和反成键轨道离域化，并能够相互重叠。该类导电高分子的导电性是本身固有的，故可称作合成金属[1]，包括：(1) 共轭键的π电子在整个分子链上离域产生载流子和输送载流子的共轭高分子；(2) 分子间π电子轨道相互重叠而使电子离域的非共轭高分子；(3) 分子链中含有电子给体和受体的高分子[2]。复合型导电高分子则是将金属或碳等导电物质通过分散、层积及表面复合等方法掺混入不导电的高分子中达到所需的导电性能。

聚3，4－乙烯二氧噻吩（PEDOT）是德国Baye公司首先报道的由噻吩的一种衍生物3，4－乙烯二氧噻吩（EDOT）聚合得到的一种新型导电聚合物[3,4]，具有很高的电导率、优异的稳定性和电化学性能。但是，PEDOT的溶解度很低，使得加工非常困难，很大程度上限制了PEDOT的应用。为了改善PEDOT的加工性能，需要对PEDOT进行复合改性。PEDOT/有机高分子复合材料具有更为优越的导电性能、力学性能、溶解性能、耐蚀性能、电磁性能以及电化学性能等物理化学性能和光学性能，拓宽了PEDOT复合材料的应用范围。因此PEDOT/有机高分子复合材料已引起了该领域内诸多研究者的重视。如孙东成等[5]采用过硫酸铵为氧化剂通过化学氧化法合成了PEDOT/PSS，系统研究了PSS、APS用量，理论固含量对复合材料粒径和导电性的影响，当PSS: EDOT的值为2:1，APS: EDOT值为1.5:1，固含量为2.8%～4.2%时，复合材料具有更为优越的力学性能和电学性能。S. Timpanaro等[6]通过对掺杂山梨醇的PEDOT/PSS进行AFM测试，发现PEDOT与PSS之间有相分离。复合材料电导率提高是因为山梨醇分子在受热时挥发使得PEDOT的分子主链与

PSS分子链脱离，各分子链更为自由地重新排列形成了新的电荷传输通道。Wang T等在聚吡咯（PPy）改性钽电极表面进行EDOT的电化学聚合，得到了具有很好电容特性的PEDOT/PPy复合材料[7]。通过扫描电镜（SEM）观测到复合薄膜为高密多孔结构，使其在1mol/L的$LiClO_4$水溶液中电容性达到230F/g，甚至在1mol/L的KCl水溶液中达到了290F/g。此外，复合薄膜还表现出了很好的循环稳定性。

Bongkoch Somboonsub等[8]在水相体系中以磺化聚（酰胺酸）（SPAA）为模板对EDOT进行模板聚合得到了稳定的具有导电性能的水溶性聚合物分散体PEDOT－SPAA，且分散体的粒径仅为63nm。当温度高于150℃时，PEDOT/SPAA薄膜的模板SPAA在10min内就会进行亚胺化反应，所得聚3，4－乙烯二氧噻吩/磺化聚酰亚胺（PEDOT/SPI）复合薄膜的电导率可增大10倍。与PEDOT/PSS复合薄膜相比，PEDOT/SPI具有更好的热稳定性能。通过300℃的热重分析可知，PEDOT/SPI复合薄膜的质量略有减少。在300℃下进行退火处理10min后发现PEDOT/SPI复合薄膜的电导率为PEDOT/PSS的6倍。目前研究最深入的是聚3，4－乙烯二氧噻吩/聚对苯乙烯磺酸（PEDOT/PSS）复合材料。

4.1　PEDOT的制备技术

PEDOT的合成方法主要有化学氧化聚合法、电化学聚合法、酶催化氧化法和以过渡金属元素为媒介的偶联聚合法。化学氧化聚合PEDOT包括单体EDOT、氧化剂、掺杂剂和溶剂四个主要因素。水相反应中聚合PEDOT使用的氧化剂大部分为铁盐、过硫酸盐或两者的混合物，其掺杂剂包括小分子掺杂剂和大分子掺杂剂，小分子掺杂剂包含有盐酸（HCl）、硫酸（H_2SO_4）[9]、高氯酸（$HClO_4$）[10]、对甲苯磺酸[11]、十二烷基苯磺酸钠（SDBS）[12]、十二烷基硫酸钠（SDS）[13]等；大分子掺杂剂包括氟化离子交换聚合物[14]和磺酸盐聚合物[15,16]等。Ha Y H[17]系统研究了聚合过程中的单体、氧化剂、弱碱（Im）、溶剂和浓度等因素对PEDOT高分子导电率的影响，合成出了电导率为900S/cm、透过率为80%的薄膜。整个聚合反应过程包含两个基本步骤：(1）将 EDOT 单体氧化合成中性聚合物；(2）对中性聚合物进行氧化掺杂而得到导电聚阳离子，其聚合机理如图 4 - 1 所示。在反应初期，EDOT 单体被氧化剂氧化成阳离子自由基，然后两个自由基耦合成二聚体，离解放出两个质子。二聚体再经氧化聚合成四聚体，然后不断重复氧化得到中性的 PEDOT 聚合物，最后进一步氧化掺杂得到导电的 PEDOT 高分子。

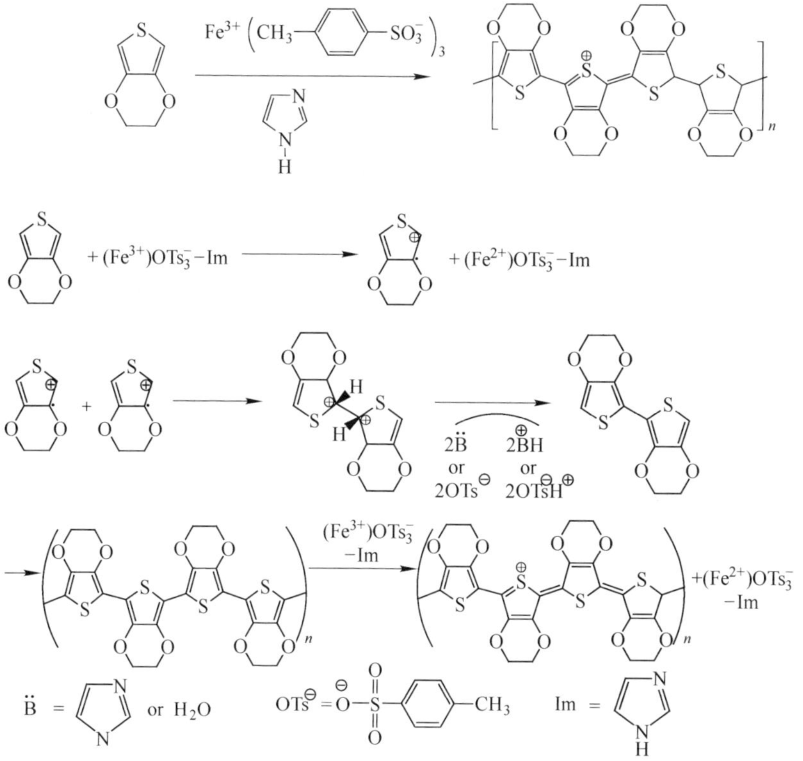

图 4 - 1 PEDOT 化学氧化聚合机理

PEDOT 的物理化学性能与合成的方法和掺杂工艺有很大的联系，不同条件下制备得到的 PEDOT 性能有所差异。PEDOT 的化学氧化聚合一般是在适当的溶剂中加入掺杂剂、单体 EDOT、分散剂和氧化剂，在一定的条件下发生氧化反应而制得，其产物一般为蓝黑色粉末。通常采用的氧化剂有 $FeCl_3$、$Ce(SO_4)_2$、$(NH_4)_2Ce(NO_3)_6$、$Fe(OTs)_3$

和 $Na_2S_2O_8$ 等。单体 EDOT 的 3－和 4－位都被醚基取代，使聚合反应控制在 2－和 5－位上进行而得到线性的、共轭缺陷极少的分子主链；而且醚基使单体和聚合物的氧化电势得以降低，聚合反应更容易进行，有利于分子主链在氧化还原的循环过程中保持稳定[18]。

下面讨论在有机/无机酸（SSA、H_2SO_4）掺杂体系下，以 $FeCl_3$ 和 APS 为复合氧化剂，SDBS 和 CTAB 为复合乳化剂制备高电导率的 PEDOT 及与聚苯胺的复合材料。

4.1.1　复合氧化剂中两组分含量对 PEDOT 性能的影响

c(EDOT)＝0.5mol/L，c(硫酸)＝0.8mol/L，c(SSA)＝0.2mol/L，c(SDBS)＝0.2mol/L，c(CTAB)＝0.2mol/L，c(复合氧化剂)＝0.6mol/L，研究复合氧化剂中 $FeCl_3$ 与 APS 的不同摩尔配比对产物电导率的影响，如图 4－2 所示。

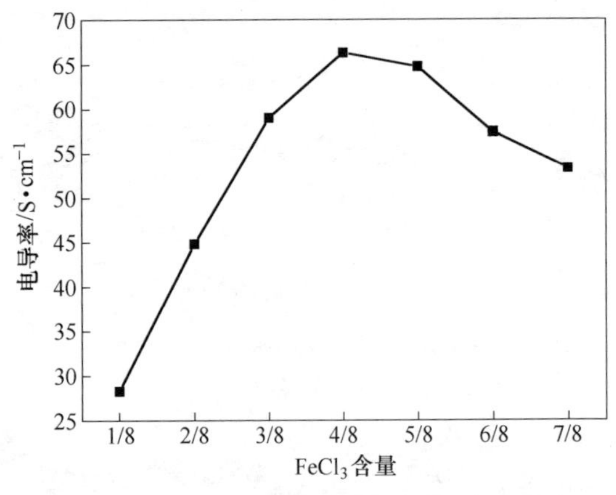

图 4－2　$FeCl_3$ 含量对 PEDOT 电导率的影响

由图 4－2 可知，当复合氧化剂浓度恒定时，$FeCl_3$ 所占的摩尔比越大，产物 PEDOT 的电导率出现先增大后减小的趋势。$FeCl_3$ 的电位为 0.770V，APS 的电位为 2.010V，EDOT 的氧化电位约为 1.8V。$FeCl_3$ 中的 Fe^{3+} 可与 EDOT 进行配位形成配离子，对 EDOT 的聚合具有催化效应，并将 EDOT 单体氧化成阳离子自由基，对阴离子 Cl^- 则作为掺杂剂进入 EDOT 聚合的主链。APS 的氧化性很强，当复合氧化剂中 APS 含量较高时，在有 Fe^{3+} 的催化作用下，反应初期将 EDOT 氧化成大量的阳离子自由基，反应剧烈，使得高分子链结构不够完善，分子链团聚较多，电子离域受阻，因而电导率较低。继续增加 $FeCl_3$ 的用量，虽然催化活性增加了，但是 Fe^{3+} 的氧化能力远弱于 APS，使得氧化反应速率变慢，乳化剂分子可能进入聚合物粒子中，使得导电通道阻塞，电导率有所降低。当 $FeCl_3$ 用量为总复合氧化剂的 4/8 时，聚合反应的速度较为均匀，电导率较高。

复合氧化剂的摩尔比对产物 PEDOT 的电化学性能也有一定的影响，如图 4－3 所示。由图 4－3 所知，电位在 1.4V 之前各曲线的电流密度几乎都为 0，电位 1.4V 以后，各条件下聚合而成的阳极电流密度均随电位的增加而增大；随着复合氧化剂中 $FeCl_3$ 用量的增加，电流密度与电位的斜率先变大再变小，当 $FeCl_3$ 用量为复合氧化剂总量的 4/8 时，斜率最大，并且阳极析氧电位最低，说明此条件下的阳极材料电导率较高，且催化活性较好。由于采用玻碳电极吸附 PEDOT 材料制成的阳极，PEDOT 的量极少，在动电位扫描的过程中主要表现玻碳电极的极化过程，因此阳极极化曲线在 1.8V 之前电流密度几乎为 0。

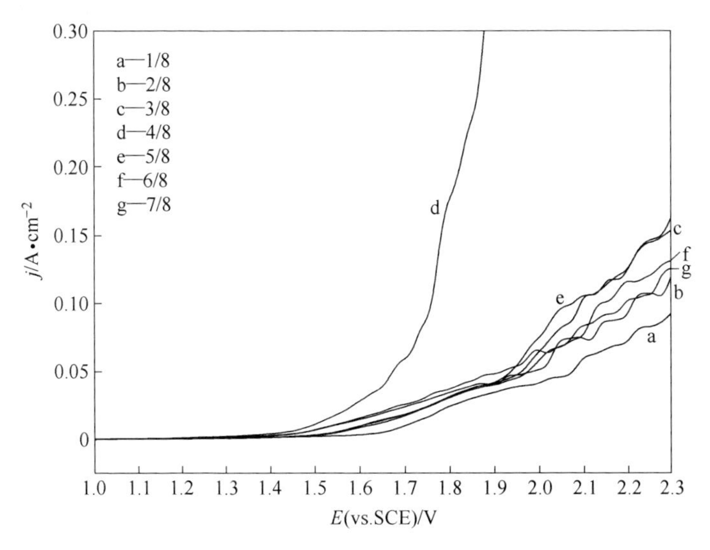

图 4－3 不同 $FeCl_3$ 用量 PEDOT 的阳极极化曲线

4.1.2　复合氧化剂用量对 PEDOT 性能的影响

保持其他条件不变，复合氧化剂 $FeCl_3$ 与 APS 的摩尔比为 4∶4，研究复合氧化剂用量对产物 PEDOT 电导率和电化学性能的影响，其中对电导率的影响如图 4－4 所示。

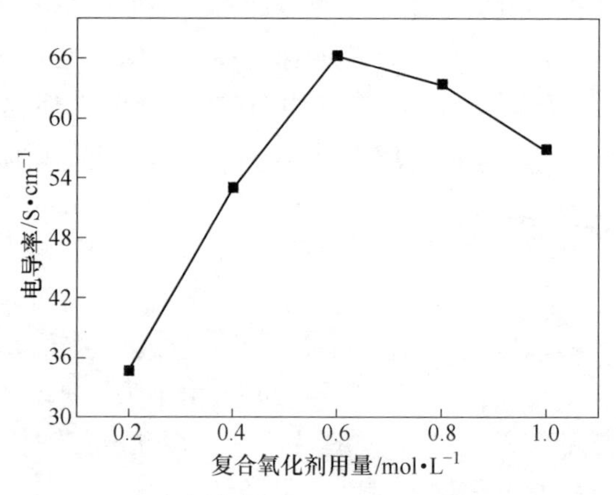

图 4－4　复合氧化剂用量对 PEDOT 电导率的影响

从图 4－4 中可知，当复合氧化剂浓度较低时，材料 PEDOT 的电导率随氧化剂用量的增加而增大，浓度为 0.6mol/L 时的电导率达到最大值 66.25S/cm，超过 0.6mol/L 之后，电导率略有降低。出现这种现象的原因可能是，复合氧化剂浓度较低时，单体 EDOT 氧化成阳离子自由基较少，活性种较少，聚合速率较慢，而乳化剂分子大量进入分子链，使得已合成的分子链运动受限，远程结构不规则，电导率较低。随着氧化剂浓度的增加，高分子链的数量也随之增加，聚合度较高，分子链中的乳化剂和掺杂剂比较适中，分子链稳定性较好，有利于电子传递。当氧化剂浓度过高时，反应初期形成大量的阳离子活性自由基，反应速度过快，掺杂不完善，并且聚合度较低，齐聚物较多，结构规整的分子长链较少，电子离域的大 π 轨道不完善，电荷传递受到阻碍，致使电导率较低。复合氧化剂的用量对产物 PEDOT 电化学性能的影响如图 4－5 所示。

从图 4－5 中可以看出，当复合氧化剂浓度为 0.6mol/L 时，PEDOT/玻碳电极的析氧电位较低，催化活性较高，电流密度与电位的

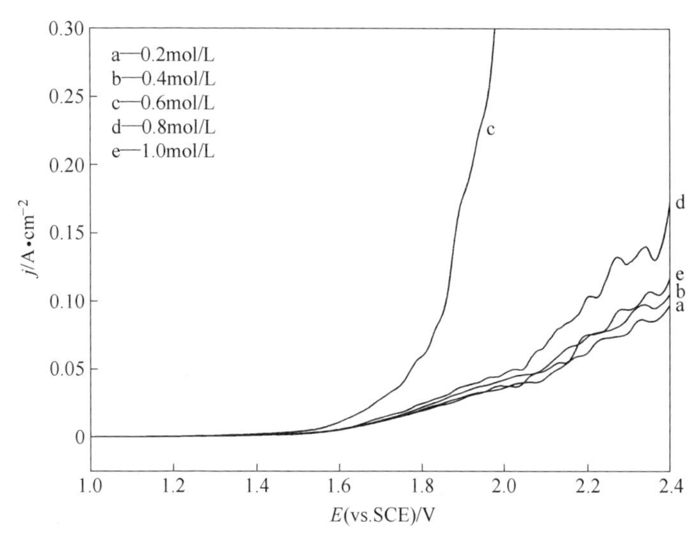

图 4－5 不同复合氧化剂用量 PEDOT 的阳极极化曲线

比值较大即电导率较高，与电导率的测试结果相符。复合氧化剂浓度较适宜时，聚合物 PEDOT 的结构规整，聚合物分子链呈伸展构象，运动较为自由，共轭大 π 电子轨道畅通，电子离域化程度较高，电导率高，催化活性较强。复合氧化剂浓度较低或者较高时，分子链缺陷较为严重，电导率和催化活性均有所下降。

4.1.3 乳化剂 CTAB 用量对 PEDOT 性能的影响

在乳液聚合过程中，乳化剂的用量对产物的性能有着很重要的影响。维持其他条件不变，采用 CTAB 为乳化剂，研究其用量对聚合物 PEDOT 电导率和电化学性能的影响。其对电导率的影响如图 4－6 所示。

由图 4－6 可知，随着乳化剂 CTAB 含量的增加，聚合物 PEDOT 的电导率先增大后减小。当乳化剂浓度为 0.5mol/L 时，聚合物达到最高的电导率 60.26S/cm。由于乳化剂含量较少时，为单体发生化学氧化聚合提供一个很好的反应场所（胶束），乳化剂增加，胶束量越多，对单体的增溶效果越好，聚合反应速率加快，聚合物粒径较小且副产物减少，电导率增大；当乳化剂超过一定量，乳化剂容易

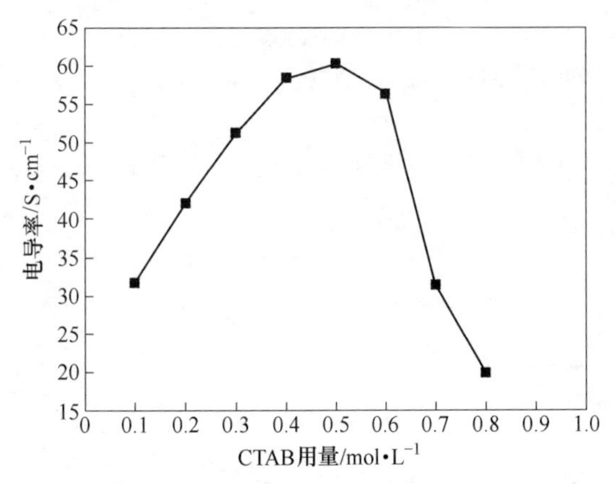

图 4－6　乳化剂 CTAB 用量对 PEDOT 电导率的影响

聚集成了厚壁胶团，氧化剂和复合酸掺杂剂很难进入胶团，掺杂效果减弱，使反应的速率变慢，且乳化剂分子进入聚合物主链进行掺杂，副反应增多，分子结构缺陷较为明显，齐聚物较多，分子量分布宽，聚合物 PEDOT 的电导率降低。

乳化剂 CTAB 对聚合物 PEDOT 阳极极化曲线的影响如图 4－7 所示。由图可以看出，当 CTAB 浓度为 0.5mol/L，阳极极化曲线表示

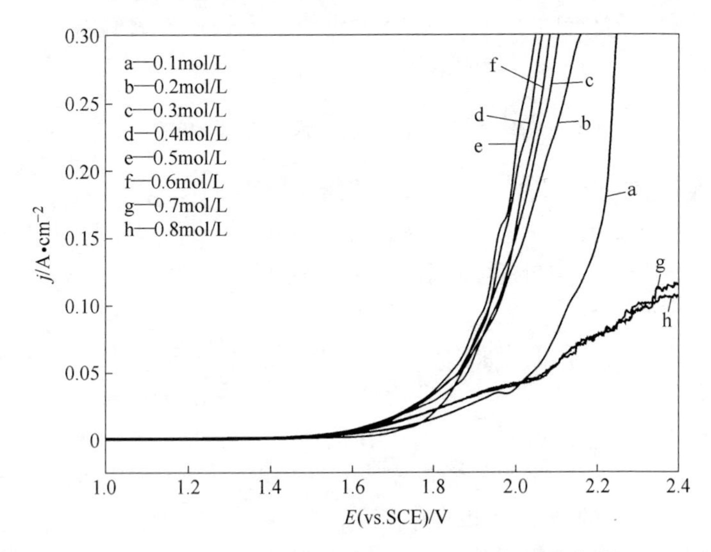

图 4－7　不同 CTAB 用量 PEDOT 的阳极极化曲线

的电流密度随电势的增大有较明显的增长，析氧电位较低，说明此条件下聚合的PEDOT阳极具有较好的电催化活性和较高的导电性。CTAB浓度低于0.5mol/L时，阳极的电催化活性和导电性都随乳化剂用量的增加而增强；CTAB浓度高于0.5mol/L，阳极的电催化活性和导电性随乳化剂用量的增加都有所降低；这可能与聚合物PEDOT的分子链缺陷有关。

4.1.4 乳化剂SDBS用量对PEDOT性能的影响

保持其他条件不变，采用SDBS为乳化剂，研究其对聚合物PEDOT电导率和电化学性能的影响。

图4-8表示出了乳化剂SDBS用量对聚合物PEDOT电导率的影响，从图中可以看出，乳化剂浓度在0.2~0.6mol/L的范围内，电导率都比较低，受乳化剂SDBS的影响较小，乳化剂浓度为0.6~0.8mol/L，电导率随乳化剂含量增加大幅上升，超过0.8mol/L的浓度时，电导率有小幅下降。SDBS是阴离子型乳化剂，泡沫很丰富，但乳化效果较差，浓度较低时，生成的胶束较少，溶液不呈乳液状态，单体EDOT在水相中的溶解度较差，聚合反应不完全，并且胶束外的一部分EDOT单体与复合氧化剂直接氧化聚合，掺杂效果不好，反应产物的结构与掺杂参差不齐，使得电导率低。增加乳化剂用量，可对单体EDOT起到很好的增溶效应，使溶解度增加，聚合

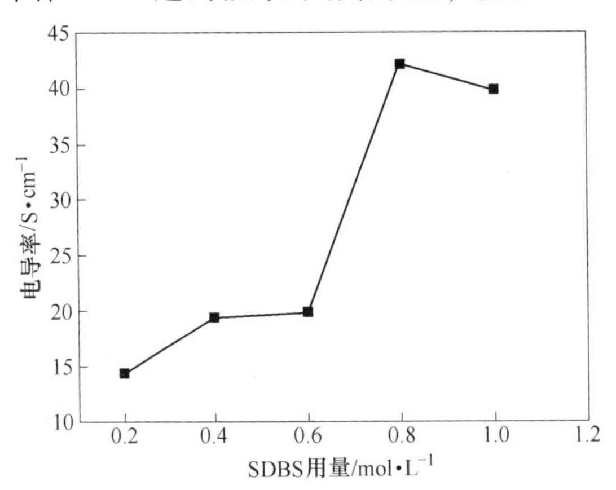

图4-8 乳化剂SDBS用量对PEDOT电导率的影响

反应都在胶束里面进行，产物结构比较完善，掺杂度也比较适宜，从而使电导率增大。乳化剂浓度超过临界点，反应的副产物增多，结构也受乳化剂的影响，使得电导率降低。

从图 4 -9 可以看出乳化剂 SDBS 用量对聚合物阳极极化的影响与对电导率的影响类似。当乳化剂 SDBS 浓度较低时，聚合物 PEDOT 阳极的导电性和催化活性都较差，浓度增大到 0.8mol/L 时，聚合物的导电性和电催化活性都达到较好值，超过临界值 0.8mol/L 时，聚合物 PEDOT 的导电性和电催化活性均有所降低。乳化剂量不足以及过多均降低聚合物结构的规整度，分子质量分布变宽，分子链或团聚或僵硬伸展，运动受限，分子链的大 π 电子轨道不够完善，电子离域度不高，从而直接影响到了聚合物的导电性和电催化活性。

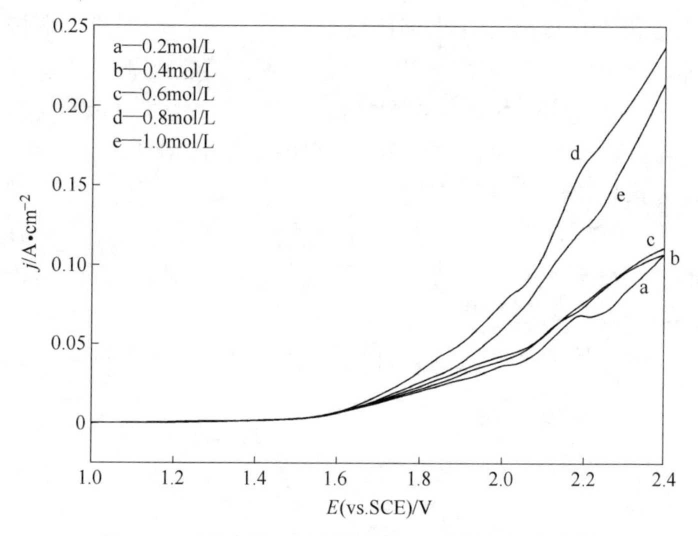

图 4 -9　不同 SDBS 用量 PEDOT 的阳极极化曲线

4.1.5　复合乳化剂中两组分含量对 PEDOT 性能的影响

在乳液或者微乳液聚合中采用两种或者两种以上的乳化剂更容易达到乳化的效果。十二烷基苯磺酸钠是阴离子型乳化剂，也是 PEDOT 的掺杂剂，但是在酸性溶液中不稳定；CTAB 是阳离子型乳化剂，可与 EDOT 阳离子共存，起到很好的乳化作用。采用该两种乳化剂复合既能达到很好的乳化效果，又能有效掺杂。保持其他条件不变，乳化剂总量为 0.4mol/L，研究乳化剂摩尔比对聚合物电化学性能的影响。

从图 4－10 中可以看出，复合乳化剂中两组分的配比对聚合物电化学性能的影响不成规律。复合乳化剂中，随着 SDBS 含量的增加，聚合物阳极的析氧电位出现先减小后增大的趋势，但是当乳化剂为单一的 CTAB 时，聚合物的导电性却比含有少量 SDBS 的聚合物导电性好。出现此实验结果的原因可能是单一的 CTAB 作为乳化剂，与单体的阳离子基能够更好地共存，而添加少量的阴离子乳化剂 SDBS 可能在一定程度上破坏了乳液的平衡，使得乳化效果变差，并且阴离子掺杂也没有达到理想的效果，因而导电性较差，但是阴离子掺杂剂已经有少量进入高分子主链，使电子离域增强，催化活性得以提高。随着复合乳化剂中 SDBS 含量的增加，阴离子乳化剂和阳离子乳化剂达到平衡，对乳液聚合起到了协同乳化效应，使其对单体 EDOT 的增溶效果较好，分子聚合达到比较理想的状态，因而其导电性和催化活性都得到了提升。当复合乳化剂中 SDBS 的含量过高时，阴离子乳化剂较多，乳化效果变差，乳化剂大量进入聚合物主链，影响了分子链的规整性，其导电性和催化活性都有所降低。

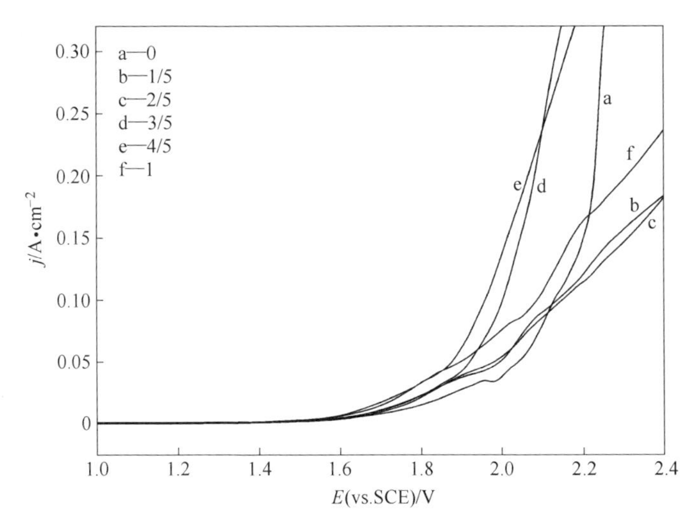

图 4－10 复合乳化剂中不同 SDBS 用量 PEDOT 的阳极极化曲线

4.1.6　单体 EDOT 浓度对 PEDOT 性能的影响

单体的浓度在乳液聚合中是一个非常重要的影响因素，浓度的高低直接影响聚合反应的速率、聚合程度、聚合物的结构和性能。保持其他条件不变，研究单体 EDOT 浓度对聚合物 PEDOT 导电率和电化学性能的影响。

由图 4－11 可知，产物的电导率随着 EDOT 浓度的增加出现先增大后减小的趋势。当 EDOT 的浓度为 0.6mol/L 时，电导率达到最大值。单体浓度较低时，乳化剂分子形成的胶束将单体分子包裹比较紧密，各小分子掺杂剂需要较大的推动力才能够进入胶束参与掺杂，并且单体浓度低，氧化剂浓度就相对较高，使得单体氧化程度过高，分子链过度伸展使其变得僵硬，运动受限，乳化剂掺杂过多，降低了产物的电导率。当单体浓度过高时，乳化程度不够，氧化剂和掺杂剂很容易进入胶束，瞬时氧化的单体量较多，自由基活性点较多，EDOT 的化学氧化聚合为阳离子自由基聚合，很容易遇杂质而发生链转移，使得聚合度较低，分子质量分布宽，链结构不规整，结晶度较低，从而降低了电导率。

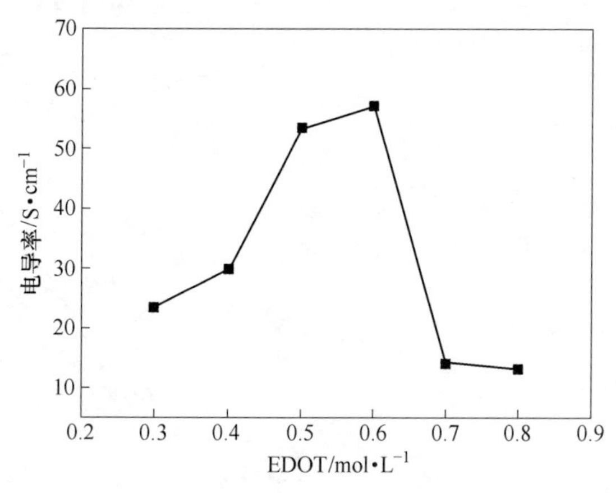

图 4－11　EDOT 浓度对产物电导率的影响

图 4－12 表示单体 EDOT 的浓度对产物阳极极化的影响。从图中可知，随着单体 EDOT 浓度的增加，产物的导电性和电催化活性

都出现先增大后减小的趋势。当单体EDOT浓度为0.6mol/L时，产物的析氧电位最低，电流密度与电势的比值最大，说明其导电性最好。EDOT浓度较低或者较高时，产物的分子链结构都不够完善，远程结构无序，分子链僵硬，共轭大π电子轨道受阻，使得其导电性和电催化活性都较差。

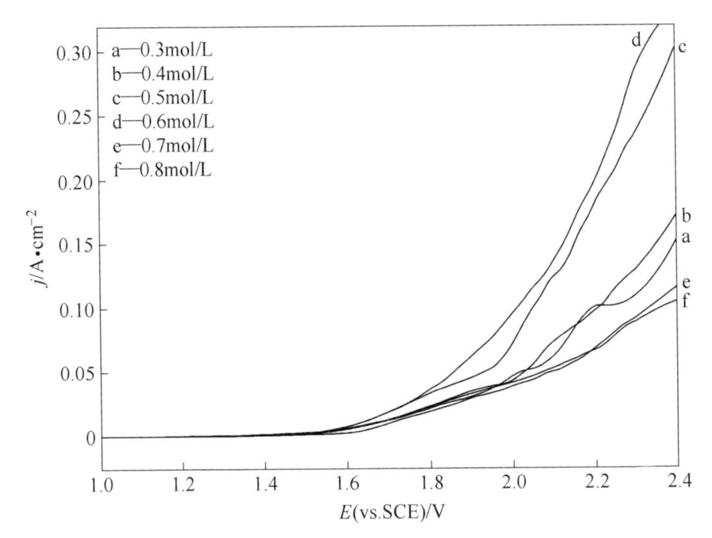

图4-12 不同EDOT单体浓度的PEDOT的阳极极化曲线

4.1.7 复合酸掺杂剂用量对PEDOT性能的影响

掺杂对导电高分子的电导率是一个很关键的影响因素，掺杂度的高低直接影响聚合物的性能。保持其他合成条件不变，研究复合酸掺杂用量对产物PEDOT电导率和电化学性能的影响。

由图4-13可知，当掺杂剂浓度较低（0.6~0.8mol/L）时，复合酸对聚合物PEDOT的电导率影响较小，随着复合酸掺杂剂浓度的增加，产物EDOT的电导率剧增，掺杂剂浓度超过1.0mol/L时，电导率增加趋于缓慢，复合酸浓度为1.2mol/L时，电导率达到最大值59.68S/cm，之后聚合物的电导率随复合酸浓度增加有所降低。

由图4-14可以看出，掺杂剂浓度对产物的电化学性能影响也非常类似。随着掺杂剂浓度的增加，聚合物PEDOT阳极析氧电位出

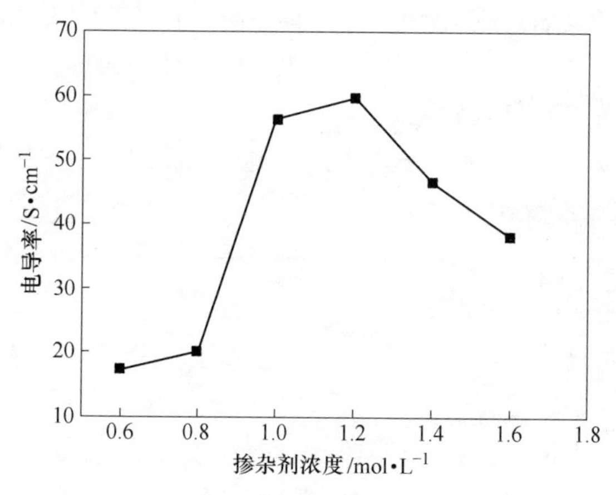

图 4 - 13　掺杂剂浓度对产物电导率的影响

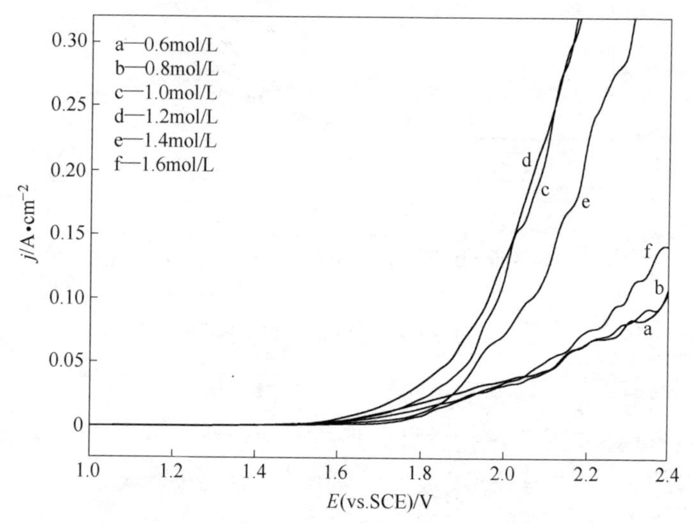

图 4 - 14　不同掺杂剂浓度的 PEDOT 的阳极极化曲线

现先减小后增加的趋势，说明其电催化活性先变好后变差。掺杂剂浓度较低时，PEDOT 的掺杂不完全，本征态的噻吩环结构规整，分子链僵硬，分子链中的掺杂态阴离子较少，自由游移的电荷量较少，电子移动也不自由，因而电导率较低。随着掺杂剂量的增加，聚合物主链上的掺杂阴离子就增加，润滑了分子主链，有利于分子主链自由地改变构象，形成新的电子通道，自由电荷也增多，提高了聚合物的电导率和催化活性。掺杂剂用量过多，就会使大量的掺杂剂分子进入主链，阴离子间的斥力增大，使得分子主链相分离，电子轨道受到破坏，并且大量对阴离子进入主链，使得空间位阻增大，自由电荷移动受阻，电导率和电催化活性都变差。

4.1.8 PEDOT的结构和形貌分析

制备电导率较高、催化活性较好的PEDOT聚合物，其相对较佳的工艺条件是：c(EDOT) = 0.6mol/L，c(复合氧化剂) = 0.6mol/L（其中$FeCl_3$∶APS = 1∶1），c(复合乳化剂) = 0.4mol/L(SDBS∶CTAB = 3∶2)，c(复合掺杂剂) = 1.2mol/L(H_2SO_4∶SSA = 4∶1)。对该条件制备的PEDOT进行结构和形貌分析。

4.1.8.1 聚合物FT-IR图谱

图4-15是聚合物PEDOT的FT-IR图谱，1622.38cm^{-1}和1286.67cm^{-1}处的吸收峰是噻吩环上C═C和C—C的不对称伸缩振动峰，1176.14cm^{-1}和1069.53cm^{-1}处的吸收峰是噻吩环上亚乙二氧

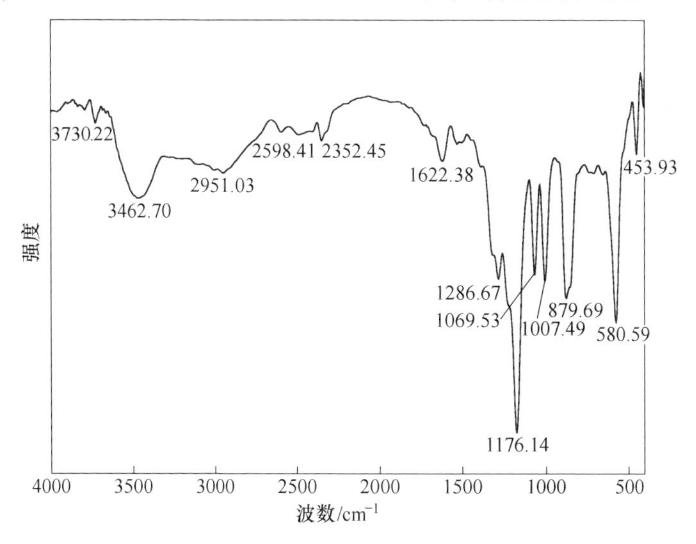

图4-15 PEDOT的FT-IR图谱

基环 C—O—C 的伸缩振动峰，由于掺杂剂和乳化剂分子的影响，该吸收峰发生了很大的形变，1007.49cm^{-1} 和 879.69cm^{-1} 处的吸收峰是噻吩环上 C－S 的弯曲变形振动吸收峰，580.59cm^{-1} 处为噻吩环的变形振动吸收峰，453.93cm^{-1} 处的弱吸收峰为掺杂剂小分子和端基小基团的振动峰，在高波数段，2352.45 cm^{-1}、2598.41 cm^{-1}、2951.03 cm^{-1}、3462.70 cm^{-1} 以及 3730.22 cm^{-1} 处的一系列弱吸收峰，可能是乳化剂分子十二烷基苯磺酸钠和十六烷基三甲基溴化铵掺杂进入主链带入的饱和 C—H 的吸收振动峰。从此红外光谱图可知，成功合成了 PEDOT 聚合物，并且掺杂剂和少量乳化剂分子进入了分子链，引起了分子主链的变形振动。

4.1.8.2 聚合物表观形貌分析

从图 4－16a 中可以看出聚合物 PEDOT 的粒径较小，有少量的团聚现象，分散较均匀，聚合物的形状不一，乳化剂并未起到很好的乳化作用，未能够使聚合物成为较好的球状。从图 4－16b 中可以看出聚合物的纳米颗粒表面作用力较强，容易团聚，分散较困难。表面泛白的微刺可能是未清洗净的乳化剂分子聚集在聚合物分子主链的边缘。

a

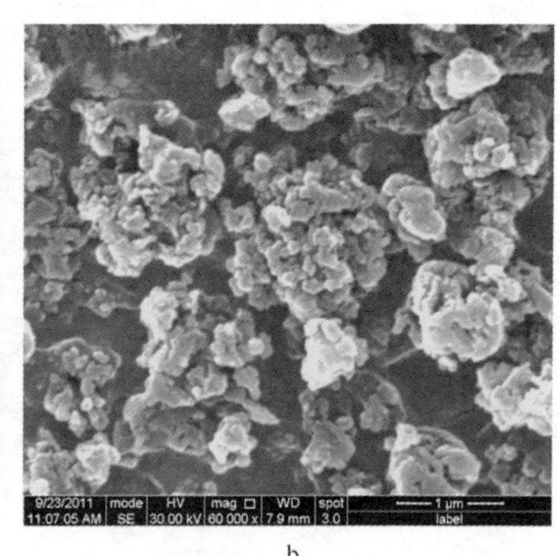

b

图 4－16 PEDOT 聚合物表观形貌图（SEM）

a—10000×；b—60000×

4.2 PEDOT/PANI 复合材料的制备技术

PEDOT 具有较高的电导率、优异的环境稳定性以及电化学性能。但是 EDOT 单体的成本较高，在水相中的溶解度较小，噻吩阳离子自由基容易与亲核试剂发生链转移反应，PEDOT 的合成工艺较为复杂，难度大，成本高。复合酸共掺杂的聚苯胺电导率较高，电化学性能较好，并且合成方法相对简单，原料价格低廉。为了充分发挥 PEDOT 的高导电性和结构规整性，以 PEDOT 规整的分子链为模板，有机、无机酸共掺杂聚合 PANI 复合材料以获得结构更为规整、电导率更高、催化活性更好的阳极材料。以 PEDOT 为模板，在其表面聚合复合酸掺杂的 PANI 制得 PEDOT/PANI。

将一定量的水、硫酸、SSA、SDBS、CTAB 加入到置于冰水浴的三口瓶中，高速搅拌 0.5h，加入 EDOT，继续搅拌 0.5h。将 APS 和 $FeCl_3$ 加入到一定量的水中，搅拌至溶解，配置成复合氧化剂溶液，在连续搅拌下慢慢滴加入 EDOT 溶液；同时，又将一定量的水、硫酸、SSA、SDBS、CTAB 加入到烧杯中，配置成溶液，置于磁子搅拌器上搅拌 10min，加入 An，继续搅拌半个小时待用；加入上述 An 的混合溶液；再将氧化剂 APS 溶液慢慢滴加到反应体系中，并聚合 24h；反应结束后，反复用蒸馏水洗涤，直至上清液为无色，用 G－4 漏斗过滤。在真空干燥箱中恒温（60℃）干燥 24h。将烘干的 PEDOT/PANI 复合材料进行研磨，过筛。

4.2.1 单体 An 加入时间对 PEDOT/PANI 性能的影响

单体 An 的加入时间决定了 PEDOT/PANI 复合材料的聚合方式（共聚、接枝、模板聚合），也决定了其共聚程度，直接影响到共聚物的结构和性能。EDOT 溶液浓度为 c(EDOT) = 0.6mol/L，c(复合氧化剂) = 0.6mol/L(其中 $FeCl_3$∶APS = 1∶1)，c(复合乳化剂) = 0.4mol/L (SDBS∶CTAB = 3∶2)，c(复合掺杂剂) = 1.2mol/L(H_2SO_4∶SSA = 4∶1)。An 溶液浓度为 c(An) = 0.5mol/L，c(H_2SO_4) = 0.8mol/L，c(SSA) = 0.2mol/L，c(SDBS) = 0.2mol/L，c(CTAB) = 0.2mol/L，c(APS) = 0.6mol/L。

图4－17表示出了单体An加入时间对复合材料PEDOT/PANI阳极极化曲线的影响。由图可以看出所加电位略超过开路电位时，PEDOT/PANI阳极的极化曲线的曲率半径均发生了改变，说明在阳极开始发生了析氧反应，随着单体An加入时间的推迟，PEDOT/PANI阳极的析氧电位出现先变低后略有升高的趋势。出现这种原因可能是，当单体An加入时间较早，复合材料共聚的成分较多，EDOT链段与An链段交替无规排列，破坏了彼此规整的分子链结构，使得分子链构象不规则，远程无序，复合材料的电催化活性较低，阳极析氧电位相对较高。当PEDOT聚合2h时，再加入An单体进行聚合得到的PEDOT/PANI复合材料的电催化活性较好，阳极析氧电位较低。PEDOT在前两小时内已经有了一定的聚合度，此时加入An单体是以PEDOT规整的高分子链为模板进行聚合，并且乳化剂未随着单体An进入分子主链，使得复合材料的结构规整，有序度较高，剩余的少量EDOT单体共聚到PANI的分子链中，使得有序度更高，催化活性较好。当PEDOT聚合时间过长，再加入An单体进行聚合，得到的PEDOT/PANI阳极材料电催化活性降低，阳极析氧反应较晚，电位较高。出现这种现象的原因可能是PEDOT聚合时间过长，掺杂度

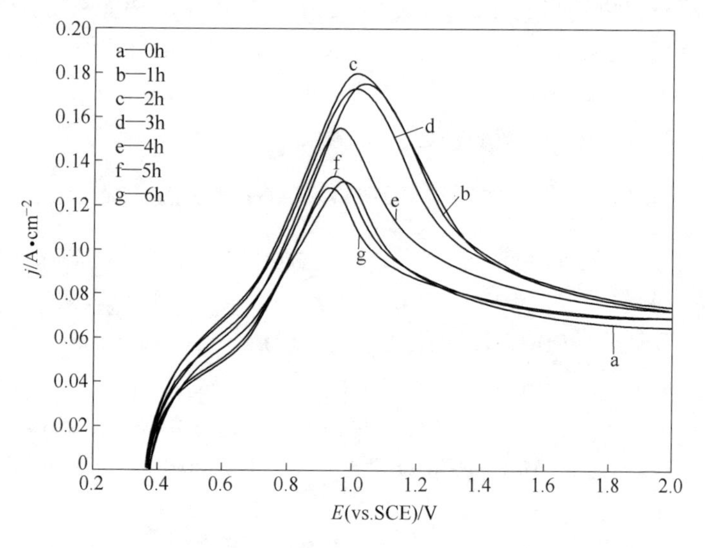

图4－17　不同An加入时间的PEDOT/PANI的阳极极化曲线

较高，乳化剂分子进入主链，使得分子链有序度下降，并且分子链容易团聚，An 聚合的模板不够规整，电催化活性较低，阳极析氧电位较高。从图中还可以看出，PEDOT/PANI 复合阳极均出现很强的氧化峰，所加电位超过材料的氧化电位，阳极的电流密度均出现迅速下降趋势，说明复合材料的分子链段部分被氧化成氧化态，还原态结构与氧化态结构的链段比例失衡，复合材料的导电性迅速下降。当电位超过氧化电位后，结构较为规整，近程远程有序的复合材料 c（图 4－17）的阳极电流密度均比其他复合材料高，说明抗氧化能力较强，稳定性较好。

表 4－1 列出了各 PEDOT/PANI 复合阳极在不同电流密度下的电位、材料能够承受的极限电流和氧化电位。从表 4－1 中可以看出当采用工业电流密度 $500A/m^2$ 即 $0.05A/cm^2$ 时，曲线 c 的电位仅 0.48652V，是所有阳极极化曲线中电位最低的。在任意电流密度下，电位均随单体 An 加入的时间出现先降低后升高的趋势，说明阳极的导电性随 An 加入时间先变好后变差，与阳极析氧电位趋势相同。复合阳极的导电性也与分子链结构有很大的关系，当 PEDOT 反应两小时后加入 An 单体的复合材料结构最规整，电子离域程度最大，故导电性好。从表中可以看出 PEDOT/PANI 复合材料的极限电流密度随着单体 An 加入时间的推迟出现先增大后减小的趋势，氧化电位也出现先增大后减小的趋势，当单体 An 加入时间为 2h 时，PEDOT/PANI 复合阳极的极限电流密度达到 $0.1795A/cm^2$，氧化电位达到 1.0180V，仅仅比最高的氧化电位低 0.0352V。综合电催化活性，导电性和稳定性，当 An 加入时间为 2h 时，PEDOT/PANI 复合材料的综合性能较好。

表 4－1 不同 An 加入时间的 PEDOT/PANI 阳极参数

阳极	不同电流密度 j 下的电位/V				极限电流密度 $j/A\cdot cm^{-2}$	氧化电位/V
	$0.05A/cm^2$	$0.08A/cm^2$	$0.10A/cm^2$	$0.12A/cm^2$		
a	0.55759	0.75714	0.8358	0.90976	0.1304	0.9796
b	0.51563	0.71614	0.79273	0.85244	0.1748	1.0532
c	0.48652	0.68005	0.7634	0.82391	0.1795	1.0180

续表 4 – 1

阳极	不同电流密度 j 下的电位/V				极限电流密度 j/A · cm^{-2}	氧化电位/V
	0.05A/cm^2	0.08A/cm^2	0.10A/cm^2	0.12A/cm^2		
d	0.49112	0.68738	0.76745	0.82813	0.1728	1.0148
e	0.52071	0.71812	0.78548	0.84194	0.1552	0.9661
f	0.59349	0.75744	0.82236	0.88093	0.1332	0.9445
g	0.61656	0.76336	0.82603	0.88425	0.1286	0.9341

4.2.2　氧化剂 APS 用量对 PEDOT/PANI 性能的影响

氧化剂是高分子聚合反应的一个相当重要的影响因素，氧化剂的浓度直接影响聚合物的结构和性能。维持其他条件不变，研究 An 溶液中氧化剂 APS 用量对复合材料 PEDOT/PANI 电化学性能的影响。

如图 4 – 18 所示，随着氧化剂 APS 浓度的增大，PEDOT/PANI 复合阳极的析氧电位出现先减小后增大的趋势。前期 PEDOT 聚合已经达到一定程度，后期加入的氧化剂 APS 主要影响 An 的聚合过程，影响 PANI 的分子结构，使其电催化活性差异较大。当氧化剂 APS 浓度较低时，氧化剂在聚合初期迅速消耗掉，形成少量的氧化态 PANI 基团，绝大部分的 PANI 链段还处于还原状态，分子链结构中的醌环结构和苯环结构比例较低，催化活性较低，析氧电位较高。随着氧化剂 APS 浓度的增加，An 聚合初期形成的阳离子自由基数目较多，聚合反应更容易进行，分子链也比较规整，醌环结构和苯环结构比例接近 1∶1，催化活性较高，析氧电位较低。随着氧化剂浓度的进一步升高，反应初期就形成过多的阳离子活性基团，反应剧烈，体系的温度迅速升高，体系不稳定，大量的苯环被氧化为醌式结构，分子链的共轭程度较低，分子缺陷严重，使得复合材料电催化活性降低，阳极析氧电位升高。从图中还可以看出，电位超过氧化电位，各复合阳极的电流密度均随电位的增大而减小。当氧化剂浓度为 0.6mol/L 时，聚合得到的 PEDOT/PANI 复合材料氧化电位最高，材料能够达到的极限电流最大，超过过氧化电位后，电流密度均比其他复合材料的高，说明此条件下的复合材料抗氧化性较强，稳定性较好。

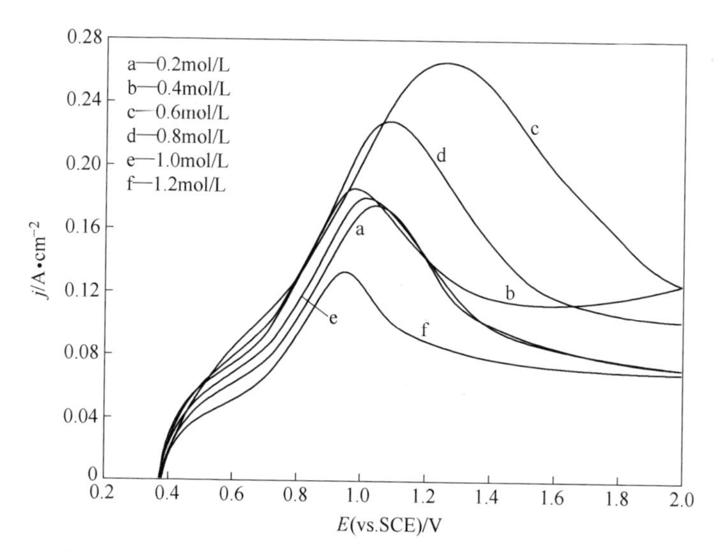

图 4－18 不同 APS 浓度的 PEDOT/PANI 的阳极极化曲线

表 4－2 列出了 PEDOT/PANI 复合阳极在不同电流密度下的电位、材料达到的极限电流密度和氧化电位。

表 4－2 不同 APS 浓度的 PEDOT/PANI 阳极参数

阳极	不同电流密度 j 下的电位/V				极限电流密度 j/A · cm^{-2}	氧化电位 /V
	0.05A/cm^2	0.08A/cm^2	0.10A/cm^2	0.12A/cm^2		
a	0.51625	0.7164	0.79263	0.85244	0.1752	1.0436
b	0.46373	0.6358	0.7225	0.78086	0.1859	0.9781
c	0.47789	0.5801	0.6713	0.76248	0.2659	1.2595
d	0.46366	0.60322	0.70924	0.77774	0.2286	1.0844
e	0.48715	0.68005	0.7634	0.82391	0.1795	1.0132
f	0.59349	0.75744	0.82236	0.88083	0.1325	0.9485

从表 4－2 可以看出，随着电流密度的增加，阳极的电位也在提高，但是每个阳极的变化趋势不相同。从表中可知，当电流密度为

500A/m^2 即 0.05A/cm^2 时，APS 浓度为 0.8mol/L 时的阳极电位最低，达到 0.46366V，而在电流密度为 0.08A/cm^2 时，电位为 0.60322V，并非所有阳极中最低的。当 APS 浓度为 0.6mol/L 时，复合阳极在 0.05A/cm^2 的电流密度下的电位仅比最低电位高 0.01423V，而在电流密度为 0.08A/cm^2、0.10A/cm^2 以及 0.12A/cm^2 下的电位都是最低的。说明氧化剂 APS 浓度为 0.6mol/L 时的 PEDOT/PANI 复合阳极导电性较好，阳极的结构稳定性较好，与阳极析氧电位的分析相符。PEDOT/PANI 复合材料的极限电流和氧化电位均随氧化剂 APS 浓度的增大出现先增大后减小的趋势。APS 浓度为 0.2mol/L 时，PEDOT/PANI 复合材料的极限电流密度为 0.1752A/cm^2，氧化电位为 1.0436V；氧化剂 APS 浓度为 0.4mol/L 时，极限电流密度为 0.1859A/cm^2，而氧化电位却降低了 0.0655V。主要原因可能是氧化剂 APS 浓度增加，聚合物分子链中的氧化单元和还原单元的比例提高了，导电性和催化活性变好，电流密度提高，但是局部分子链的缺陷扩大了，使得复合材料 PEDOT/PANI 的稳定性有微小的减弱。氧化剂 APS 浓度进一步增大，复合材料 PEDOT/PANI 分子链中的氧化单元和还原单元比值越接近于 1，导电性进一步提高，并且氧化单元和还原单元交替排列，结构更为规整，因而极限电流密度和氧化电位均增大。氧化剂浓度过高，氧化单元的比例较高，PEDOT/PANI 复合材料的分子链结构缺陷较大，导电性较差，抗氧化能力较弱，因而极限电流密度和氧化电位均较低。

4.2.3　复合乳化剂中两组分摩尔比对 PEDOT/PANI 性能的影响

乳液聚合中的乳化剂有阳离子型表面活性剂和阴离子型表面活性剂，其作用是将单体乳化成小液滴并形成胶束，为单体提供引发和聚合的场所。复合乳化剂中阳离子型表面活性剂和阴离子型表面活性剂的配比直接影响乳液的稳定性，进而影响聚合物的性质。维持其他条件不变，APS 的浓度为 0.6mol/L，研究复合乳化剂摩尔比对复合材料 PEDOT/PANI 的影响。

图 4－19 表示复合乳化剂摩尔比对 PEDOT/PANI 复合阳极极化的影响。由图可知，随着复合乳化剂中 SDBS 摩尔含量的增加，PE-

DOT/PANI 复合材料的电催化活性出现先变好后变差的趋势，复合阳极析氧电位出现先降低后升高的趋势。SDBS 是阴离子型表面活性剂，既可起到乳化的效果，又能够将对阴离子掺杂进入高分子主链；CTAB 是阳离子型表面活性剂，与阳离子自由基更容易共存起到很好的乳化效果。当阳离子型乳化剂较多时，乳化效果相对较好，但是阳离子乳化剂分子容易形成较多的体积较大的胶团，将原来聚合的 PEDOT 模板团团包裹，单体 An 分子在另外的胶束或者胶团内部，难以结合碰撞到一起，反应较难发生，模板效果变差，复合材料的分子结构规整度较差，电催化活性较低，阳极析氧电位较高。随着阴离子型乳化剂浓度逐渐升高，乳化达到平衡，溶液中的胶束较多，胶粒尺寸比较小，单体 An 很容易依附在 PEDOT 分子链上进行模板聚合使得聚合物的结构较为规整，少量的 PEDOT 单体进入 PANI 分子链，使分子链的活化度较高，复合材料的电催化活性较好，阳极析氧电位较低。当阴离子乳化剂浓度较高，乳化效果不好，大量的乳化剂分子会以对阴离子进入聚合物分子链，破坏主链的结构，并且容易使分子链卷曲，不易移动，因而电催化活性降低，阳极析氧电位升高。从图中还可以看出，不同的复合乳化剂摩尔比的 PEDOT/

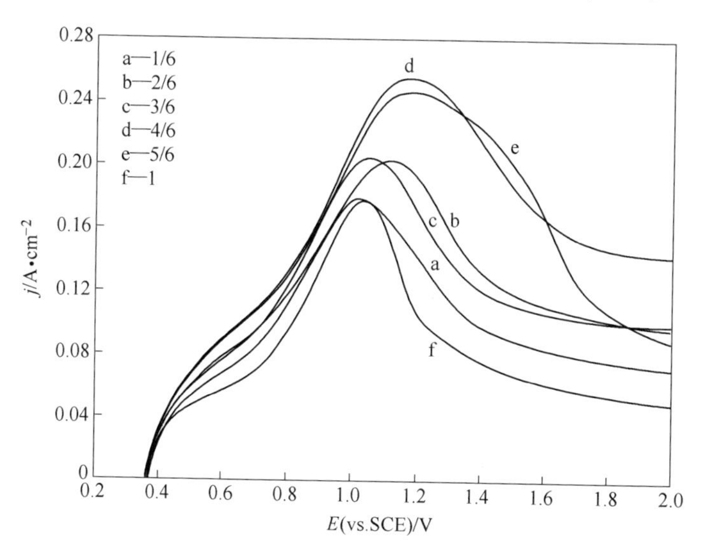

图 4-19 复合乳化剂中不同 SDBS 用量 PEDOT/PANI 的阳极极化曲线

PANI 复合材料均出现很强的氧化峰，并且氧化电位和极限电流也有很大的差异。

表 4 - 3 给出了 PEDOT/PANI 复合阳极在不同电流密度下的电位。从表 4 - 3 可以看出，复合乳化剂中 SDBS 摩尔含量为总乳化剂含量的 4/6 时，PEDOT/PANI 阳极在各电流密度下的电位较低，说明此时的复合阳极导电性相对较好。乳化剂为单一的阴离子型表面活性剂 SDBS 时，复合阳极在各电流密度下的电位均较高，说明此时的复合阳极导电性较差。因为大量的乳化剂对阴离子进入复合材料分子链，使得复合材料结构不规整，导电性较差。从表中还可知，PEDOT/PANI 复合材料的极限电流密度随复合乳化剂中 SDBS 比值的增加出现先增大后减小的趋势，氧化电位的变化规律也大致如此。当阴离子乳化剂 SDBS 的量占复合乳化剂总摩尔量的 1/6 时，PEDOT/PANI 复合材料的极限电流密度为 0.1792A/cm^2，氧化电位仅有 1.0196V，当 SDBS 的摩尔含量为 4/6 时，极限电流密度升至最高值 0.2560A/cm^2，氧化电位仅比最大值低 0.0008V，当乳化剂全部采用 SDBS 时，极限电流密度跌至 0.1772A/cm^2，氧化电位降到 1.0308V。说明复合乳化剂中 SDBS 的摩尔含量为 4/6 时，材料的抗氧化能力较强，稳定性好。

表 4 - 3 复合乳化剂中不同 SDBS 用量的 PEDOT/PANI 阳极参数

阳极	不同电流密度 j 下的电位/V				极限电流密度 j/A · cm^{-2}	氧化电位 /V
	0.05A/cm^2	0.08A/cm^2	0.10A/cm^2	0.12A/cm^2		
a	0.48652	0.68005	0.7634	0.82391	0.1792	1.0196
b	0.46154	0.61245	0.72908	0.80743	0.2040	1.1188
c	0.46183	0.62431	0.72499	0.79113	0.2061	1.0564
d	0.44375	0.55665	0.65942	0.75761	0.2560	1.1820
e	0.44526	0.55602	0.66219	0.76298	0.2476	1.1828
f	0.53079	0.75141	0.81575	0.86708	0.1772	1.0308

4.2.4 复合乳化剂用量对 PEDOT/PANI 性能的影响

复合乳化剂用量直接影响聚合速率、聚合度、分子质量分布以及聚合物的性能。保持其他条件不变，复合乳化剂中阴离子型表面活性剂 SDBS 的含量为总乳化剂的 4/6，研究乳化剂用量对聚合物复合材料电化学性能的影响。

由图 4 – 20 可知，随着复合乳化剂用量的增加，PEDOT/PANI 复合材料的电催化活性出现先变好后变差的趋势，阳极的析氧电位出现先降低后升高的趋势。从图中很明显可以看出当乳化剂浓度为 0.3mol/L 时，复合材料的阳极极化曲线明显比其他的复合材料要好，阳极析氧电位更低，复合材料达到的极限电流更高，即能够承受更高的电流。当乳化剂浓度较低时，乳化剂分子就溶于水中，在水 – 空气的相界面处，乳化剂分子的亲水基团伸入水中与水产生很强的吸引力，疏水基团则伸向空气中，降低了水的表面张力，有利于单体在水中形成较小的液滴，但是达不到乳化的效果，这时聚合得到的复合材料结构缺陷较大，电催化活性较差，阳极析氧电位较高。随着乳化剂分子浓度增大，多个乳化剂分子才会聚集在一起，形成球形胶束，起到很好的乳化作用，此时单体分子 An 较容易进入胶束，覆盖在 PEDOT 规整的分子主链上进行聚合得到结构规整、结晶度较高的复合材料，因而电催化活性较好，阳极的析氧电位较低。

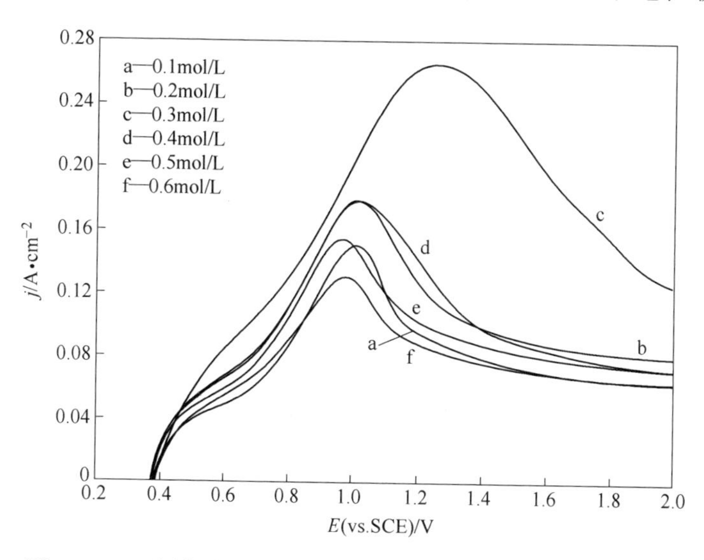

图 4 – 20 不同复合乳化剂用量的 PEDOT/PANI 的阳极极化曲线

乳化剂分子浓度过高时，乳化剂分子就团聚成不同形状、厚度的乳化剂分子层，阻碍了单体苯胺分子进入以PEDOT规整链为胶核的胶束内，并且氧化剂分子和复合酸掺杂剂都比较难进入胶束，聚合反应较难进行，聚合物的催化活性就相对较低，阳极的析氧电位较高。从图中还可知，PEDOT/PANI复合材料的极限电流密度和氧化电位随复合乳化剂用量的增大也出现先增大后变小的趋势，复合乳化剂用量为0.3mol/L时，阳极极化曲线的氧化峰明显比其他复合材料出现的晚，极限电流密度明显高于其他复合材料。

表4－4给出了PEDOT/PANI复合阳极在不同电流密度下的电位、极限电流密度和氧化电位。从图中可以看出，当复合乳化剂用量为0.3mol/L时，复合材料PEDOT/PANI具有较好的导电性，在各电流密度下的电位均较低，电流密度为0.05A/cm^{2}时的电位仅为0.47729V，高电流密度0.12A/cm^{2}时的电位仅为0.76248V。复合乳化剂溶度过高或者过低时，复合材料的导电性都比较差，其原因也是复合乳化剂浓度影响其复合材料PEDOT/PANI的分子链结构的规整度与构象。复合材料的规整度较高，构象呈较伸展状态，运动自由，自由电子移动的阻碍作用力较小，复合材料的导电性就较高。从表中还可知，PEDOT/PANI复合材料的极限电流密度和氧化电位均随乳化剂用量的增加出现先增大后减小的趋势，复合乳化剂浓度为0.1mol/L时，PEDOT/PANI复合材料的极限电流密度为0.1515A/cm^2，氧化电位为1.0108V；复合乳化剂浓度增加到0.3mol/L时，极限电流密度达到了0.2659A/cm^2，氧化电位达到了1.2635V；复合乳化剂浓度增加到0.6mol/L时，极限电流密度降至0.1305A/cm^2，氧化电位降至0.9796V，说明在复合乳化剂的浓度为0.3mol/L时，PEDOT/PANI复合材料的结构缺陷较少，其抗氧化能力和稳定性达到了一个较佳值。

表4－4　不同复合乳化剂用量的PEDOT/PANI阳极参数

阳极	不同电流密度 j 下的电位/V				极限电流密度 j/A·cm^{-2}	氧化电位/V
	0.05A/cm^2	0.08A/cm^2	0.10A/cm^2	0.12A/cm^2		
a	0.62153	0.77531	0.83988	0.89357	0.1515	1.0108
b	0.49113	0.6891	0.76646	0.82493	0.1809	1.0124

续表 4-4

阳极	不同电流密度 j 下的电位/V				极限电流密度 j/A·cm^{-2}	氧化电位/V
	0.05A/cm^2	0.08A/cm^2	0.10A/cm^2	0.12A/cm^2		
c	0.47729	0.5801	0.6713	0.76248	0.2659	1.2635
d	0.48652	0.68005	0.7634	0.82391	0.1792	1.0158
e	0.52025	0.71812	0.78548	0.84194	0.1551	0.9693
f	0.55795	0.75714	0.83568	0.90976	0.1305	0.9796

4.2.5 单体 An 浓度对 PEDOT/PANI 性能的影响

后期加入单体 An 的量直接影响模板 PEDOT 的包裹程度，影响复合材料的结构和性能。维持其他条件不变，复合乳化剂用量为 0.3mol/L，研究单体 An 的加入量对复合材料电化学性能的影响。

从图 4-21 可以看出，随着单体 An 浓度的增加，PEDOT/PANI 复合阳极材料的电催化活性逐渐变好后变差，因而阳极的析氧电位出现先降低后升高的趋势，同时，复合阳极的极限电流密度和氧化电位也出现先增大后减小的趋势，说明 PEDOT/PANI 复合材料的抗氧化能力先增强后减弱，其稳定性先变好后变差。当后期加入的 An 单体浓度为 0.8mol/L 时，复合阳极材料的电催化活性最好，阳极的析氧电位最低，所能够达到的极限电流密度最高。其可能原因是当苯胺单体浓度较低时，无法完全包覆在 PEDOT 分子链的周围，使得复合材料中 PEDOT 分子链与 PANI 分子链缠绕在一起，一部分较长分子链的乳化剂分子以掺杂剂形式进入分子链使得其分子链缠绕得更紧密，复合材料的分子链运动受限，催化活性较低，阳极的析氧电位较高，极限电流密度较低，氧化电位较低，稳定性较差；随着 An 单体用量的增加，聚合反应的速率较为适宜，释放的热量能够及时排解，不会产生爆聚现象，An 分子能够很好地以 PEDOT 分子链为模板聚合得到完全包覆的复合材料，其催化活性较好，阳极析氧电位较低，极限电流密度较高，氧化电位较高，稳定性较好；当 An 单体用量过多时，就很容易在模板的周围产生接枝聚合，形成很多较长的支链，支链较多就容易互相缠绕，并且支化聚合物的端基太多，结构不规整，电催化活性较差，阳极的析氧电位较高，极限电流密度较低，氧化电位较低，稳定性较差。

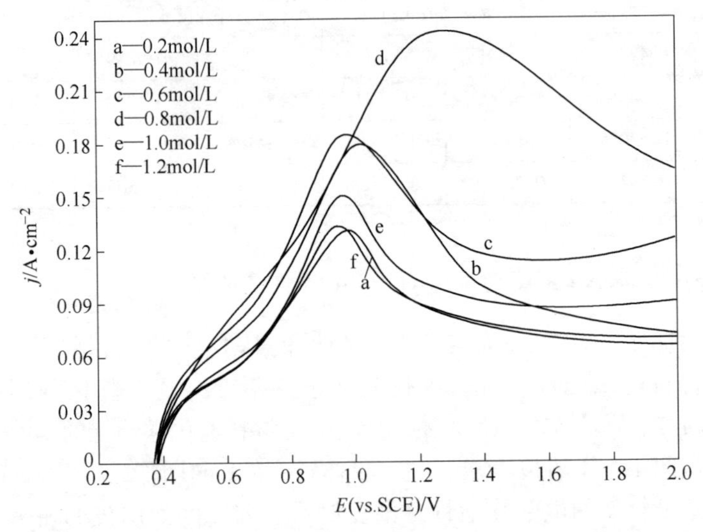

图 4－21　不同 An 单体浓度的 PEDOT/PANI 的阳极极化曲线

表 4－5 给出了 PEDOT/PANI 复合阳极在不同电流密度下的电位、极限电流密度和氧化电位。从表中可以看出单体苯胺的浓度对 PEDOT/PANI 复合材料的导电性影响较大。单体苯胺浓度为 0.8mol/L 时的复合材料导电性和稳定性较好，只有在电流密度为 0.05A/cm^2 时的电位略比最低电位 0.46373V 高出 0.01961V，而在其他高电流密度下的电位均较低。当 An 浓度较低或者较高时，复合材料的阳极电位均较高，导电性较差，主要是因为复合材料的结构不完善，共轭程度较小，分子链缠绕或者支链较短等。从表 4－5 中可直观地看出，在单体 An 浓度为 0.2mol/L 时，PEDOT/PANI 复合材料的极限电流密度仅为 0.1309A/cm^2，氧化电位为 0.9829V，材料稳定性较差；当单体 An 浓度提高到 0.8mol/L 时，复合材料的极限电流密度提高到了 0.2428A/cm^2，氧化电位升高到了 1.2827V，此时，复合材料的抗氧化能力较强，稳定性较好；而当单体 An 浓度升高至 1.2mol/L 时，复合材料的极限电流密度降低到了 0.1332A/cm^2，氧化电位低至 0.9517V，材料抗氧化能力减弱，稳定性较差。

表 4-5 不同 An 浓度的 PEDOT/PANI 阳极参数

阳极	不同电流密度 j 下的电位/V				极限电流密度 j/A · cm^{-2}	氧化电位/V
	0.05A/cm^2	0.08A/cm^2	0.10A/cm^2	0.12A/cm^2		
a	0.55795	0.75714	0.8358	0.90976	0.1309	0.9829
b	0.48652	0.68005	0.7634	0.82391	0.1796	1.0212
c	0.46373	0.6358	0.7225	0.78074	0.1857	0.9765
d	0.48334	0.60154	0.69923	0.79141	0.2428	1.2827
e	0.59214	0.75001	0.8115	0.86178	0.1511	0.9661
f	0.59349	0.75744	0.82236	0.88093	0.1332	0.9517

4.2.6 复合掺杂剂两组分含量对 PEDOT/PANI 性能的影响

掺杂剂决定了聚合物的导电性和稳定性，复合掺杂剂中两组分含量配比直接影响着聚合物材料的结构和性能。保持其他条件不变，研究复合掺杂剂两组分含量对 PEDOT/PANI 复合阳极电化学性能的影响。

由图 4-22 可知，随着复合掺杂剂中 SSA 摩尔比的增加，复合材料的阳极析氧电位出现先降低后升高的趋势，极限电流密度和氧

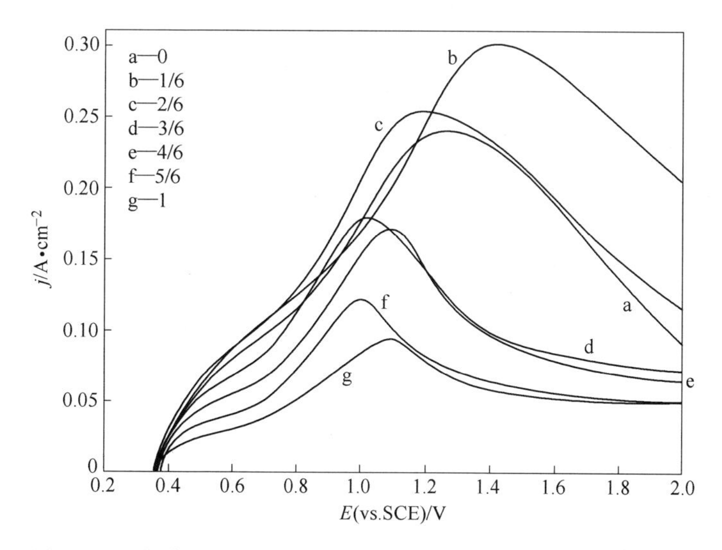

图 4-22 复合掺杂剂中不同 SSA 浓度的 PEDOT 的阳极极化曲线

化电位均出现先增大后减小的趋势。因为 SSA 的对阴离子与硫酸一起协同维持体系的酸性环境，并且掺杂进入复合材料的分子主链，使得分子链呈较为伸展的构象，并且适量的大分子进入主链，降低了高分子链间的作用力，使分子链上的自由电荷较大程度地离域化，复合材料的电催化活性较好，阳极析氧电位较低。由于结构的规整性提高，抗氧化能力增强，稳定性变好，因而其极限电流密度和氧化电位均增大。随着掺杂剂 SSA 含量的进一步增加，阳极析氧电位升高，因为过多的大分子 SSA 掺杂进入分子主链，空间位阻较大，分子链难于终止，导致聚合物分子质量分布较宽，共轭程度较差，并且过多的大分子掺杂剂难以清除，降低了聚合物的电化学性能；聚合物分子链结构缺陷较为严重，抗氧化能力较弱，稳定性较差，因而表现出较低的极限电流密度和氧化电位。

表 4 – 6 给出了 PEDOT/PANI 复合阳极在不同电流密度下的电位、极限电流密度和氧化电位。

表 4 – 6　复合掺杂剂中不同 SSA 浓度的 PEDOT/PANI 阳极参数

阳极	不同电流密度 j 下的电位/V				极限电流密度 j/A · cm^{-2}	氧化电位 /V
	0.05A/cm^2	0.08A/cm^2	0.10A/cm^2	0.12A/cm^2		
a	0.47149	0.60211	0.718	0.81901	0.2412	1.2651
b	0.4648	0.57244	0.66357	0.77215	0.3025	1.4139
c	0.44773	0.56026	0.66672	0.76604	0.2546	1.1852
d	0.48652	0.68005	0.7634	0.82391	0.1802	1.0148
e	0.54729	0.76639	0.84106	0.90287	0.1718	1.0996
f	0.69647	0.82874	0.89703	0.97748	0.1223	1.0140
g	0.7893	0.97084	—	—	0.0944	1.0980

从表 4 – 6 可知，复合掺杂剂配比对 PEDOT/PANI 复合材料的影响不可小视。复合掺杂剂中 SSA 含量较少时，在各电流密度下，复合材料的电位随 SSA 含量增加有所降低，SSA 含量为掺杂剂总量的 1/6 时，复合材料的电位相对较低，电流密度为 0.05A/cm^2 时的电位为 0.4648V，当 SSA 含量增加到 2/6 时，复合材料的电位最低，

其导电性最好。从表中还可直观看出掺杂剂中 SSA 含量为 1/6 时，PEDOT/PANI 复合材料的极限电流密度高达 0.3025A/cm^2，氧化电位为 1.4139V，而 SSA 含量为 2/6 时，复合材料的极限电流密度为 0.2546A/cm^2，比最高值低 0.0479A/cm^2，氧化电位为 1.1852V，比最高值低 0.2287V，因而 SSA 含量为 1/6 时，复合材料的结构更为规整，抗氧化能力较好，稳定性更好。SSA 含量超过 2/6，材料的导电性逐渐变差，析氧电位较高，极限电流密度降低，氧化电位降低，稳定性变差。掺杂剂全部为 SSA 时的材料结构最不完善，其导电性最差，极限电流密度最低。

4.2.7　复合掺杂剂用量对 PEDOT/PANI 性能的影响

维持其他条件不变，掺杂剂中硫酸与 SSA 的摩尔比值为 5∶1，研究复合掺杂剂用量对 PEDOT/PANI 复合阳极的电化学性能的影响。

由图 4－23 可以看出，随着复合掺杂剂用量的增加，PEDOT/PANI 复合材料的阳极析氧电位出现先降低后升高的趋势，极限电流密度和氧化电位均出现先增加后减小的趋势。当复合掺杂剂用量为 0.6mol/L 时，复合阳极的析氧电位最低，极限电流密度和氧化电位

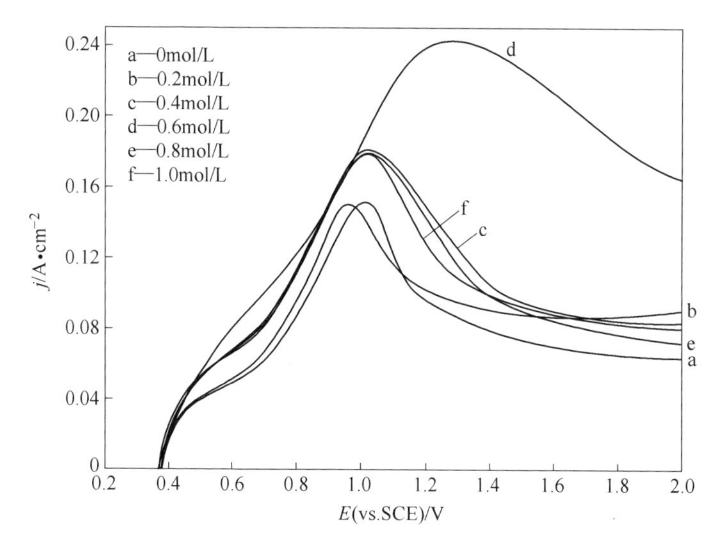

图 4－23　不同复合掺杂剂浓度的 PEDOT/PANI 的阳极极化曲线

最高。在掺杂剂浓度较低的时候，氢离子进入分子主链连接在醌环的N原子上，对阴离子也就进入主链连接在N原子上以维持分子链的电中性，对阴离子的链较长，可以削弱主链分子间力，使其不易团聚，分子链排列有序，绝缘缺陷较少，并且自由电荷排布较有规律，电子离域轨道较为畅通，聚合物的电催化活性较高，阳极析氧电位就较低，极限电流密度和氧化电位较高，不容易氧化，稳定性较好。当掺杂剂浓度高于0.6mol/L时，对阴离子大量进入主链，空间位阻增大，并且静电效应使分子链间距变大，破坏电子通道，分子链构象过于伸展，链段运动受限，电催化活性降低，因而复合阳极的析氧电位较高，极限电流密度和氧化电位较低，抗氧化能力较差，稳定性较差。

表4-7给出了PEDOT/PANI复合阳极在不同电流密度下的电位、极限电流密度和氧化电位。

表4-7 不同复合掺杂剂浓度的PEDOT/PANI阳极参数

阳极	不同电流密度 j 下的电位/V				极限电流密度 j/A·cm^{-2}	氧化电位/V
	0.05A/cm^2	0.08A/cm^2	0.10A/cm^2	0.12A/cm^2		
a	0.62153	0.77531	0.83988	0.89357	0.1511	1.0148
b	0.59214	0.74991	0.8115	0.86178	0.1505	0.9669
c	0.49957	0.67681	0.75973	0.82012	0.1814	1.0252
d	0.48334	0.60154	0.69923	0.79141	0.2428	1.2931
e	0.48652	0.68005	0.7634	0.82391	0.1788	1.0252
f	0.49113	0.6891	0.76646	0.82504	0.1788	1.0156

从表4-7可知，复合掺杂剂浓度对复合材料PEDOT/PANI的导电性也有一定的影响。复合掺杂剂浓度较低时，复合材料的导电性较差。An溶液中不添加复合掺杂剂的PEDOT/PANI复合材料导电性最差，初始电流密度为0.05A/cm^{2}时的电位就高达0.62153V。当复合掺杂剂浓度为0.6mol/L时，复合材料的导电性最好，各电流密度下的电位都较低。因为此浓度下的掺杂剂掺杂进入分子主链的量较为适宜，复合材料的分子链远程近程皆较有序，电子移动相对自由，

导电性较好。从表中还可看出，当掺杂剂浓度为 0.6mol/L 时，PEDOT/PANI 复合材料的极限电流密度达到最高值 0.2428A/cm^2，氧化电位达到最高值 1.2931V，因而此条件下的复合材料结构缺陷较少，抗氧化性能较优越，稳定性好。

4.2.8 PEDOT/PANI 复合材料结构与表观形貌分析

制备 PEDOT/PANI 复合材料的工艺条件是：EDOT 溶液浓度为 c(EDOT) = 0.6mol/L，c(复合氧化剂) = 0.6mol/L(其中 $FeCl_3$: APS = 1:1)，c(复合乳化剂) = 0.4mol/L(SDBS: CTAB = 3:2)，c(复合掺杂剂) = 1.2mol/L(H_2SO_4: SSA = 4:1)。An 溶液加入时间为 EDOT 单体聚合 2h，An 溶液浓度为 c(An) = 0.8mol/L，c(APS) = 0.6mol/L，c(复合乳化剂) = 0.3mol/L(SDBS: CTAB = 4:2)，c(复合掺杂剂) = 0.6mol/L(H_2SO_4: SSA = 5:1)。对该条件所得 PEDOT/PANI 复合材料进行结构和形貌分析。

4.2.8.1 PEDOT/PANI 复合材料 FT-IR 图谱

图 4-24 为 PEDOT/PANI 复合材料的红外光谱图。对该图进行分析可知，试样出现了很明显的 PANI 特征峰，醌式骨架结构中 C ═

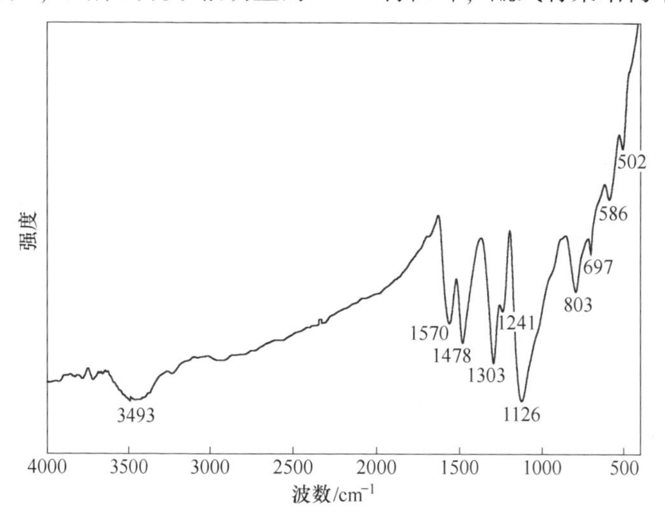

图 4-24 PEDOT/PANI 复合材料的 FT-IR 图谱

C 键的伸缩振动吸收峰出现在 1570cm^{-1}处，1478cm^{-1}处为苯环结构中 C—C 的伸缩振动峰，1303cm^{-1}和 1242cm^{-1}处分别为醌式骨架结构中的 C—N 伸缩振动峰和苯环骨架结构中的 C—N 键伸缩振动峰，1126cm^{-1}处为噻吩环上亚乙二氧基环 C—O—C 的伸缩振动峰以及质子酸掺杂过程中 B—N^{+}、Q ═ N^{+} 和 N ═ Q ═ N 结构中的 C—H 的平面弯曲振动峰，在 803cm^{-1}处为 1，4 - 取代苯环上 C—H 面的外弯曲振动和噻吩环上 C—S 的弯曲变形振动吸收峰，697cm^{-1}处则是噻吩带入的 C—S 键伸缩振动，为弱吸收峰，强度很弱。586cm^{-1}处为噻吩环的变形振动吸收峰，502cm^{-1}处的弱吸收峰可能是小分子端基的伸缩振动，说明 PEDOT/PANI 复合材料中具有 PANI 和 PEDOT 的结构，且 PANI 占主导地位。

4.2.8.2 PEDOT/PANI 复合材料表观形貌分析

从图 4 - 25a 可以看出，PEDOT/PANI 复合材料的表观结构呈絮状的颗粒，有少量的团聚现象，完全表现出 PANI 分子链的结构。从图 4 - 25b 中可以看出絮状的 PANI 分子链很紧密地贴合着 PEDOT 分子链，以氢键或化学键的形式联结在一起，使得复合材料 PEDOT/PANI 的结构更为规整。高分子链表面覆盖的乳化剂分子未清除干净，使得表面泛白。

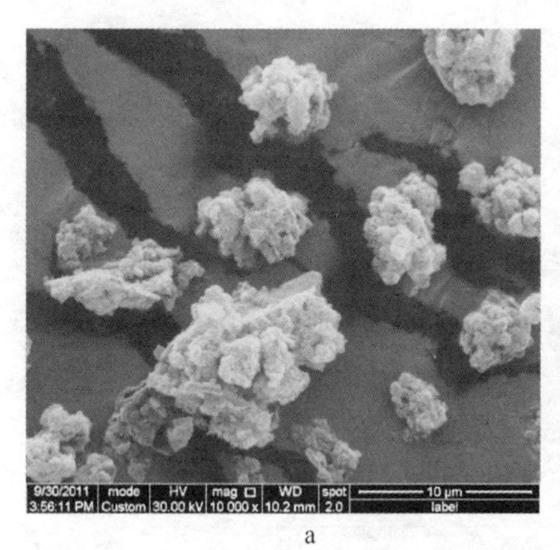

a

b

图 4 - 25 PEDOT/PANI 复合材料表观形貌图（SEM）

a—10000 ×；b—60000 ×

4.3 PANI/PEDOT 复合材料的制备技术

有机/无机酸共掺杂 PANI 具有较好的导电性、电催化活性以及较为优异的热稳定性，作为锌电积用阳极材料可以降低槽电压，提高电流效率，降低能耗，并且没有铅进入电解液，不会降低阴极锌的品质。但是 PANI 的催化活性和电导率始终无法达到理想的效果。PEDOT 的电导率和电催化活性均优越于 PANI，希望在 PANI 的聚合过程中引入 EDOT 单体进行共聚，制备出 PANI/PEDOT 复合材料，以提高 PANI 的电导率、电催化活性以及耐热性等。本节系统研究了 PANI/PEDOT 复合材料的影响因素。

将一定量的水、硫酸、SSA、SDBS、CTAB 加入到置于冰水浴的三口瓶中，高速搅拌 0.5h，加入一定量的 An，继续搅拌 0.5h。将 APS 加入到一定量的水中，搅拌至溶解，配制成氧化剂溶液，在连续搅拌下慢慢滴加入该溶液；同时，又将一定量的水、硫酸、SSA、SDBS、CTAB 加入到烧杯中，配制成溶液，置于磁子搅拌器上搅拌 10min，加入 EDOT，继续搅拌 0.5h 待用；加入上述 EDOT 的混合溶液；再将氧化剂 APS 和 $FeCl_3$ 的混合溶液慢慢滴加到反应体系中，并聚合 24h；反应结束后，反复用蒸馏水洗涤，直至上清液为无色，用 G－4 漏斗过滤。在真空干燥箱中恒温（60℃）干燥 24h。将烘干的 PANI/PEDOT 复合材料进行研磨，过筛。

4.3.1 单体 EDOT 加入时间对 PANI/ PEDOT 性能的影响

单体 EDOT 的加入时间直接影响 PANI/PEDOT 复合材料的共聚程度和包覆程度，影响到复合材料的结构和性能。An 溶液浓度为 $c(An)=0.5mol/L$，$c(H_2SO_4)=0.8mol/L$，$c(SSA)=0.2mol/L$，$c(SDBS)=0.2mol/L$，$c(CTAB)=0.2mol/L$，$c(APS)=0.6mol/L$。EDOT 溶液浓度为 $c(EDOT)=0.6mol/L$，c(复合氧化剂)$=0.6mol/L$（其中 $FeCl_3$∶APS＝1∶1），c(复合乳化剂)$=0.04mol/L$(SDBS∶CTAB＝3∶2)，c(复合掺杂剂)$=1.2mol/L$(H_2SO_4∶SSA＝4∶1)。

图 4－26 绘制出了单体 EDOT 加入时间对 PANI/PEDOT 复合阳

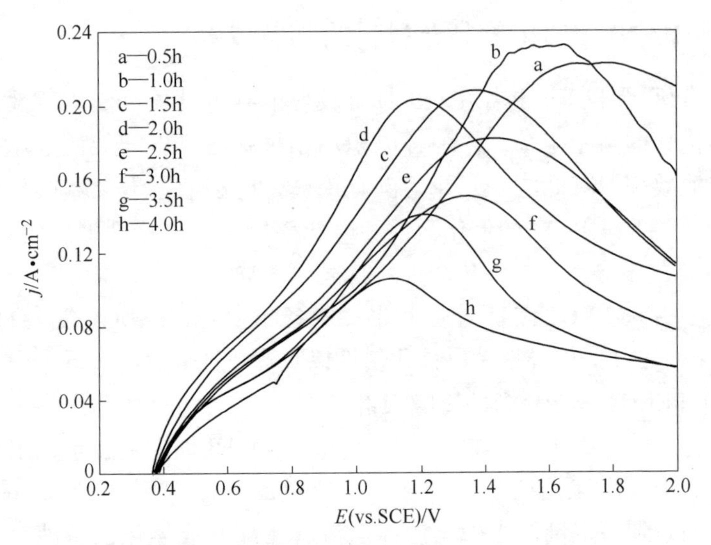

图 4－26　不同 EDOT 加入时间的 PANI/PEDOT 的阳极极化图谱

极的阳极极化曲线。从图中可以看出，随着单体 EDOT 加入时间的延长，PANI/PEDOT 的阳极析氧电位先降低后升高，极限电流密度先升高后降低。当 An 单体反应时间过短时加入 EDOT，An 单体的氧化电位较低，竞聚力较强，反应剧烈，因而在共聚反应中仅仅只有较少的 EDOT 单体单元掺入 PANI 分子主链，打破了原有的规整度，使得复合材料的结构相比有机无机酸掺杂的 PANI 更无序，电催化活性较低，阳极析氧电位较高，极限电流密度较低。An 聚合 2h 左右，PANI 分子链处于高速增长期，大量活化度较高的 An 多聚体活性基相碰撞，聚合速率很高，掺杂还未进行，此时 EDOT 单体仅仅处于诱导期和链引发期，聚合速率很慢，使得 EDOT 能够很好地依附 PANI 分子链进行聚合，然后有机/无机酸进行掺杂，因而其电催化活性较好，阳极析氧电位较低，极限电流密度较高。随着 EDOT 单体加入时间推迟，复合阳极的电催化活性变差，因为 An 聚合时间过长，氧化聚合和掺杂基本处于尾声，掺杂小分子比 EDOT 单体的静电依附性更强，共聚以及接枝聚合更难发生，使得复合材料的结构更不稳定，电催化活性较差，阳极析氧电位较高。从图中还可以看出，当 An 单体聚合时间为 2h 时，加入 EDOT 单体进行共聚而得到的复合材料的极限电流密度并不是最大的，而加入 EDOT 单体时间提前 1h 得到的共聚物能够承受的极限电流密度较高，主要是因为此时的共聚物中 EDOT 单体单元基本与 An 单体进行主链共聚或者接枝，主要依靠化学键连接，结构比较稳定，掺杂进入的小分子也只是在链之间游移，不能影响链的主体结构，能够承受较大的电流密度。

表 4－8 列出了各 PANI/PEDOT 复合阳极在不同电流密度下的电位、极限电流密度和氧化电位。从表 4－8 可以看出单体 EDOT 的加入时间对 PANI/PEDOT 复合材料的导电性有较大的影响。An 聚合 0.5h 时加入 EDOT 单体进行共聚得到的复合材料导电性较差，电流密度为 0.05A/cm^2 时的电位为 0.7573V，是所有复合材料中电位最高的，在其他电流密度下的电位也相对较高。当 An 聚合 2h 再加入 EDOT 单体进行共聚，复合材料的导电性较好，在电流密度为 0.05A/cm^2 时的电位仅有 0.4998V。随着加入 EDOT 单体时间的推迟，复合材料的电位逐渐升高，导电性变差。当单体 EDOT 加入时间为 0.5h 时，PEDOT/PANI 复合材料的极限电流密度为 0.2220A/cm^2，氧化电位达最高值 1.7577V，单体 EDOT 加入时间为 2h 时，复合阳极的极限电流密度和氧化电位均有所降低，与前面对复合材料结构的规整性分析相符。

表 4－8 不同 EDOT 加入时间的 PANI/PEDOT 阳极参数

阳极	不同电流密度 j 下的电位/V				极限电流密度 j/A · cm^{-2}	氧化电位 /V
	0.05A/cm^2	0.08A/cm^2	0.10A/cm^2	0.12A/cm^2		
a	0.7573	0.89355	1.02021	1.13342	0.2220	1.7577
b	0.59893	0.83692	0.99756	1.09356	0.2317	1.5866
c	0.52494	0.6917	0.82043	0.9198	0.2081	1.3699
d	0.4998	0.66812	0.7794	0.85876	0.2034	1.2044
e	0.57921	0.79032	0.91519	1.01609	0.1823	1.4323
f	0.59093	0.82722	0.95262	1.06714	0.1503	1.3603
g	0.66631	0.87135	0.96512	1.05309	0.1406	1.2259
h	0.66003	0.89782	1.02937	—	0.1056	1.1292

4.3.2　氧化剂 APS 用量对 PANI/ PEDOT 性能的影响

APS 是 An 聚合的一种最常用的氧化引发剂，APS 的用量直接影响聚合物的结构和性能。保持其他条件不变，EDOT 单体的加入时间为 2h，研究氧化剂 APS 用量对 PANI/PEDOT 复合材料电化学性能的影响。

由图 4－27 可知，随着氧化剂 APS 浓度的增加，PANI/PEDOT 复合材料的阳极析氧电位也出现先降低后升高的趋势，极限电流密度出现先升高后降低的趋势。氧化剂 APS 的氧化电位较高，氧化能力较强，与之复合的氧化剂 $FeCl_3$ 的氧化电位较低，氧化能力较弱。当 APS 浓度较低时，氧化效果不好，在反应初期，形成的 EDOT 单体的自由基较少，聚合不完全，并且加入 EDOT 溶液后，整个溶液中 APS 的浓度降低，使得 An 聚合速率也降低，PANI 的结构也不够规整，使得复合材料的整体结构受到影响，催化活性较低，阳极析氧电位较高，极限电流密度较低。APS 浓度达到 0.6mol/L 时，溶液中复合氧化剂的量较适宜，复合氧化剂的配比较合理，因而反应进行的速率较为平稳，氧化程度达到较好的水平，此时 PANI 与 PE-

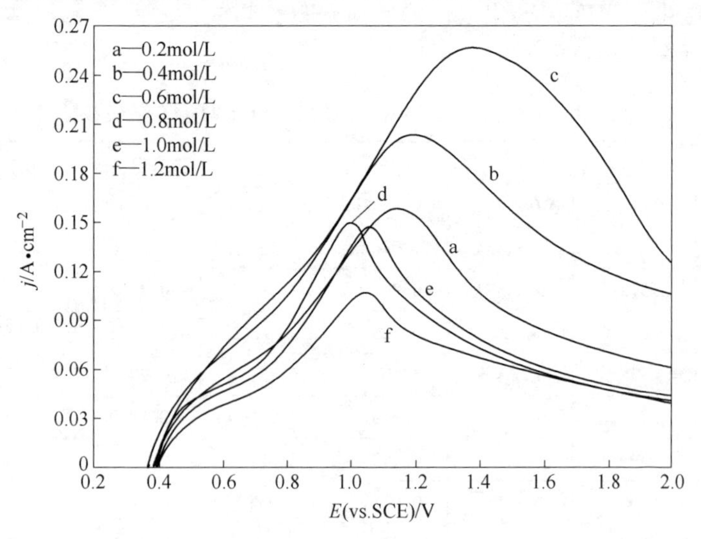

图 4－27　不同 APS 浓度的 PANI/PEDOT 的阳极极化曲线

DOT 的复合多以接枝为主，并掺入了很少量的共聚单元，结构稳定性较好，规整性较好，电催化活性较好，阳极析氧电位较低，并且能够承受的极限电流密度最高。氧化剂 APS 含量超过 0.6mol/L 时，溶液中的氧化剂含量过高，很容易将 PANI 分子链进一步氧化成醌环结构为主的氧化态分子链，其僵硬程度较高，EDOT 是阳离子自由基聚合，聚合速率偏高，氧化剂含量过高，聚合速率容易失控，分子链的缺陷程度较高，因而其电催化活性较低，阳极析氧电位偏高，极限电流偏低。

表 4-9 列出了各 PANI/PEDOT 复合阳极在不同电流密度下的电位、极限电流密度和氧化电位。

表 4-9 不同 APS 浓度的 PANI/PEDOT 阳极参数

阳极	不同电流密度 j 下的电位/V				极限电流密度 j/A · cm^{-2}	氧化电位/V
	0.05A/cm^2	0.08A/cm^2	0.10A/cm^2	0.12A/cm^2		
a	0.57088	0.78775	0.88019	0.96618	0.1593	1.1508
b	0.4998	0.66812	0.7794	0.85876	0.2038	1.1996
c	0.50477	0.63205	0.7368	0.83885	0.2578	1.3907
d	0.59281	0.78074	0.8432	0.8972	0.1503	1.0004
e	0.64248	0.82379	0.89412	0.95397	0.1477	1.0596
f	0.73812	0.90149	0.98969	—	0.1065	1.0492

从表 4-9 可知，氧化剂 APS 的用量直接影响到 PANI/PEDOT 复合材料的导电性。随着 APS 浓度的增加，复合材料的导电性出现先变好后变差的趋势。氧化剂浓度为 0.6mol/L 时，PANI/PEDOT 复合材料的导电性较好，电流密度为 0.05A/cm^2 的电位仅比最低电位略高 0.00479V，在其他高电流密度时的电位均为最低。当氧化剂 APS 浓度为 0.2mol/L 时，复合材料的极限电流密度为 0.1593A/cm^2，氧化电位为 1.1508V，APS 浓度为 0.6mol/L 时，复合材料的极限电流密度达到最高值 0.2578A/cm^2，氧化电位为最高值 1.3907V，此条件下的复合材料结构较为规整，导电性较好，抗氧化性较强，稳定性较好，PEDOT 支化改性 PANI 较成功。

4.3.3　复合乳化剂中两组分含量对 PANI/ PEDOT 性能的影响

其他条件保持不变，复合氧化剂中，APS 的浓度为 0.6mol/L，研究复合乳化剂中两组分含量对 PANI/PEDOT 复合材料电化学性能的影响。

由图 4－28 可知，随着复合乳化剂中 SDBS 用量的增加，复合材料 PANI/PEDOT 的析氧电位出现先降低后升高的趋势，极限电流密度先升高后降低。SDBS 是阴离子型表面活性剂，对于阳离子自由基聚合的水相体系，乳化效果相对较差，对阴离子进入分子主链，掺杂效果相对较好。当 SDBS 浓度较低时，阳离子型表面活性剂 CTAB 的浓度相对较高，容易形成胶团包覆在 PANI 分子链附近，使得 EDOT 分子进入胶束参与共聚反应的难度增大，PANI 的分子链的改性作用减弱，并且乳化剂分子在聚合物分子链表面很难洗净，使得复合材料的电化学性能较差。当 SDBS 乳化剂比例提高到 3∶6 时，阴阳离子两种乳化剂配比适宜，协同作用使得乳化效果较好，形成的胶束粒径较小，EDOT 单体分子和掺杂剂分子较容易进入胶束进行共聚或接枝聚合以及分子链掺杂，分子链运动较为自由，PANI 分子链

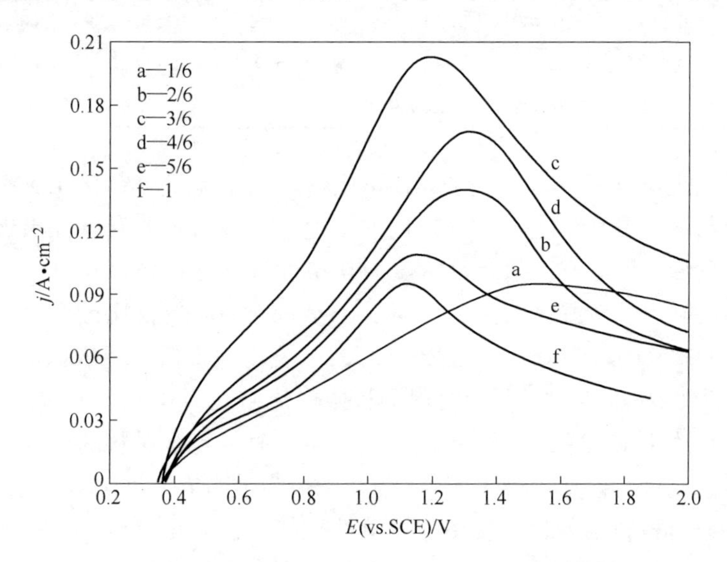

图 4－28　复合乳化剂中不同 SDBS 用量 PANI/PEDOT 的阳极极化曲线

改性效果较好，复合材料的电化学性能较好。当乳化剂 SDBS 含量过高时，阳离子型表面活性剂 CTAB 的含量较少，乳液不稳定，使得聚合物分子链结构缺陷较严重，共聚或接枝的程度不均一，掺杂程度也难以控制，PANI/PEDOT 复合材料的阳极析氧电位较高。

表 4－10 列出了各 PANI/PEDOT 复合阳极在不同电流密度下的电位、极限电流密度和氧化电位。

表 4－10 复合乳化剂中不同 SDBS 用量的 PANI/PEDOT 阳极参数

阳极	不同电流密度 j 下的电位/V				极限电流密度 j/A · cm^{-2}	氧化电位 /V
	0.05A/cm^2	0.08A/cm^2	0.10A/cm^2	0.12A/cm^2		
a	0.88264	1.21854	—	—	0.0947	1.5106
b	0.68129	0.89674	1.00712	1.11306	0.1399	1.3107
c	0.4998	0.66812	0.77933	0.82001	0.2035	1.2003
d	0.60926	0.85384	0.96325	1.05386	0.1678	1.3219
e	0.72038	0.93811	1.05804	—	0.1094	1.1716
f	0.81543	0.99969	—	—	0.0954	1.1316

从表 4－10 可知，复合乳化剂配比对 PANI/PEDOT 复合材料的导电性影响较大，复合乳化剂中 SDBS 与 CTAB 的摩尔比为 1∶1 时，复合材料的导电性较好，电流密度为 0.05A/cm^2 的电位仅有 0.4998V，高电流密度 0.12A/cm^2 的电位为 0.82001V，比阴离子型表面活性剂 SDBS 含量很少的复合材料在电流密度为 0.05A/cm^2 的电位 0.88264V 还低 0.06263V。从表中还可直观地看出，极限电流密度随复合乳化剂中阴离子型表面活性剂 SBDS 摩尔比的增大而出现先增大后减小的趋势，氧化电位的变化规律不是特别明显。SDBS 摩尔比为 1/6 时，PANI/PEDOT 复合阳极的极限电流密度仅有 0.0947A/cm^2，而氧化电位较高为 1.5106V，SDBS 摩尔比为 3∶6 时，复合氧化剂的极限电流密度高达 0.2035A/cm^2，而氧化电位降为 1.2003V。相比较而言，复合乳化剂中 SDBS 摩尔比为 3∶6 较为适宜，复合材料形成规整的分子链结构、较伸展的构象，电子能够较为自由地移动，导电性较好，抗氧化能力较好，稳定性较好。

4.3.4　复合乳化剂用量对 PANI/ PEDOT 性能的影响

维持其他条件不变，复合乳化剂中 SDBS 和 CTAB 的摩尔比为 1∶1，研究复合乳化剂用量对 PANI/PEDOT 复合材料电化学性能的影响。

从图 4－29 可以看出，各种条件下电流密度都随电位的增加而增加，只是曲线 b 的电流密度随电位增加较为明显，并且 b 曲线的极限电流密度最高，即当复合乳化剂浓度为 0.2mol/L 时，材料的导电性较好。乳化剂浓度低于 0.2mol/L 时，复合材料电流密度对电位的响应程度随乳化剂浓度的增加逐渐增强，说明导电性逐渐变好。当乳化剂浓度高于 0.2mol/L 时，随着乳化剂含量的增加，乳化剂分子聚集在水相体系中形成胶团，在乳液聚合 PANI 与 PEDOT 过程中大量进入聚合物，使得聚合反应不够完善，材料的结构不够规整，其有序性下降，分子链构象卷曲，电子的大 π 轨道不完整，游移受限，材料的电流密度随电位的响应变化都减小，电阻增大，导电性变差。

表 4－11 列出了各 PANI/PEDOT 复合阳极在不同电流密度下的

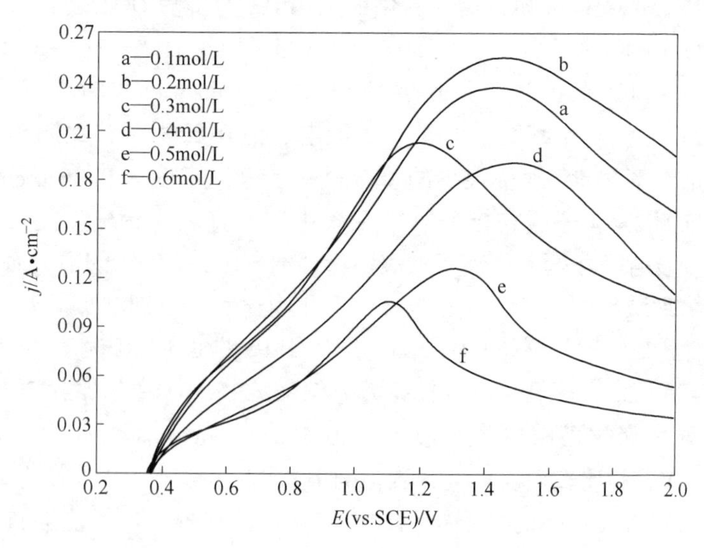

图 4－29　不同复合乳化剂用量的 PANI/PEDOT 的阳极极化曲线

电位、极限电流密度和氧化电位。在电流密度为 0.05A/cm^2 时，阳极表面会有大量的气泡产生，说明阳极发生了析氧反应，而此时的电位即为析氧电位。从表 4－11 可以看出，电流在工业电解锌时所需要的 0.05A/cm^2 下时，随着乳化剂含量的增加，复合材料的所需电位出现先减小后增加的趋势，即复合阳极的析氧电位也随乳化剂含量的增加出现先减小后增加的趋势。当乳化剂含量为 0.2mol/L 时，PANI/PEDOT 复合材料所需电位为0.4998V，是所有复合材料中较低的，并且电流密度增加，所需电位增加缓慢，说明当乳化剂含量为0.2mol/L 时，复合阳极的催化活性较好，能耗较低，作为阳极材料更为优越。主要原因是乳化剂浓度过低，在水相体系中形成的乳化剂分子胶束较少，乳化程度较差，单体分子的溶解性较差，聚合而得的聚合物结构规整度较低，电子离域程度不高，催化活性较差。乳化剂浓度适宜，乳化剂分子的胶束较多又不至于团聚成为胶团，使得分子聚合度较高，结构完善，近程远程均有序，分子链运动较为自由，使得阳极析氧电位较低，催化活性较好。从表中还可直观地看出，PANI/PEDOT 复合阳极的极限电流密度随复合氧化剂用量的增加出现先增大后减小的趋势，而氧化电位的变化趋势不太规律。复合乳化剂浓度为 0.1mol/L 时，复合材料的极限电流密度为 0.2371A/cm^2，氧化电位为 1.4458V；乳化剂浓度为 0.2mol/L 时，复合材料的极限电流密度增加了 0.0187A/cm^2，氧化电位增加了 0.0112V；乳化剂浓度增加到 0.6mol/L 时，极限电流密度低至 0.1065A/cm^2，氧化电位达到最低值 1.1124V。故 PANI/PEDOT 复合材料在复合乳化剂浓度为 0.2mol/L 时，材料的抗氧化能力较强，稳定性较好。

表 4－11 不同复合乳化剂用量的 PANI/PEDOT 阳极参数

阳极	不同电流密度 j 下的电位/V				极限电流密度 j/A·cm^{-2}	氧化电位/V
	0.05A/cm^2	0.08A/cm^2	0.10A/cm^2	0.12A/cm^2		
a	0.52301	0.67804	0.79036	0.88703	0.2371	1.4458
b	0.50374	0.64348	0.75024	0.8477	0.2558	1.4570
c	0.4998	0.66812	0.77933	0.85876	0.2030	1.1956
d	0.61241	0.83063	0.94753	1.04562	0.1908	1.4906

续表 4 – 11

阳极	不同电流密度 j 下的电位/V				极限电流密度 j/A · cm^{-2}	氧化电位/V
	0.05A/cm^2	0.08A/cm^2	0.10A/cm^2	0.12A/cm^2		
e	0.77338	0.98698	1.10108	1.22568	0.1259	1.3211
f	0.79269	0.95674	1.05165	—	0.1065	1.1124

图 4 – 30 为各复合阳极在高频 100000Hz，低频 1Hz，开路电位下测得的交流阻抗图谱。从图可以看出复合阳极从高频区到中频区的图谱形状基本一致，都是一段容抗弧。添加不同含量乳化剂的复合材料阳极的圆弧半径大小各异，出现先减小后增大的趋势，即电极表面转移阻抗 R_{ct} 也出现先减小后增大的趋势。复合材料的催化活性与电荷传递阻抗 R_{ct} 有关，半径越小，催化活性越高。当添加乳化剂含量为 0.2mol/L 时，圆弧半径较小，电极表面电荷转移阻抗 R_{ct} 较小，导电性较好，具有的催化活性也较好。

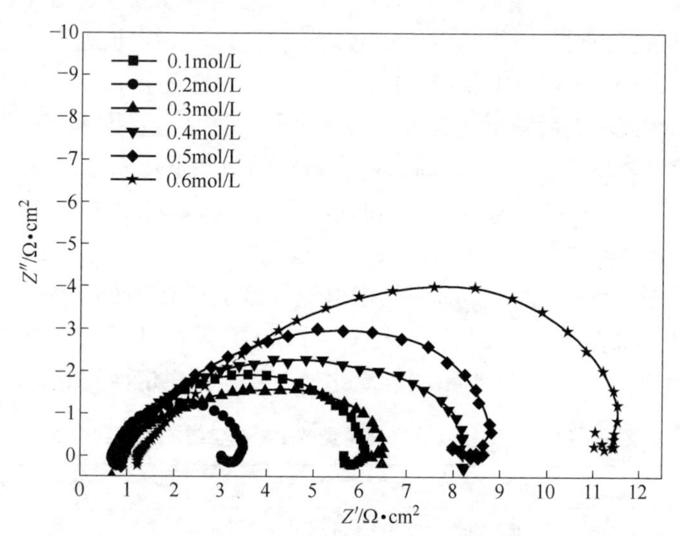

图 4 – 30　不同乳化剂浓度的 PANI/PEDOT 阳极的交流阻抗图谱

4.3.5　单体 EDOT 浓度对 PANI/ PEDOT 性能的影响

保持其他条件不变，复合乳化剂的浓度为 0.2mol/L，研究单体

EDOT 浓度对 PANI/PEDOT 复合材料的电化学性能的影响。

由图 4 – 31 可知，单体 EDOT 的浓度对 PANI/PEDOT 复合材料的阳极极化曲线有很大的影响，随着单体 EDOT 浓度的增加，复合材料的阳极析氧电位出现先降低后升高的趋势，极限电流密度出现先升高后降低的趋势。当单体浓度为 0.6mol/L 时，复合阳极的析氧电位最低，能够承受的极限电流密度最高，说明此条件下的复合材料电催化活性最好，材料的稳定性最好。单体 EDOT 浓度较低时，氧化剂量相对较高，合成的材料分子质量较低，氧化程度较高，分子链较僵硬，运动受阻，并且单体 EDOT 浓度较低，不能完全包裹 PANI 分子链，对 PANI 分子链的接枝改性较差，不能提高 PANI 的电催化活性，阳极析氧电位较高，极限电流密度较低，稳定性较差。当单体 EDOT 为 0.6mol/L 时，氧化剂量与单体量比值较为适宜，氧化程度不是太高，形成的分子链较长，分子质量分布较窄，且接枝在 PANI 分子链上的 PEDOT 支链长度适中，并且排列比较有规律，能够形成较好的电子通道，电催化活性较高。当 EDOT 浓度超过 0.6mol/L 时，溶液中的氧化剂无法在 EDOT 反应初期形成较多的活性点，因而接枝的 PEDOT 分子链相对较长，很容易缠绕，使得分子

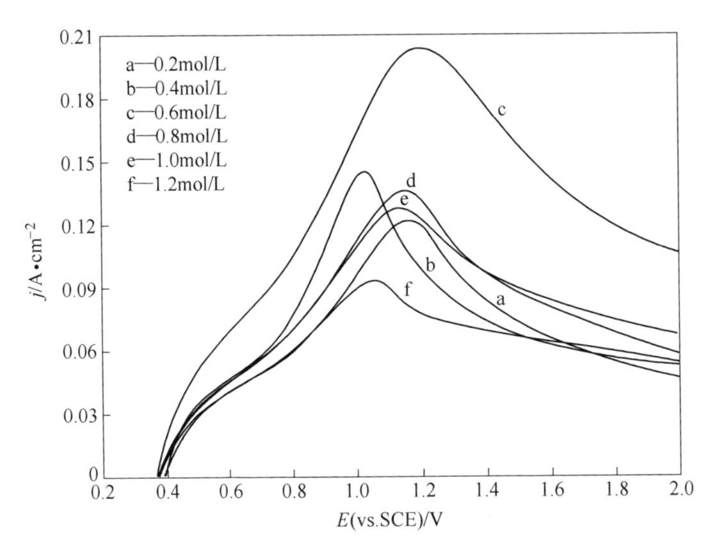

图 4 – 31 不同 EDOT 单体浓度的 PANI/PEDOT 的阳极极化曲线

链构象呈卷曲状态，不但没有改良 PANI 的电催化活性，还将破坏电子通道，使电催化活性降低，阳极析氧电位升高，极限电流密度降低，并且氧化电位较低，稳定性较差。

表 4 – 12 列出了各 PANI/PEDOT 复合阳极在不同电流密度下的电位、极限电流密度和氧化电位。从表 4 – 12 可以看出，单体 EDOT 浓度是 PANI/PEDOT 复合材料的一个很重要的影响因素。单体 EDOT 浓度很低时，未达到理想的接枝改性 PANI 的效果，在各电流密度下的电位都较高，复合材料的导电性较差，并且极限电流密度都较低，氧化电位较低。EDOT 单体浓度达到 0.6mol/L 时，支链长度适宜，排列有序，能提供更好的电子通道，导电性较好，各电流密度下的电位均较低，极限电流密度和氧化电位较高，复合材料的抗氧化性较好，稳定性较好。EDOT 单体浓度过高时，支链较长，容易缠绕，使得分子链构象卷曲，连接成团，电子的大 π 轨道受阻，离域程度不高，导电性较差，电位较高，并且所能够达到的极限电流密度较低，氧化电位较低，复合材料的抗氧化能力较差，稳定性较差。

表 4 – 12 不同 EDOT 单体浓度的 PANI/PEDOT 阳极参数

阳极	不同电流密度 j 下的电位/V				极限电流密度 j/A · cm^{-2}	氧化电位/V
	0.05A/cm^2	0.08A/cm^2	0.10A/cm^2	0.12A/cm^2		
a	0.70912	0.92119	1.01648	1.12779	0.1219	1.1628
b	0.64994	0.81033	0.8767	0.93044	0.1454	1.0260
c	0.4998	0.66812	0.77933	0.85876	0.2039	1.2028
d	0.64524	0.85611	0.94834	1.03355	0.1365	1.1508
e	0.64374	0.85693	0.95636	1.05616	0.1274	1.1356
f	0.70586	0.93189	—	—	0.0927	1.0532

4.3.6 复合掺杂剂用量对 PANI/ PEDOT 性能的影响

根据上述讨论，维持其他条件不变，单体 EDOT 的浓度为 0.6mol/L，研究复合掺杂剂用量对 PANI/PEDOT 复合材料电化学性能的影响。

由图 4－32 所示，复合掺杂剂用量并非是越多越好，也出现一个较佳值。当复合掺杂剂浓度较低时，随着复合掺杂剂用量的增加，PANI/PEDOT 复合材料的电催化活性逐渐变好，阳极析氧电位逐渐降低，极限电流密度逐渐升高。溶液中掺杂剂浓度达到 0.6mol/L 时，PANI/PEDOT 复合材料的电催化活性较好，阳极析氧电位较低，能够承受较高的极限电流密度。掺杂剂浓度超过 0.6mol/L 时，阳极析氧电位迅速升高，极限电流密度迅速降低。复合掺杂剂中，硫酸主要提供氢离子，SSA 提供对阴离子，当掺杂剂浓度较低时，掺杂剂进入分子主链，可以减弱聚合物分子链间的相互作用力，PEDOT 分子链能够较好地接枝在 PANI 主链上，改良 PANI 的电催化活性，因而析氧电位逐渐降低。掺杂剂浓度达到一个临界点，掺杂剂 SSA 对阴离子进入主链，排列有序，弥补了分子链的非共轭缺陷，使得电子离域程度较大，电催化活性较高，阳极析氧电位较低。掺杂剂浓度过高时，大量的大体积对阴离子进入聚苯胺分子主链，EDOT 分子依附聚苯胺主链较难，接枝改性困难，较多的掺杂剂分子包裹，PANI 主链构象卷曲，结构规整度较差，电催化活性低，阳极析氧电位升高，极限电流密度降低。

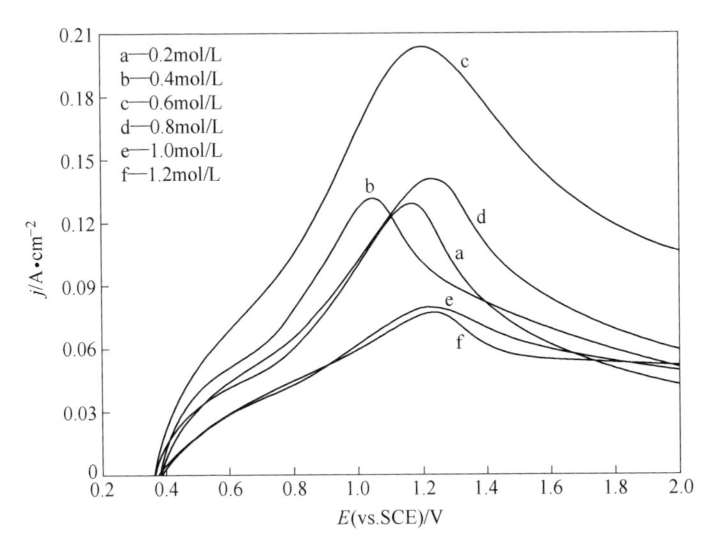

图 4－32 不同复合掺杂剂浓度的 PANI/PEDOT 的阳极极化曲线

表4－13列出了各PANI/PEDOT复合阳极在不同电流密度下的电位、极限电流密度和氧化电位。从表4－13可以看出复合掺杂剂浓度对PANI/PEDOT复合材料导电性的影响不可忽视，当有机/无机酸复合掺杂剂浓度较低时，掺杂进入主链的质子H^+和磺基水杨酸根对阴离子较少，聚合物主链中自由移动的电荷较少，并且主链间作用力较大，容易卷曲团聚，电子移动受阻，导电性较差，各电流密度下的电位均较高，极限电流密度较低，氧化电位较低，PANI/PEDOT复合材料的抗氧化性较差，稳定性较差。掺杂剂浓度为0.6mol/L时，掺杂效果较好，自由电荷较多，电子轨道较完整，导电性较好，电位较低。掺杂剂浓度过高时，大量的SSA大分子掺杂进入主链，使主链间距增大，空间位阻增大，电荷移动阻力增大，导电性下降并且材料结构缺陷较大，达到的极限电流较小。

表4－13　不同复合掺杂剂浓度的PANI/PEDOT阳极参数

阳极	不同电流密度 j 下的电位/V				极限电流密度 j/A·cm^{-2}	氧化电位/V
	0.05A/cm^2	0.08A/cm^2	0.10A/cm^2	0.12A/cm^2		
a	0.71493	0.91217	1.0013	1.08956	0.1289	1.1716
b	0.59605	0.80894	0.89181	0.96943	0.1321	1.0468
c	0.4998	0.66812	0.77933	0.85876	0.2035	1.1996
d	0.65895	0.89179	0.99316	1.08474	0.1409	1.2387
e	0.88541	1.21978	—	—	0.0804	1.2291
f	0.87752	—	—	—	0.0773	1.2411

4.3.7　PANI/PEDOT复合材料结构与表观形貌分析

制备PANI/PEDOT复合材料的工艺条件是：An溶液浓度为$c(An)=0.5mol/L$，$c(H_2SO_4)=0.8mol/L$，$c(SSA)=0.2mol/L$，$c(SDBS)=0.2mol/L$，$c(CTAB)=0.2mol/L$，$c(APS)=0.6mol/L$。EDOT溶液在An聚合2h时加入，EDOT溶液浓度为$c(EDOT)=0.6mol/L$，c(复合氧化剂)＝0.6mol/L(其中$FeCl_3$∶APS＝1∶1)，c(复合乳化剂)＝0.2mol/L(SDBS∶CTAB＝1∶1)，c(复合掺杂剂)＝0.6mol/L(H_2SO_4∶SSA＝4∶1)。对该条件制备所得PANI/PEDOT复合

材料的结构和形貌进行分析。

4.3.7.1 PANI/PEDOT 复合材料 FT－IR 分析

对不同复合乳化剂用量的 PANI/PEDOT 复合材料和 PANI 进行 FT－IR 分析，其图谱如图 4－33 所示。对图谱进行分析可知，七个试样都出现 PANI 的特征峰，在 1568cm^{-1}处为醌式骨架结构中 C ═C 键的伸缩振动吸收峰，1479cm^{-1}处为苯环结构中 C—C 的伸缩振动峰，1296cm^{-1}处为醌式骨架结构中的 C—N 伸缩振动峰，1242cm^{-1}处为苯环骨架结构中的 C—N 伸缩振动峰，1122cm^{-1}处为质子酸掺杂过程中 B—N^{+}、Q ═ N^{+}和 N ═ Q ═N 结构中的 C—H 的平面弯曲振动峰，在 798cm^{-1}处为 1，4－取代苯环上 C—H 面的外弯曲振动；而 2918cm^{-1}和 2848cm^{-1}处则是由 SDBS 和 CTAB 乳化剂少量进入复合材料所引入的饱和的 C—H 键伸缩振动，属于弱峰带；1029cm^{-1}处则是噻吩的 C—O—C 键伸缩振动，667cm^{-1}处则是噻吩代入的 C—S 键的振动，为弱吸收峰，强度很弱。596cm^{-1}和 507cm^{-1}处的弱吸收峰可能是小分子端基的伸缩振动，说明 PANI/PEDOT 复合材料中具有 PANI 和 PEDOT 的结构，且 PANI 占主导地位。

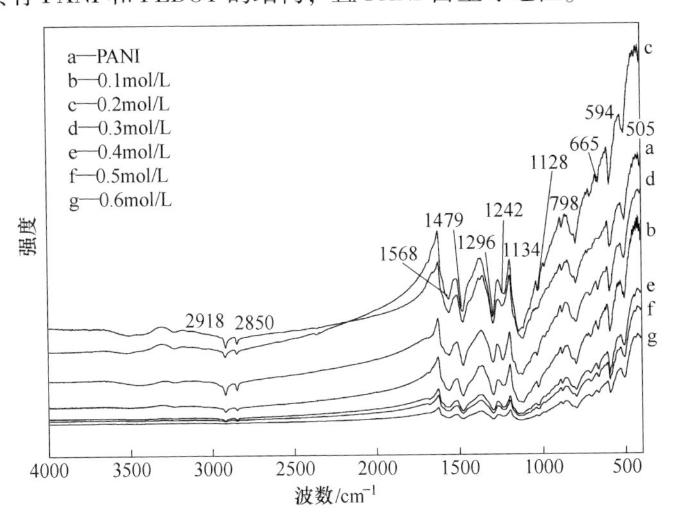

图 4－33 PANI 和不同乳化剂浓度的 PANI/PEDOT 复合材料的 FT－IR 图谱

并对图 4－33 进行定量分析，结果如表 4－14 所示，PANI 中的 $I(Q)/I(B)$ 为 0.933，小于 1，说明 PANI 处于中间氧化态，而复合材料中的 $I(Q)/I(B)$ 均大于 1，说明复合材料中的 PANI 分子链的氧化态略高于 PANI 材料。PANI/PEDOT 复合材料中 C—O—C 键和 C—S 键伸缩的振动峰强度均较小，说明在复合材料聚合过程中，PEDOT 接枝在主体材料 PANI 上的量很少。复合材料的各有机基团的振动强度均随着乳化剂含量的增加，出现先增大后减小的趋势，当乳化剂含量为 0.2mol/L 时，材料各有机基团的振动强度都较强，说明此条件下复合材料的结构较为规整，较为稳定。这主要由于乳化剂含量在很少的时候是对聚合单体提供一个反应的场所（胶束），乳化剂增加，胶束量越多，对单体的增溶效果越好，聚合反应速率加快，且副产物减少；当乳化剂超过一定量，乳化剂就聚集成了胶团，氧化剂和掺杂剂进入胶团就需要很大的推动力，使反应的速率变慢，且乳化剂分子进入聚合物主链进行掺杂，副反应增多，分子质量分布宽，复合材料的性能降低。

表 4－14　PANI 和 PANI/PEDOT 复合材料的有机基团对应关系及强度

振动基团	波数 /cm^{-1}	强　度 I						
		a	b	c	d	e	f	g
醌环骨架振动（Q）	1568	2.634	2.047	3.734	2.237	1.225	0.960	0.587
苯环骨架振动（B）	1479	2.824	1.828	3.216	2.108	0.969	0.772	0.449
N—B—N 伸缩振动	1296	1.724	1.083	2.624	1.235	0.620	0.439	0.338
N ═Q ═N 类电子振动	1242	0.946	0.773	1.298	1.115	0.484	0.347	0.189
B—NH$^+$—B 或 Q ═NH$^+$—B 振动	1122	6.391	4.079	7.844	3.983	1.928	1.515	1.006
C—O—C 伸缩振动	1029	—	0.241	0.364	0.213	0.127	0.101	0.049
1，4－取代苯环 C—H 平面弯曲振动	798	1.935	1.762	3.071	1.844	1.170	0.986	0.776
C—S 振动	667	—	0.434	0.238	0.327	0.178	0.062	0.118
$I(Q)/I(B)$	—	0.933	1.120	1.161	1.061	1.264	1.243	1.307

4.3.7.2 复合材料的表观形貌分析

图 4-34 表示 PANI/PEDOT 复合材料在 10000 倍和 60000 倍下的电镜扫描图。从图 4-34a 中完全看不到 PANI 分子长链的絮状结构，分子链堆积在一起像一块板，分子分散不均匀，堆积现象很严重。从图 4-33b 中可以看出 PANI/PEDOT 复合材料呈刺状结构，表面 PEDOT 分子短链接枝在 PANI 分子长链的周围，部分未除净的乳化剂分子覆盖在分子链的表面，出现泛白的现象。

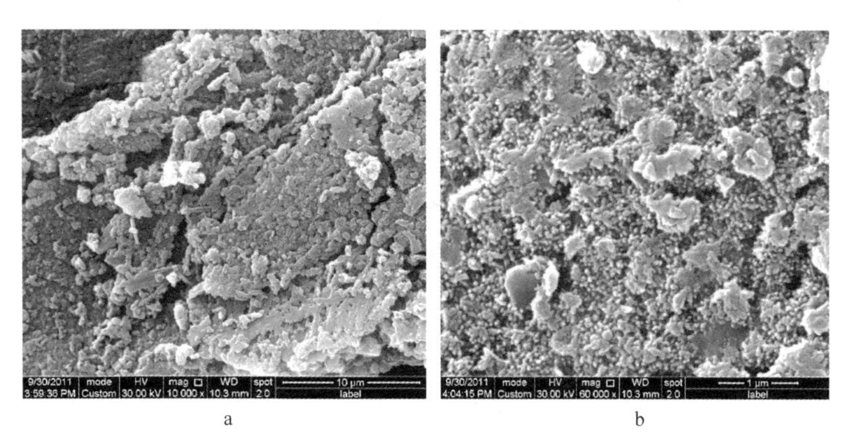

a b

图 4-34 PANI/PEDOT 复合材料表观形貌图（SEM）

a—10000 ×；b—60000 ×

4.4 聚苯胺复合阳极材料的结构与性能

作为电沉积锌的阳极材料，首先应该满足传送电流的需要，具有很好的导电性；其次，在长期接触强酸电解质的条件下，仍然工作正常，故应有良好的抗腐蚀能力。耐腐蚀性的强弱决定了材料用于电沉积锌阳极的可能性。PEDOT 及其复合材料不仅导电性好，又有较好的耐腐蚀性能。对最佳工艺条件下制备的 PEDOT、PEDOT/PANI 以及 PANI/PEDOT 复合材料电极的结构和热稳定性、表观形貌、电化学性能做系统研究，并探讨 PEDOT/PANI 以及 PANI/PEDOT 的聚合机理。

阳极的制备：将合成的 PEDOT、PEDOT/PANI 以及 PANI/PEDOT 复合材料烘干，研磨，过筛（200 目），然后将称取 0.3g 的导电高分子材料，加入一定量的聚四氟乙烯乳液（质量分数为 60%），研磨 2min，装入自制直径为 8mm 的电极管中，压实。

阳极的电化学性能测试：采用三电极体系，制备好的 PEDOT、PEDOT/PANI 以及 PANI/PEDOT 阳极为工作电极，铂金电极为对电极，饱和甘汞电极为参比电极。将制备而成的阳极置于 38℃ 的 $ZnSO_4-H_2SO_4$ 电解液体系中，其中 Zn^{2+} 60g/L，H_2SO_4 150g/L，采用 CS350 电化学工作站（武汉科思特仪器有限公司）进行电化学性能的测试。阳极极化曲线的测试扫描速率为 10mV/s，扫描电位范围为开路电位 ~1.8V 时的极化曲线；在开路电位下，扫描频率为 100kHz ~ 0.001Hz 的交流阻抗图谱；扫描速率为 10mV/s，扫描电位范围为 -0.20 ~1.0V，扫描次数为 50 次的循环伏安曲线；扫描速率为 5mV/s，扫描电位范围为 0 ~0.8V 的塔菲尔曲线。

4.4.1　结构分析与形貌分析

4.4.1.1　结构分析

图 4-35 是 PEDOT、PEDOT/PANI 以及 PANI/PEDOT 复合材料的红外光谱图。从图 4-35 可以看出，复合材料 PEDOT/PANI 和 PANI/PEDOT 的图谱中均含有较强的 PANI 特征峰和较弱的 PEDOT 的特征峰，噻吩环的 C═C 和 C—C 的不对称伸缩振动峰均与苯环的 C═C 和 C—C 重叠，体现在 $1570cm^{-1}$ 与 $1478cm^{-1}$ 之间的两个较强峰；在 $1303cm^{-1}$ 与 $1241cm^{-1}$ 间均表现出醌式和苯环骨架结构中的 C—N 伸缩振动峰。PEDOT/PANI 复合材料中噻吩环上亚乙二氧基环 C—O—C 的伸缩振动峰表现在 $1126cm^{-1}$ 处，而 PANI/PEDOT 中表现在 $1029cm^{-1}$ 处，噻吩环上 C—S 的弯曲变形振动使得 1，4-取代苯环上 C—H 面的外弯曲振动峰发生了红移，而噻吩环的变形振动峰在复合材料中均得到了体现。

导电高聚物分子结构近程由结构规整的重复单元键接而成，较为有序，而高分子长链容易缠绕，分子柔顺性较差，易团聚故远程

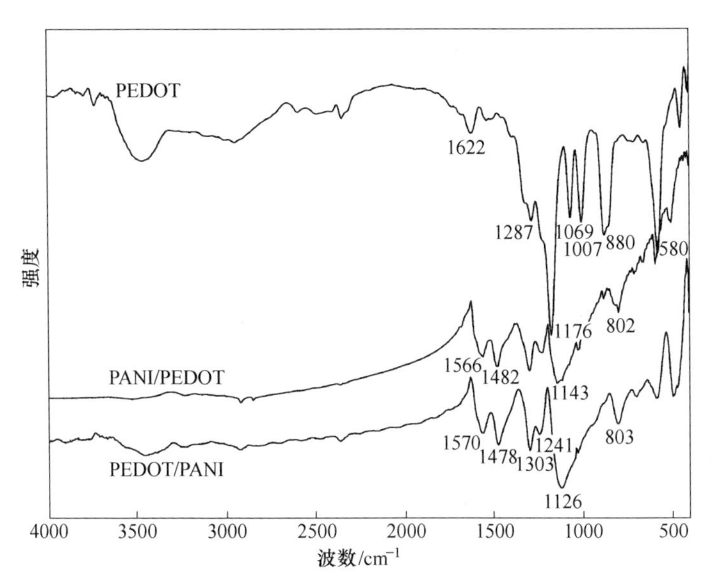

图 4－35　PEDOT、PEDOT/PANI 和 PANI/PEDOT 复合材料的 FT－IR 图谱

有序性较差，故高分子聚合物的结晶态没有晶体那样完整，一般以晶态相为“岛”，非晶态相为“海”的“海岛结构”，其 X 衍射的特征峰没有晶体材料那样尖锐，衍射峰呈弥散分布状态。在聚合物的衍射图谱中，其衍射峰越多越宽越尖锐，其结晶度越高。

图 4－36 为 PEDOT、PEDOT/PANI 以及 PANI/PEDOT 复合材料的 X 衍射图谱。

由图 4－36 可以看出，有机/无机酸掺杂的 PEDOT 分别在 6.4°左右出现一个较强的衍射峰，12.9°和 22.2°出现较弱的衍射峰，在 25.2°左右出现很强的衍射峰，说明有机无机酸掺杂态的 PEDOT 聚合物具有较好的结晶度。复合材料 PEDOT/PANI 在 2θ 为 6.2°和 15.9°处有一个较强的衍射峰，8.7°和 22.1°出现较弱的衍射峰，20.3°、23.4°和 25.2°处出现较强的衍射峰；复合材料在 2θ 为 15.8°和 23.2°处有一个较强的衍射峰，8.7°和 22.1°出现较弱的衍射峰，20.1°和 25.0°处出现较强的衍射峰，在复合材料内部均出现了 PEDOT 和 PANI 的几个较强和较弱衍射峰，说明 PEDOT 聚合物成功地复合进入了 PEDOT/PANI 和 PANI/PEDOT 复合材料。

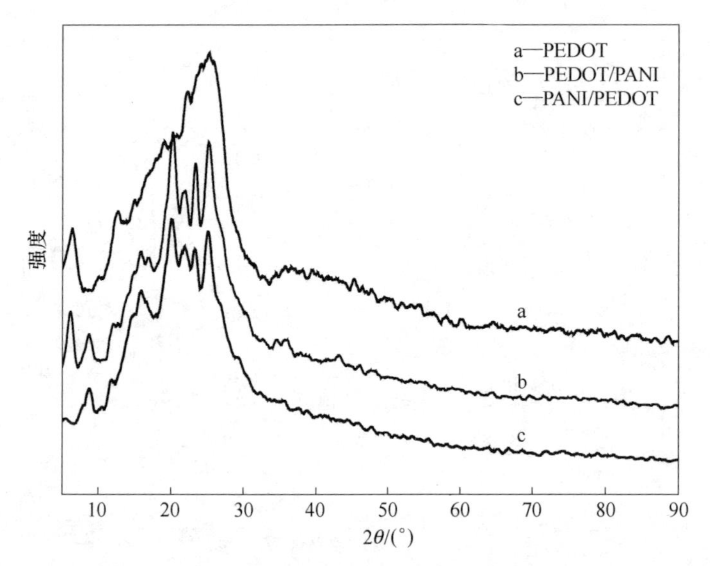

图 4-36　PEDOT、PEDOT/PANI 以及 PANI/PEDOT 衍射图谱

从图中还可以看出，PEDOT 聚合物的峰强度和峰宽均比复合材料的好，说明聚合物 PEDOT 的结晶度比复合材料的高，主要原因是 PEDOT 分子链结构规整，构象较伸展，柔顺性较好，在结晶的过程中，链段向晶核扩散和规整堆积较为容易。在 PEDOT/PANI 和 PANI/PEDOT 复合材料中，PEDOT 分子链的衍射峰均有微小的位移，并且峰强度变化很大。其主要原因是 PEDOT 与 PANI 分子链间存在较强的分子间力，使其构象和分子柔顺性均有变化，结晶的结构发生了改变，PANI 分子链的规整度远弱于 PEDOT 分子链，使得复合材料的结晶能力弱于 PEDOT 聚合物，故结晶度较小，衍射峰的面积明显变小。PEDOT/PANI 复合材料的衍射峰强度比 PANI/PEDOT 复合材料的稍强，说明结晶度较高。主要原因是 PEDOT/PANI 复合材料以 PEDOT 规整的分子链为模板，规整度较高，结晶性较好。

4.4.1.2　表面形貌（SEM）分析

图 4-37 表示出了聚合物 PEDOT、PEDOT/PANI 和 PANI/PEDOT 在扩大 30000 倍的表观形貌。从图中可以看出高分子聚合物 PEDOT 以颗粒形式堆积而成，由于乳化剂未清理干净，使得聚合物分

散不够均匀，存在少量团聚现象。复合材料 PEDOT/PANI 的基体 PEDOT 模板分子链均被 PANI 分子链覆盖，从图中已未见 PEDOT 模板颗粒，仅表现出 PANI 分子链的絮状结构。复合材料 PANI/PEDOT 的模板 PANI 絮状分子链周围几乎长满了 PEDOT 分子支链，从图中可见带刺状的分子团。

图 4 - 37　PEDOT(a)、PEDOT/PANI(b) 以及 PANI/PEDOT(c) 表观形貌图（SEM）

4.4.2　热稳定性分析

图 4 - 38 是 PEDOT、PEDOT/PANI 以及 PANI/PEDOT 的热重分

析曲线图。从图中可以看出，聚合物 PEDOT 的热重分析曲线与复合材料的有差别。在有机/无机酸掺杂的 PEDOT 聚合物有两个大的失重平台，第一个失重平台是从 197. 13 ~ 276. 3℃，失重率达 18. 84%，在这一阶段主要是残余在 PEDOT 主链中的掺杂剂以及分子链表面的残余乳化剂分子脱离；第二个失重平台发生在 357. 0 ~ 410. 8℃，失重率高达 31. 71%，在这一阶段主要是 PEDOT 分子主链降解成小分子，温度过高，PEDOT 开环断链，重量进一步损失。

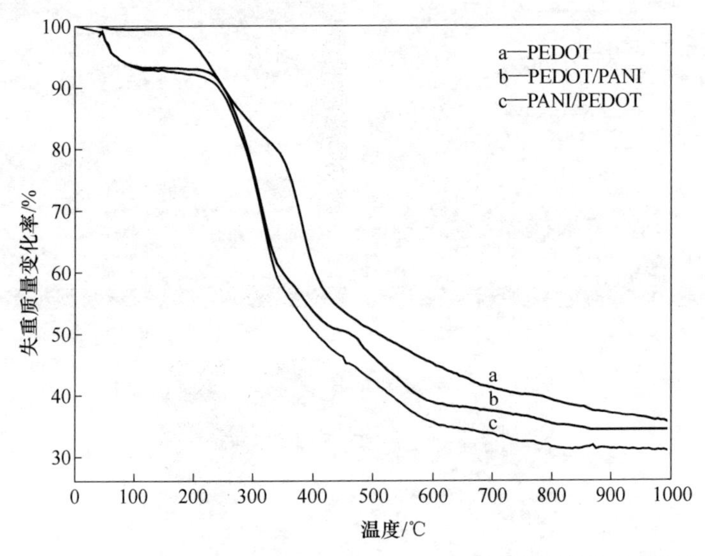

图 4 – 38　PEDOT、PEDOT/PANI 和 PANI/PEDOT 复合材料热重分析曲线

复合材料 PEDOT/PANI 以及 PANI/PEDOT 的热重分析曲线很类似，都具有两个失重平台。其中在 40 ~ 150℃间有微小的失重，这一段主要也是复合材料的分子链间残余水分子和掺杂剂的脱离，与纯的 PEDOT 聚合物的失重平台相比，其温度要低 100℃左右，说明其复合材料的主链锁水能力不及 PEDOT 分子链，PEDOT 分子主链结构较为规整，水分子和掺杂剂与分子链间的相互作用力都较大。复合材料 PEDOT/PANI 第二个失重平台分为两个小阶段，其中在 260 ~ 341. 1℃范围有一个较大的失重率达 42. 46%，这个温度阶段主要是乳化剂大分子的脱离降解，外围 PANI 分子链断裂分解以及少量 PE-

DOT 模板分子链断链；第二阶段发生热失重是在 341.5 ~ 450.9℃，主要是模板分子链 PEDOT 断链以及噻吩环开环断链。复合材料 PANI/PEDOT 的第二个失重平台的温度范围是 264.9 ~ 455℃，失重率高达 47.87%，在这一阶段内，乳化剂分子脱离，PANI 模板主链的外围枝化 PEDOT 分子进行断链，模板主链断链降解。从图中可以看出聚合物的热稳定性始终无法与无机材料和金属材料媲美。

4.4.3 电化学特性分析

4.4.3.1 阳极极化分析

从图 4 - 39 可知，聚合物 PEDOT 的阳极极化曲线图谱与复合材料的阳极极化曲线图谱有较大的差异，在电位较小时，复合材料的电流密度稍高于 PEDOT 的电流密度，因为在乳液聚合 PEDOT 的表面存在很难清理的不导电乳化剂分子，刚通电的情况下，乳化剂分子阻碍电子定向移动，使电流密度较小。随着电位的增加，乳化剂分子开始游移到电解液中，脱离聚合物 PEDOT 分子链，从而使 PEDOT 的电流密度迅速上升超过复合材料，并且在电位较高时，三种聚合物材料均出现一个很大的氧化峰，聚合物 PEDOT 在氧化后电流

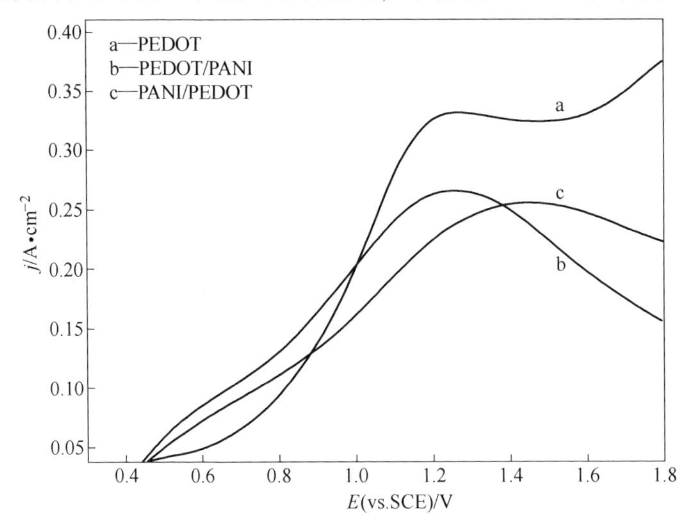

图 4 - 39 PEDOT、PEDOT/PANI 和 PANI/PEDOT 阳极极化图谱

还有所增加，而复合材料在氧化后电流均迅速下降。因为 PEDOT 聚合物的氧化电位较高，阳极的聚合物分子链中夹杂的一部分 EDOT 单体在氧化后能够迅速形成新的分子链，为电子提供新的电子通道，电导率升高。复合材料中的 PANI 分子链氧化后氧化单元和还原单元的比例失衡，导电性降低，电催化活性也降低。PEDOT/PANI 复合材料的电催化活性和导电性优于 PANI/PEDOT 复合材料，因为 PEDOT/PANI 以规整的 PEDOT 分子链为模板，形成的复合材料比用 PEDOT 接枝改性 PANI 的 PANI/PEDOT 复合材料结构更为规整，电子通道更完善，因而其导电性和电催化活性较好，阳极的析氧电位较低。

4.4.3.2　交流阻抗分析

为了更进一步研究 PEDOT、PEDOT/PANI 以及 PANI/PEDOT 复合阳极的吸氧反应动力学特征，在 $ZnSO_4-H_2SO_4$ 电解液体系中进行了电化学阻抗（EIS）测试。在高电位下，大量氧气析出，破坏阳极表面的稳定性，信噪比较差，无法得到理想的结果，故选用在开路电位下进行测试。对于导电聚合物中电荷的传递过程没有确定的模型，根据实验所得的阻抗谱图，采用图 4－40 的等效电路来代表该电化学体系，并用此电路图来拟合在开路电位下测试的阳极交流阻抗图谱。图中 L 为电感；R_s 为未经补偿的溶液电阻；CPE 为阳离子界面的双电层电容即常相位角元件；C 为纯电容；R_p 为聚合物阳极表面产物的吸附和脱附过程产生的电阻；R_{ct} 为电荷的传递电阻。图 4－41 是各阳极在开路电位下的电化学阻抗图谱以及其通过等效电路拟合的 Nyquist 图谱。从图中可以看出，拟合图谱与测试图谱较吻合，说明拟合结果有较高的可信度，具体的拟合等效电路参数如表 4－15 所示。

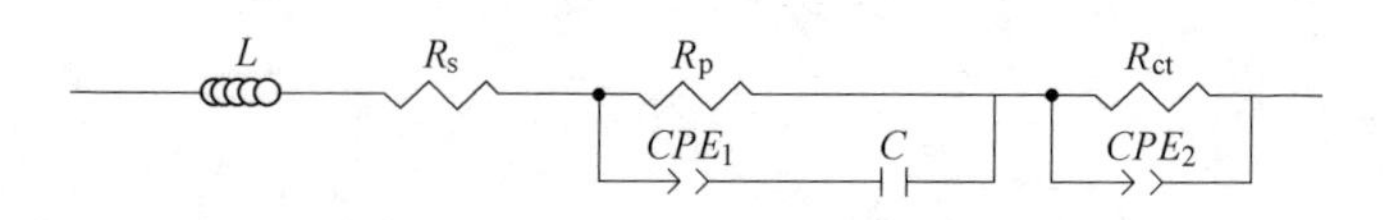

图 4－40　阳极试样的拟合等效电路

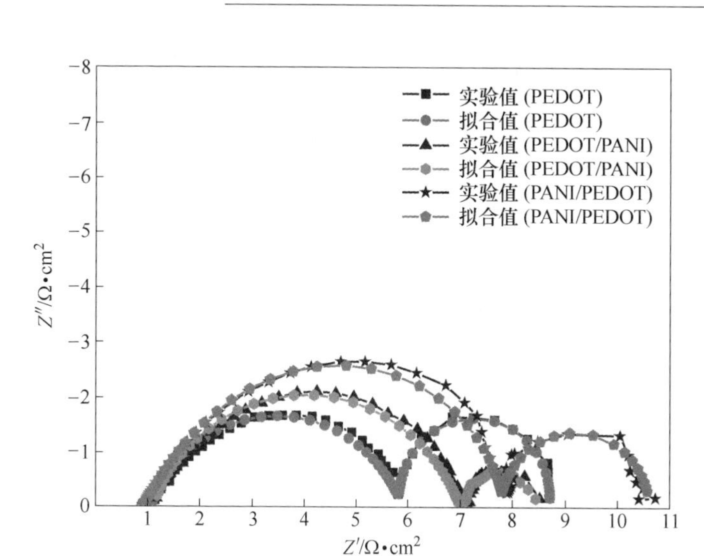

图 4－41　PEDOT、PEDOT/PANI 和 PANI/PEDOT 阳极试样的 Nyquist 图谱

表 4－15　阳极的电化学阻抗各参数的拟合值

阳　　极	PEDOT	PEDOT/PANI	PANI/PEDOT
$L/\Omega \cdot cm^2$	5.68×10^{-8}	6.38×10^{-8}	3.5786×10^{-7}
$R_s/\Omega \cdot cm^2$	1.049	1.076	0.88267
$R_p/\Omega \cdot cm^2$	4.833	5.917	6.953
$CPE_1 - T/\Omega^{-1} \cdot cm^{-2} \cdot S^n$	7.866×10^{-4}	1.1742×10^{-4}	2.6383×10^{-2}
$CPE_1 - P/\Omega^{-1} \cdot cm^{-2} \cdot S^n$	0.76392	0.76839	0.56068
C/F	0.1898	0.1898	0.002698
$R_{ct}/\Omega \cdot cm^2$	2.815	1.447	2.819
$CPE_2 - T/\Omega \cdot cm^2$	0.44986	3.866	5.614
$CPE_2 - P/\Omega \cdot cm^2$	1.086	0.60226	0.977
τ/s	0.036	0.037	0.121

从图可以看出 PEDOT、PEDOT/PANI 以及 PANI/PEDOT 复合阳极从高频区到中频区的图谱形状基本一致，都是一段容抗弧。阳极

的电催化活性与电荷传递阻抗 R_p 有关，半径越小，催化活性越高。从图中可以看出，聚合物 PEDOT 的圆弧半径较小，电极表面电荷转移阻抗 R_p 较小，导电性较好，具有的催化活性也较好。而 PEDOT/PANI 复合材料较 PANI/PEDOT 复合材料的圆弧半径小，说明其传递电阻也比较小，电催化活性较好。从中频区到低频区，三个阳极的阻抗图谱也是一段容抗弧，表示其传质过程主要也是由 R_{ct} 控制。

表 4－15 给出了从阻抗数据拟合得到的聚 3，4－乙烯二氧噻吩阳极以及其复合阳极的等效电路中各参数值。从表中可以很清晰地看出，电荷转移电阻 R_{ct} 与阳极析氧活性电阻 R_p 差异较大，PEDOT 聚合物阳极比 PEDOT/PANI 以及 PANI/PEDOT 复合阳极的电阻小，说明 PEDOT 聚合物的电催化活性更高，PEDOT/PANI 复合材料的电阻 R_p 比 PANI/PEDOT 复合材料的电阻 R_p 小，故其电催化活性相对较好。此外 PEDOT 阳极、PEDOT/PANI 以及 PANI/PEDOT 复合阳极的时间常数 τ 分别为 0.036ms、0.037ms 和 0.121ms，故使用 PEDOT 阳极和 PEDOT/PANI 复合阳极作为电容器的阳极材料较好。

4.4.3.3 循环伏安分析

图 4－42 可知，PEDOT、PEDOT/PANI 及 PANI/PEDOT 复合材料在硫酸锌电解液体系中的循环伏安图谱的对称性都较好，说明阳极的可逆性较好；曲线比较平滑，没有明显的氧化还原峰，说明电解液与电极之间的双电层电容几乎提供了阳极的全部容量。图中各阳极的循环伏安曲线循环 50 次后都有一定的偏移，并且其响应电流密度均有所下降，其响应电流密度是 PEDOT > PEDOT/PANI > PANI/PEDOT，说明 PEDOT 聚合物阳极的电化学稳定性最好，法拉第电容较大，导电性较好，电化学窗口较宽，能够在较高的电位下工作。

4.4.3.4 耐蚀性分析

图 4－43 表示阳极在硫酸锌电解液体系中的 Tafel 图谱，从图中可以看出各阳极的腐蚀电位和腐蚀电流均有所不同，对图谱进行数据分析，得到的腐蚀电位 E_{corr} 和腐蚀电流 i_{corr} 值见表 4－16。

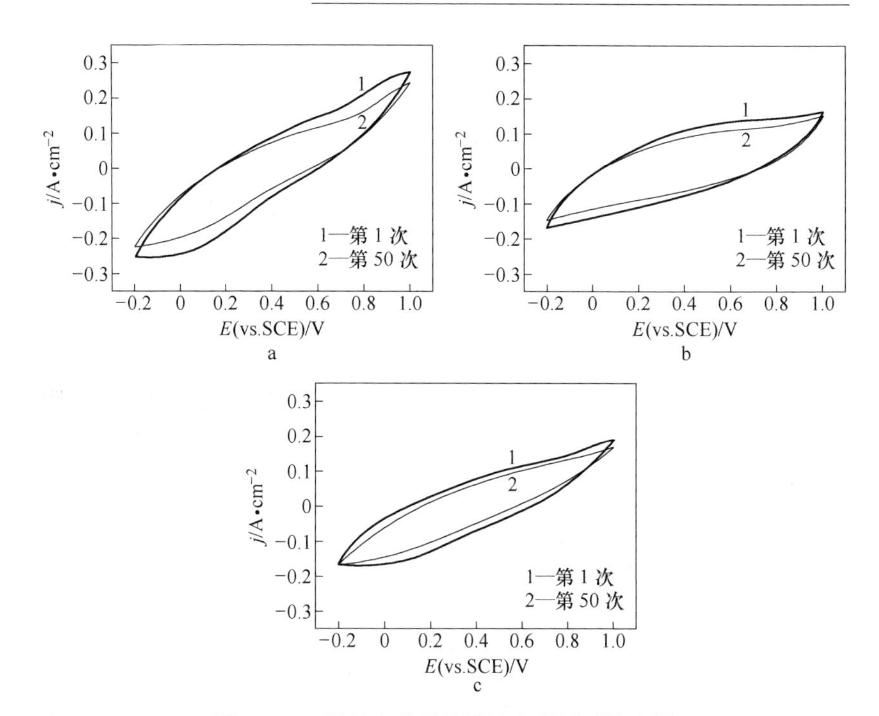

图 4－42 阳极在硫酸锌溶液中的循环伏安图

a—PEDOT；b—PEDOT/PANI；c—PANI/PEDOT

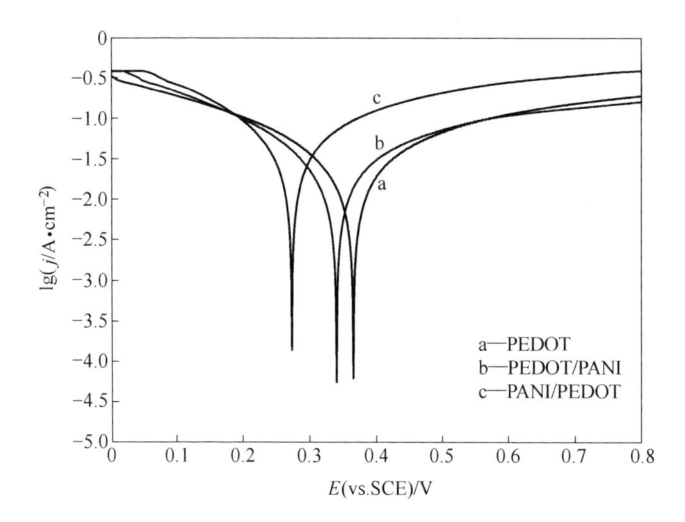

图 4－43 阳极在硫酸锌电解液体系中 Tafel 图

表 4-16　阳极试样在硫酸锌电解液中的腐蚀电位和电流密度

阳　极	腐蚀电位 E_{corr}/mV	腐蚀电流密度 i_{corr}/A·cm^{-2}
PEDOT	364	3.06×10^{-4}
PEDOT/PANI	341	1.43×10^{-4}
PANI/PEDOT	272	3.09×10^{-4}

从表 4-16 可以看出，PEDOT、PEDOT/PANI 和 PANI/PEDOT 复合阳极的自腐蚀电位分别是 364mV、341mV 和 272mV，腐蚀电位最大的是 PEDOT 聚合物阳极，PEDOT/PANI 复合阳极与 PEDOT 阳极相比腐蚀电位较小，并且腐蚀电流也较小，故复合阳极 PEDOT/PANI 的耐腐蚀性能较好。复合阳极 PANI/PEDOT 的腐蚀电位最低，腐蚀电流却最高，其耐腐蚀性能最差。

4.4.4　复合材料聚合机理探讨

4.4.4.1　PEDOT/PANI 聚合机理

PEDOT/PANI 聚合机理如图 4-44 所示。

EDOT 单体在含有乳化剂的有机/无机酸溶液体系中酸化乳化成微小液滴。水相中的复合氧化剂 APS 和 $FeCl_3$ 扩散进入单体胶束，将 EDOT 单体氧化成 EDOT 阳离子自由基，两个离子自由基结合而得二聚体，二聚体进一步氧化成阳离子自由基，与另一个二聚体聚合而得四聚体，如此反复氧化聚合便得到 PEDOT 分子长链。An 单体经有机/无机酸酸化而得苯胺盐，在浓度差的推动力下，扩散进入 PEDOT 分子长链的胶束内，吸附到规整的 PEDOT 分子长链周围，同时，氧化剂 APS 扩散进入胶束，将苯胺盐氧化形成苯胺阳离子自由基，苯胺阳离子自由基从复合氧化剂中夺取六个电子，形成二聚体，部分二聚体被氧化形成新的阳离子自由基，产生新的活性点，与苯胺阳离子耦合而得三聚体、四聚体直至 PANI 分子链增长，包覆在 PEDOT 周围，形成以 PEDOT 为核，PANI 为壳的规整核壳结构。复合掺杂剂中 H^+ 游移进入分子主链，与醌环的氮原子相结合，对阴离子磺基水杨酸根随之进入分子主链，以维持电荷中性。氢质子进入

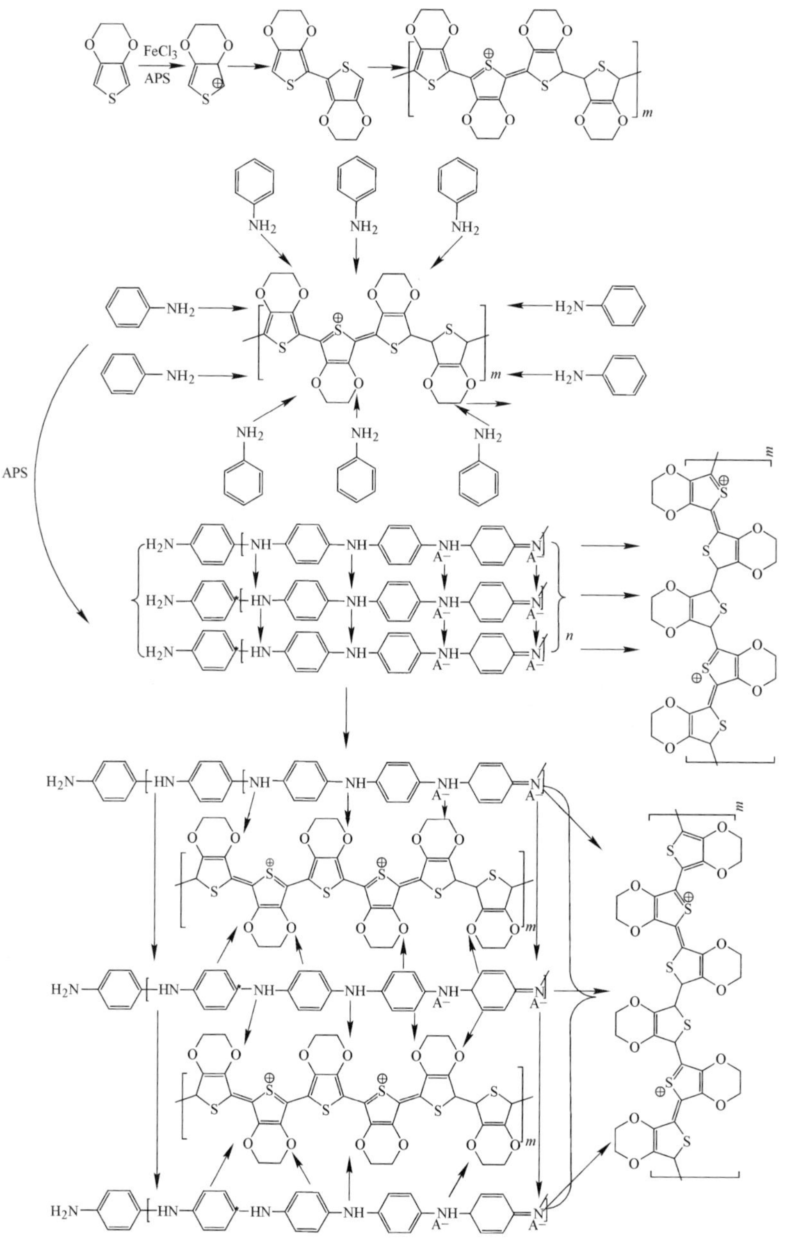

图 4－44 PEDOT/PANI 复合材料聚合机理

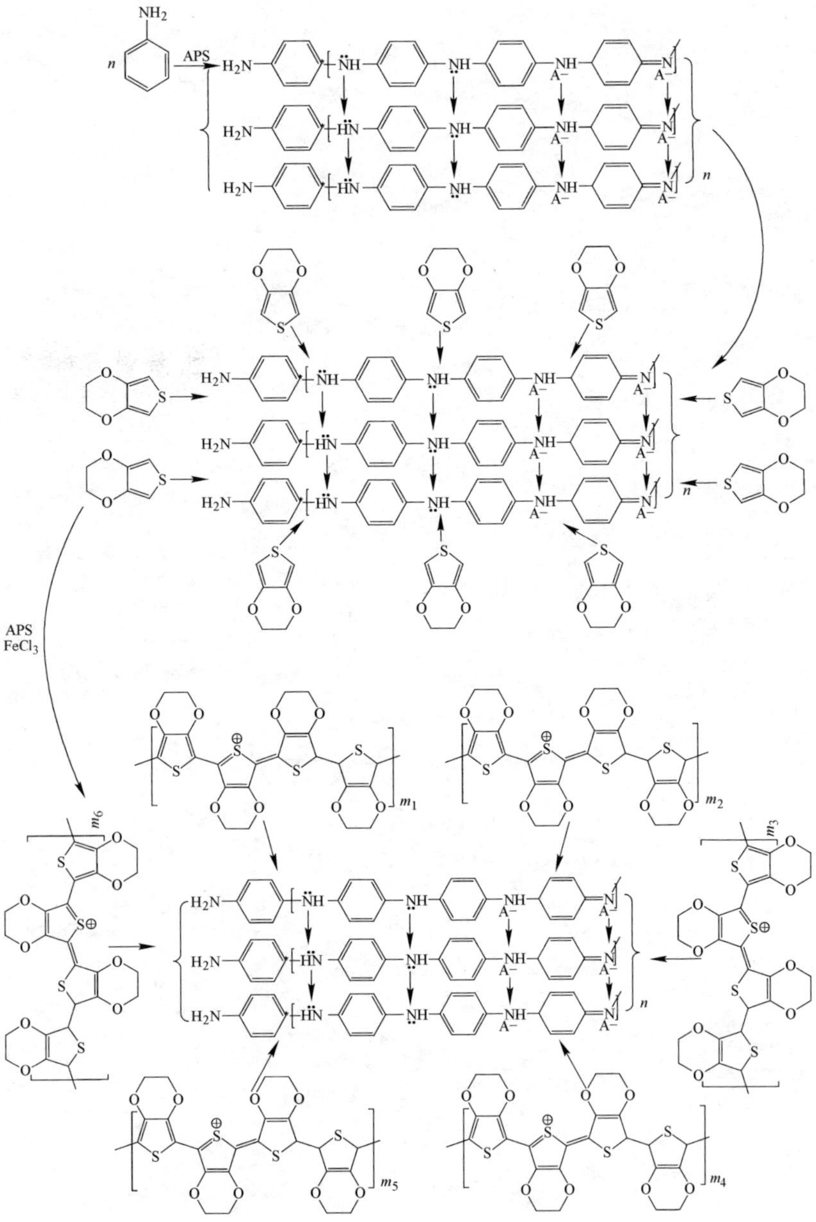

图 4 - 45　PANI/PEDOT 复合材料聚合机理

分子链段，使其掺杂段的价带出现空穴。在外加电场的作用下，自由电荷就振动进入空穴，自由电荷的定向移动，便使聚合物显示其导电性。

4.4.4.2 PANI/PEDOT 复合材料聚合机理

PANI/PEDOT 复合材料聚合机理如图 4－45 所示。

An 在有机/无机酸的体系中形成苯胺盐，苯胺盐在乳化剂的作用下，乳化形成油相胶束。水相体系中的氧化剂 APS 在浓度差的驱动力下进入液滴胶束，将苯胺盐单体氧化形成苯胺阳离子自由基，苯胺阳离子自由基进行耦合聚合逐渐形成二聚体、四聚体以及多聚体，最后形成 PANI 高分子长链。EDOT 单体在有机/无机酸的体系中酸化，然后扩散进入 PANI 分子长链的油相胶束中，在分子间作用力的推动下，依附于 PANI 分子长链，复合氧化剂分子扩散穿过胶束的乳化剂分子层，将 EDOT 单体氧化成阳离子自由基，两个阳离子自由基耦合而成二聚体，二聚体进一步氧化成新的自由基，从而进一步形成四聚体、多聚体，接枝在 PANI 分子长链上。有机/无机酸掺杂剂以及少量阴离子型表面活性剂的对阴离子扩散进入分子长链中，对 PANI 分子链的掺杂形式与 PEDOT/PANI 的相同。对 PEDOT 分子链的掺杂主要是 H^+ 进入分子链形成空穴，对阴离子的进入平衡了分子链的电中性，对阴离子的基团较大，排列规整，削弱了 PEDOT 的分子长链的作用力，使其运动较为自由，构向较伸展，自由电荷在外加电场作用下，更容易定向移动，则导电性较好。

参 考 文 献

[1] 黄维垣，闻建勋．高技术有机高分子材料进展［M］．北京：化学工业出版社，1994.

[2] Jonas F. Polythiophenes, process for their preparation and their use［P］. EP 0339340A2, 1989. 11. 02.

[3] Heywang G, Jonas F. Poly（Alkylenedioxythiophenes）－New, Very Stable Conducting Polymers［J］. Adv. Mater., 1992, 4: 116～118.

[4] Corradi R, Armes S P. Chemical synthesis of poly（3, 4－ethylenedioxythiophene）［J］. Synthetic Metals, 1997, 84: 453～454.

[5] 孙东成，孙德生．PEDOT/PSS 的合成及在抗静电涂料中的应用［J］．高分子材料科学

与工程，2009，7（25）：111～113.

[6] Timpanaro S, et al. Morphology and conductivity of PEDOT/PSS films studied by scanning—tunneling mieroscopy [J]. Chemical Physics Letters, 2004, 394: 339～340.

[7] Wang T, et al. Effects of Poly (ethylene glycol) on electrical conductivity of Poly (3, 4 - ethylenedioxythiophene) - Poly (styrenesulfonic acid) film [J]. Applied Surface Science 2005, 250: 188～194.

[8] Bongkoch S, Michael A. Invernale, Supakanok T, Piyasan P, Daniel A S, Gregory A. S, et al. Preparation of the thermally stable conducting polymer PEDOT - Sulfonated poly (imide) [J]. Polymer, 2010, 51: 1231～1236.

[9] 郑华靖，蒋亚东，徐建华，杨亚杰. 修饰LB膜法制备聚3，4－乙烯二氧噻吩薄膜的光电性能 [J]. 功能材料，2010，41（9）：1501～1506.

[10] Bund A, Neudeck S. Effect of the solvent and the anion on the doping/dedoping behavior of Poly (3, 4 - ethylenedioxythiophene) films studied with the electrochemical quartz microbalance [J]. J. Phys. Chem. B, 2004, 108 (46): 17845～17850.

[11] Leeuw D M, Kraakman P A, Bongaerts P F G, et al. Electroplating of conductive polymers for the metallization of insulators [J]. Synth. Met., 1994, 66 (3): 263～273.

[12] Choi J W, Han M G, Kim S Y, et al. Poly (3, 4 - ethylenedioxythiophene) nanoparticles prepared in aqueous DBSA solutions [J]. Synth. Met., 2004, 141 (3): 293～299.

[13] Li C, Imae T. Electrochemical and optical properties of the Poly (3, 4 - ethylenedioxy - thiophene) film electropolymerized in an aqueous sodium dodecyl sulfate and lithium tetrafluoroborate medium [J]. Macromolecules, 2004, 37 (7): 2411～2416.

[14] 瓦尔勒，迪肯森，江学忠，等. 带有氟化离子交换聚合物作为掺杂物的聚噻吩并噻吩的水分散体 [P]. 中国专利：1781968，2005－10－13.

[15] Fei J F, Lim K G, Palmore G T R. Polymer composite with three electrochromic states [J]. Chem. Mater., 2008, 20 (12): 3832～3839.

[16] Chu C C, Wang Y W, Yeh C F, et al. Synthesis of conductive core - shell nanoparticles based on amphiphilic starburst Poly (n - butyl acrylate) - b - Poly (styrenesulfonate) [J]. Macromolecules, 2008, 41 (15): 5632～5640.

[17] Ha Y H, Nikolov N, Pollack S K, et al. Towards a transparent, highly conductive Poly (3, 4 - ethylenedioxythiophene) [J]. Adv. Funct. Mater., 2004, 14 (6): 615～622.

[18] Yang P, Deng J Y, Yang W T. Confined photo - catalytic oxidation: a fast surface hydrophilic modification method for polymeric materials [J]. Polymer, 2003, 44: 7157～7164.

5　碳纤维/聚苯胺/CeO_2/WC 复合材料的制备技术

5.1　杂化型 CeO_2/WC 复合材料的制备及性能研究

5.1.1　CeO_2/WC 复合粉及阳极的制备方法

二氧化铈（CeO_2）具有独特的4f电子结构，在光、电和磁方面具有独特的性质[1]，这些性质使其在工业生产中得到广泛应用，如固体氧化物燃料电池中的氧传导体、精细化学合成及电池阳极材料中的催化剂[2~4]。近年来，各种性质及形态的 CeO_2 及其复合材料得到相继开发应用。Gorte 和其研究小组通过双层流延和离子浸渍法相结合制备了 Cu－CeO_2－YSZ 阳极[5,6]，研究结果显示，加入 CeO_2 提高了阳极的电化学活性，同时该阳极表现出明显优于传统阳极耐硫抗碳的性能。靳艾平等[7]采用溶胶－凝胶法合成了 TiO_2－CeO_2 离子储存电极薄膜，研究表明，薄膜具有良好的循环可逆性、较快的锂离子扩散速率和较高的锂离子储存容量。黄惠等[8]通过水热法合成了 MoO_3/CeO_2 复合材料，研究结果显示，MoO_3/CeO_2 复合材料的电化学活性显著优于纯 CeO_2，且当 MoO_3 的含量（质量分数）为12.5%时，该复合材料的电化学活性和导电性较佳。施斌斌等[9]通过机械化学法和原位还原法制备了 TiO_2/ WC 纳米复合材料，并通过电化学测试其对硝基苯酚的催化活性，结果显示，材料的电催化性和晶相组成有关，WC（粒径14.7~15.8nm）/TiO_2 复合材料表现明显的协同作用。实验通过沉淀－氧化法合成以 WC 负载 CeO_2 的复合材料，反应式如下：

$$Ce(NO_3)_3 \cdot 6H_2O + 3NaOH = Ce(OH)_3 \downarrow + 3NaNO_3 + 6H_2O \quad (5-1)$$

$$Ce(OH)_3 + (2x-3)\ H_2O_2 \xrightleftharpoons{\Delta} CeO_x + (2x-1.5)\ H_2O + (0.5x-0.75)\ O_2 \quad (5-2)$$

$$CeO_x \xrightarrow{\text{高温煅烧}} CeO_2 + (0.5x-1)\ O_2\uparrow \quad (5-3)$$

参照文献［10］设置合成条件：根据反应式 5－1 和式 5－2 溶液中的 Ce^{3+} 会被氧化成高价氧化铈（CeO_x）。具体操作如下：称取 0.0175 g PVP 超声分散在 1.7 g/L 480 mL NaOH 溶液中，盐化 30 min 加入一定质量的 WC（具体配比的 WC 质量如下：0、0.3965g、0.7865g、1.1765g、1.4365g、1.6965g、1.9565g、2.2165g），超声分散 10 min，在搅拌条件下加入 6.2 g/L 480 mL Ce（NO_3）$_3$·$6H_2O$ 溶液，待反应完全后，加入 10 mL 30 % H_2O_2 置于 363 K 的水浴锅中反应 1 h。反应结束后洗涤→过滤→干燥→碾磨。根据反应式 5－3 将 CeO_x 煅烧（723 K）成均一稳定的 CeO_2，碾磨待用。

取适量不同 CeO_2 含量的 CeO_2/WC 复合粉，加入适量的胶黏剂（PVA）调成细腻均匀的糊浆后涂敷在一定规格碳纸上，自然阴干后检测其电化学性能。

5.1.2 CeO_2/WC 复合粉的电化学性能

图 5－1 为不同 CeO_2 含量 CeO_2/WC 复合材料在频率为 0.1～10^5 Hz，极化电位 1.4 V 下的 EIS 谱图。由图可知，不同 CeO_2 含量的阻抗图谱基本相似，高频区出现一个很小半圆，它代表复合电极中非电化学活性区的微孔电容（离子欧姆降/活性层内的双电层）和电阻（供电导线和复合电极之间的电接触）的并联[11]，不依赖法拉第过程动力学；之后相继出现一段实部和虚部近似相等的直线，其特征类似于 Warburg 阻抗，它与质子的迁移和双电层电容有关，受限于质子的迁移；中低频区处有一个容抗弧，低频区还出现了轻微的感抗弧，此半圆与法拉第过程动力学有关[12]。感抗弧由两方面的因素引起：电极外部系统和电极内部系统，外部系统感抗主要来自于导线和负载，内部系统主要来自于电极的多孔结构和特定的催化效应，它们会对高中低频的阻抗产生不同程度影响[13]。同时，随着 CeO_2 含量的增加，EIS 谱图高频的变化很小，因为在高频区域时等效元件

不依赖法拉第过程动力学。而中低频区的容抗弧，随着 CeO_2 含量的增加，法拉第阻抗先减小后增大，在 CeO_2 含量（质量分数）为 55%、65%时的法拉第阻抗变化微小均视为最小，表现出较好的电化学活性。

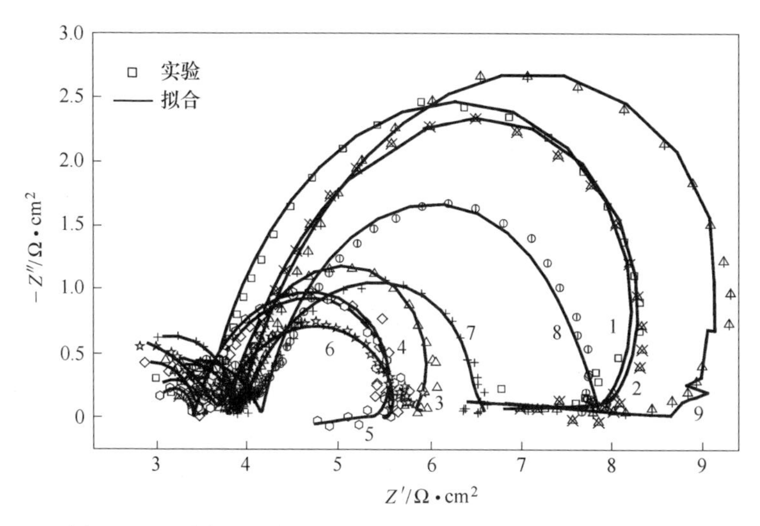

图 5-1 不同 CeO_2 含量的 CeO_2/WC 复合材料的 Nyquist 曲线

1—0%（质量分数）；2—15%；3—30%；4—45%；5—55%；6—65%；7—75%；8—85%；9—100%

为进一步分析复合材料的电化学行为，采用图 5-2 所示的等效电路对 CeO_2/WC 复合材料的 EIS 谱图进行拟合，拟合的各参数如表 5-1 所示。R_s 为参比电极和工作电极之间未被补偿的溶液电阻；

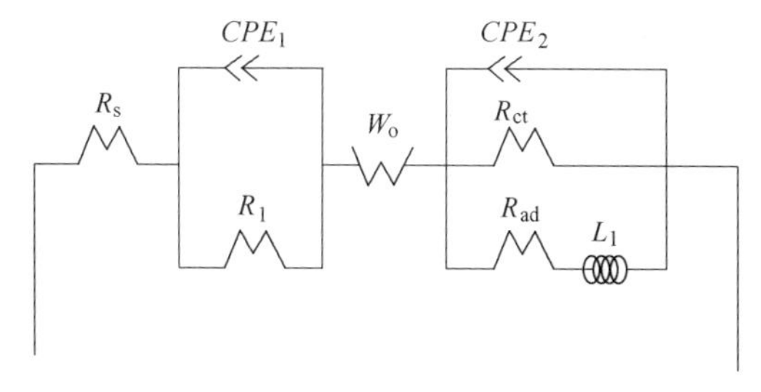

图 5-2 拟合电路图

CPE_1 为常相位角元件，相当于非电化学活动区的微孔电容；R_1 为复合电极的电阻；并联（CPE_1 R_1）反应的是最高频处的半圆。W_o 为 Warburg 有限扩散阻抗；CPE_2 为溶液与复合电极之间的双电层；R_{ct} 为电荷转移电阻；R_{ad}是吸氧过程中由于氧中间态物质的吸附引起的电阻；L_1 是吸氧过程中氧中间态物质的吸附弛豫引起的电感效应。并联（CPE_2R_{ct}（$R_{ad}L_1$））再和 W_o 串联，所反应的阻抗图谱为第二个半圆。

由表 5－1 可知，随着 CeO_2 含量增加，R_s 和 CPE_1 略有变化，实验误差导致；R_1 先减小后增大，CeO_2 含量（质量分数）为 55%、65%时 R_1 相差微小均视为最小，说明当 CeO_2 含量（质量分数）为 55%、65%时复合电极活性面积最大。活性面积增大致使反应微粒增多、反应速率加快（即电荷转移电阻 R_{ct}小），相应的 W_o 就会随之增加。活性面积增大即可增加复合电极和电解溶液的接触面积（即 CPE_2 增大）。快速的电极反应，减弱了吸氧过程中氧中间态物质在复合电极表面的吸附，这会使原被覆盖的表面层暴露出来，又会加速氧的还原，表现为 R_{ad}和 L_1 变小。

表 5－1　阳极试样的电化学阻抗各个参数的拟合值

m（CeO_2）/%	R_s /Ω·cm²	CPE_1 /$\Omega^{-1}\cdot S^n\cdot cm^{-2}$	n_1	R_1 /Ω·cm²	W_o /$\Omega^{-1}\cdot S^{1/2}$	CPE_2 /$\Omega^{-1}\cdot S^n\cdot cm^{-2}$	n_2	R_{ct} /Ω·cm²	R_{ad} /Ω·cm²	L_1 /H·cm²
0	2.83	0.51×10^{-5}	0.88	1.06	0.98	0.05×10^{-5}	0.87	7.66	13.2	7.1
15	2.96	0.68×10^{-5}	0.96	1.02	0.62	0.07×10^{-5}	0.81	6.71	10.1	6.2
30	2.72	0.44×10^{-5}	0.92	0.70	0.66	0.07×10^{-5}	0.93	2.79	6.7	7.3
45	2.40	0.81×10^{-5}	0.86	0.67	0.66	0.09×10^{-5}	0.81	2.80	12.0	7.0
55	2.16	0.48×10^{-5}	1.00	0.63	0.72	0.04×10^{-5}	0.80	2.59	6.7	7.2
65	1.81	0.58×10^{-5}	0.62	0.60	0.64	0.13×10^{-5}	0.75	2.13	12.0	7.0
75	2.39	0.49×10^{-5}	0.89	1.04	0.62	0.08×10^{-5}	0.75	3.28	15.8	7.9
85	2.75	0.46×10^{-5}	0.72	1.39	0.60	0.07×10^{-5}	0.85	4.88	15.9	7.9
100	2.83	0.41×10^{-5}	0.85	1.51	0.98	0.05×10^{-5}	0.79	8.79	12.0	7.0

通过上述分析，在 CeO_2 含量（质量分数）为 55%、65% 时表现出较好的电化学特性。为进一步研究复合材料作为阳极材料的电化学活性，分别测试 CeO_2 含量（质量分数）为 55% 和 65% 复合材料阳极极化曲线，结果如图 5－3 所示。

图 5－3 为 CeO_2（55%、65%）/WC 复合材料在 65g/L Zn^{2+} + 150g/L H_2SO_4 溶液中，1.0～2.0 V 电压范围下的阳极极化曲线。由图可知，低电位时曲线 1 和曲线 2 的极化电流变化微小，但当电位 E_a >1.4 V 后，在相同极化电位下，曲线 2 的相应极化电流明显大于曲线 1 的极化电流，说明此时 CeO_2（65%）/WC 表现出较好的电催化活性。为进一步研究复合材料的电催化行为，选取在稳态电流密度为（200 ± 0.2）A/m² 下，对复合材料进行恒电流极化测试 90min，测试结果如图 5－4 所示。

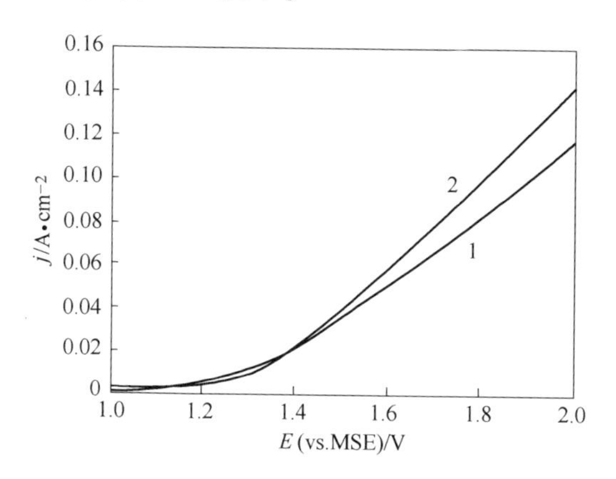

图 5－3 CeO_2/WC 复合材料的阳极极化曲线

1—55%；2—65%

图 5－4 为 CeO_2（55%、65%）/WC 复合材料在 65g/L Zn^{2+} + 150g/L H_2SO_4 电解液中，200 A/m² 的电流密度下，恒电流极化 90min 图谱。由图可知，随着极化时间的延长，极化电位逐渐降低并达到稳定值，说明复合材料有一个活化过程。但 CeO_2 含量为 65% 的极化电位明显低于 55%，说明此时复合材料的电催化活性最好，极化电位低至 1.31V，因此 CeO_2 最佳含量确定为 65%。

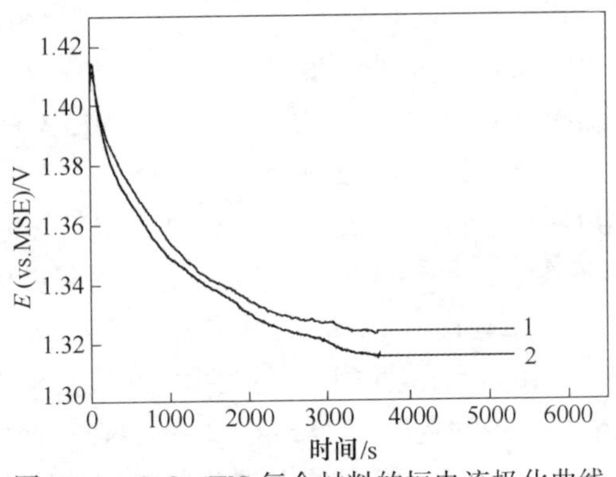

图 5－4　CeO_2/WC 复合材料的恒电流极化曲线

1—55%；2—65%

5.1.3　形貌和成分分析

5.1.3.1　SEM 分析

图 5－5 为 WC 和 CeO_2（65%）/WC 复合材料的 SEM 图。由图可看出，WC 和 CeO_2/WC 复合材料均呈无规则碎石状，且 WC 的平均粒径在 1.5 μm 左右，复合材料有团聚现象（图 5－5b 中的点 1）。为进一步分析该复合材料微观特征，对其微区不同的三个位置进行能谱分析，各位置的能谱图如图 5－6 所示，相应的元素含量见表 5－2。

a

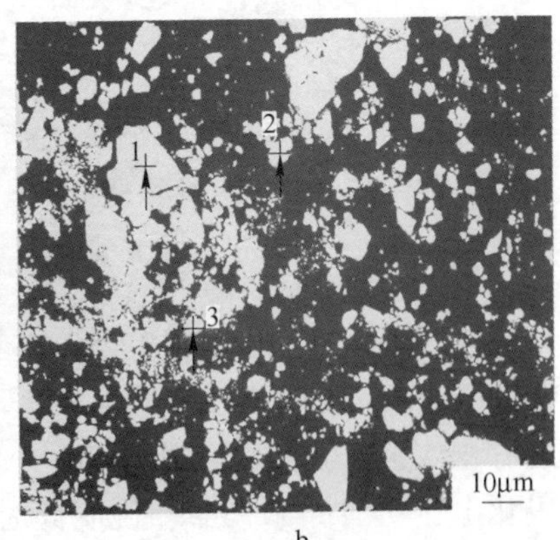

b

图 5－5　WC（a）、CeO_2(65%）/WC(b）的 SEM 图

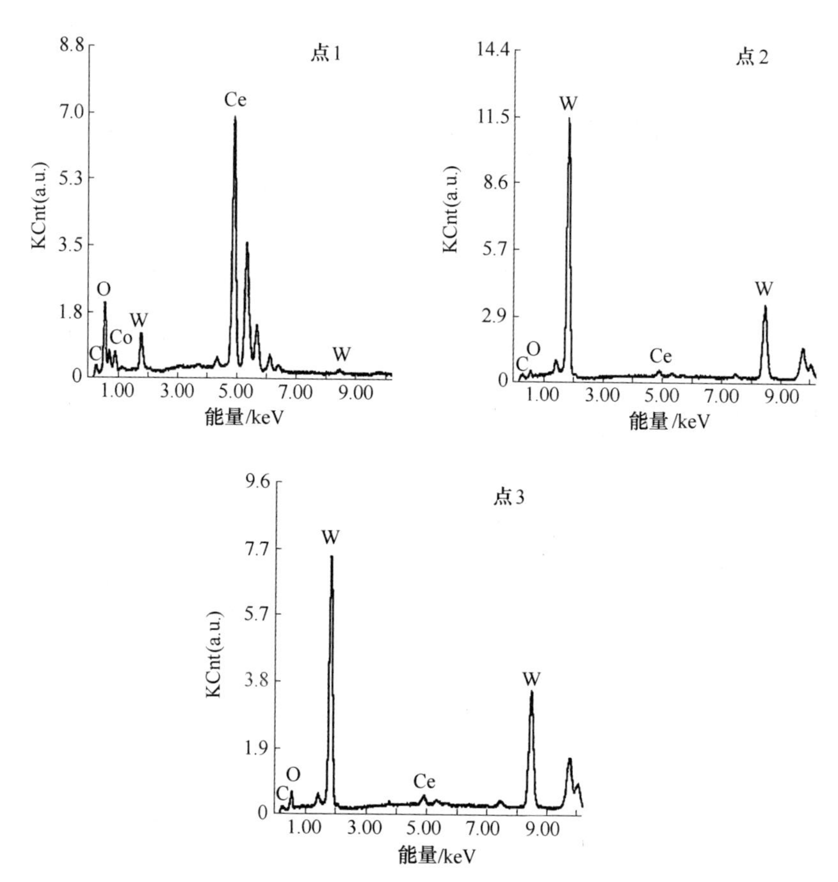

图 5-6 CeO_2（65%）/WC 复合材料在点 1、点 2 和点 3 处的能谱分析图

表 5-2 CeO_2（65%）/WC 复合材料的能谱分析数据

元素	点 1 各元素的摩尔分数/%	点 2 各元素的摩尔分数/%	点 3 各元素的摩尔分数/%
Ce	17.78	1.37	1.87
O	52.03	20.07	38.31
W	0.59	22.49	29.66
C	29.60	55.44	30.13

由表 5－2 知，该复合材料中含 Ce、O、W、C 四种元素。点 1 处主要以 CeO_2 为主，其中部分 CeO_2 吸附了微量的 WC 颗粒，n（Ce）：n（O）<1∶2，n（W）：n（C）<1，说明测试体系中有 CO_2 和 O_2 存在。点 2 处 W 的摩尔分数为 22.49%，C 的摩尔分数为 55.44%，说明此处主要为 WC 颗粒，WC 表面吸附有大量的 CO_2。Ce 的摩尔分数为 1.37%，说明部分 WC 中有 CeO_2 的掺杂。点 3 处主要也为 WC，但 n（W）：n（C）≈1，Ce 的摩尔分数为 1.87%，说明此处 CeO_2 的掺杂量最多。由此知，复合材料中团聚主要由 CeO_2 造成，WC 分散较均匀，且 WC 中皆有 CeO_2 掺杂现象。

5.1.3.2 XRD 分析

图 5－7 为纯 WC 、CeO_2 和 CeO_2（65%）/WC 复合材料的 XRD 图谱。由图知，纯 CeO_2 和复合材料中 CeO_2 的衍射峰位置基本一致，说明复合前后并没有改变 CeO_2 的晶型，并与标准卡片（PDF # 65－5923）的特征峰相符，说明 CeO_2 为面心立方结构；纯 WC 和复合材料中 WC 的衍射峰位置基本一致，但峰的强度大幅度减弱，说明复合前后并没有改变 WC 的晶型，但复合后结晶度降低了，并与标准卡片（PDF # 65－4539）上的特征峰相同，说明 WC 为六角密排

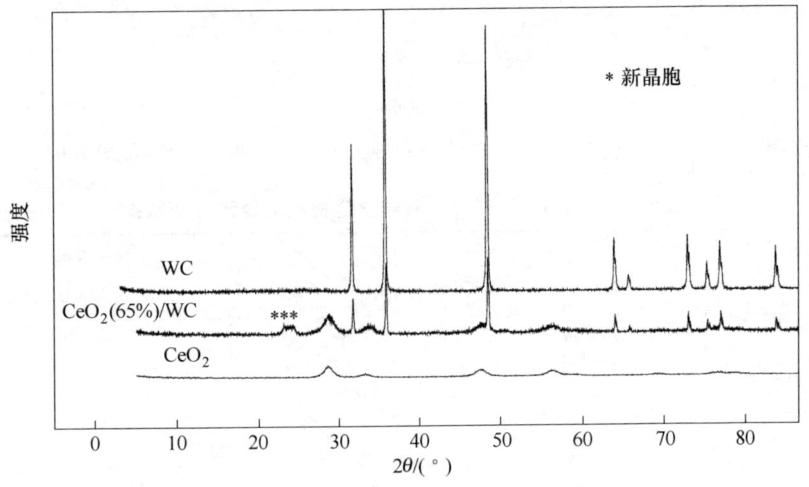

图 5－7 纯 WC 、CeO_2 和 CeO_2（65%）/WC 复合材料的 XRD 图谱

结构；更值得注意的是复合材料中，在 23.5°、23.7°、24.4°处出现了新的衍射峰，说明 CeO_2 和 WC 之间不是简单的物理包覆，它们之间生成了新相。

5.1.3.3 XPS 分析

为了进一步证实复合材料中有新相生成，对 CeO_2（65%）/ WC 复合材料进行 XPS 分析，结果如图 5－8 所示，图中数据均经过碳矫正。由图 5－8a 知，该复合材料表面主要元素为 Ce、O、W、C。由图 5－8b 知，该复合材料中 W 的 $4f_{7/2}$、$4f_{5/2}$为两个较尖锐的独立峰，相应的结合能分别为 34.04eV、36.09eV，两者的差值为 2.05eV。标准 WC 的表面结合能分别为 31.5eV、32.2eV，两者差值为 0.7eV，这说明 Ce 的加入影响了 W 的费米能级。由图 5－8c 知，复合材料中

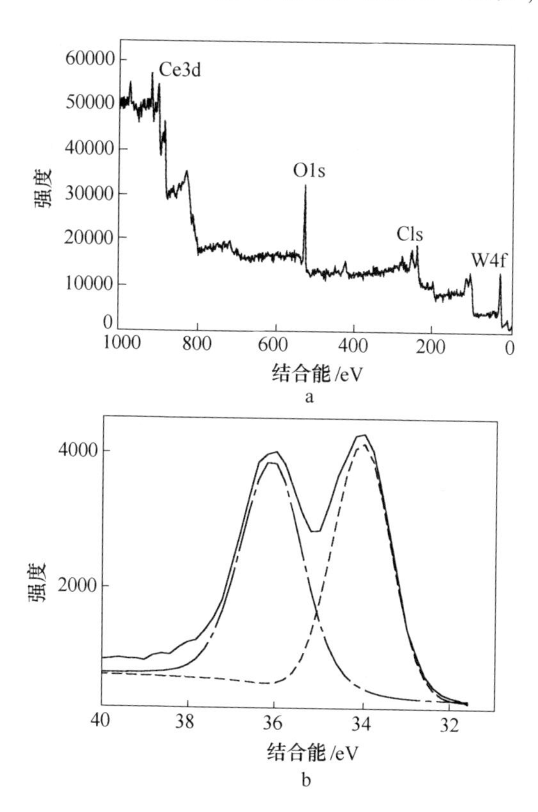

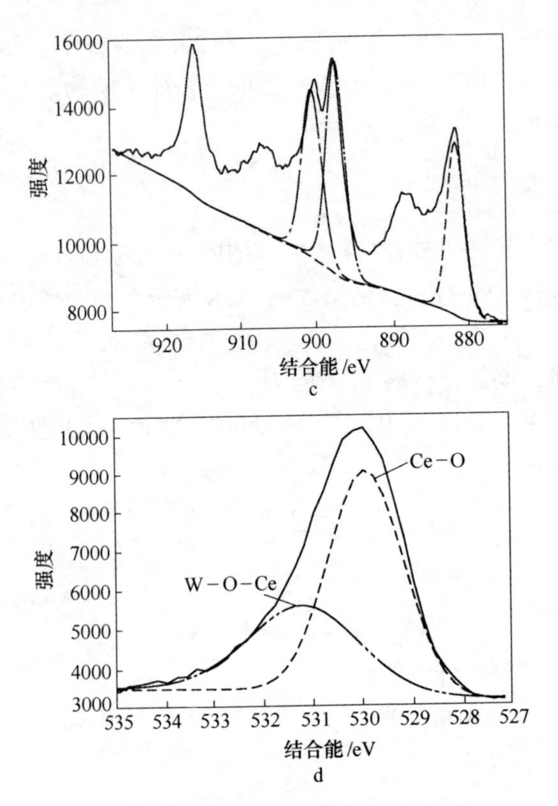

图 5-8 CeO_2（65%）/WC 的全谱（a）、W4f（b）、Ce3d（c）和 O1s（d）的 XPS 图谱

Ce 的 $3d_{5/2}$、$3d_{3/2}$ 的结合能分别为 881.56eV、897.26eV，两者的差值为 15.7eV。标准 Ce 的 $3d_{5/2}$、$3d_{3/2}$ 的结合能为 884eV、902eV，两者的差值为 18eV。这说明复合材料中 CeO_2 的铈原子核和内层电子之间的结合能发生了变化[8]。由图 5-8d 知，复合材料表面氧的化学态变化非常明显，O1s 由 CeO_2 的对称单峰分裂为两个峰，这说明复合材料表面有两种氧的存在形式。根据峰的位置（529.9eV 和 531.2eV）可知，这两种表面氧不是二氧化碳和氧气（533eV）中的晶格氧，一种是 CeO_2（529.9eV）中的晶格氧，另一种可能是新物相中的晶格氧。除此之外 Ce$3d_{3/2}$ 峰的高能处又出现一峰，这也可能

是新物相作用。进一步说明该复合材料并非简单的物理混合，WC 和 CeO_2 之间形成了一定强度的化学键，WC 表面的若干原子已占据了 CeO_2 表面的氧空位，并在界面上形成新物相，与前面的 XRD 衍射一致。

总之，从上述推知 WC 和 CeO_2 之间确实生成了新物相固溶体，该固溶体的形成降低了氧扩散电阻，同时还增加了 CeO_2 中晶格氧的扩散速率和活动能力，将 CeO_2/WC 复合材料用作阳极则表现为吸氧速率比纯 CeO_2 和 WC 高、析氧过电位降低，即电化学活性好，这与前面的电化学分析相符。

通过对不同 CeO_2 含量的 CeO_2/WC 复合材料结构、表面形貌和电化学活性等进行分析，得出结论：(1) CeO_2/WC 复合材料在 65g/L Zn^{2+} +150g/L H_2SO_4 体系中具有较好的电化学活性和导电性，且较纯 CeO_2 和 WC 都好。当 CeO_2 的含量为 65%（质量分数）时，复合材料的电化学活性和导电性较佳。(2) CeO_2/WC 复合材料不是 WC、CeO_2 简单的物理混合，它们之间形成了新物相。

5.2 PANI/CeO_2/WC 复合材料的制备及性能研究

近年来，聚苯胺与 CeO_2 和 WC 复合材料的研究屡见报道。徐惠[14]等采用原位聚合法研制了 PANI/CeO_2 复合材料，研究结果显示，CeO_2 可使聚苯胺微粒均匀细化，但是在苯胺聚合过程中 CeO_2 充当了氧化剂，而不能稳定存在。桑晓光[15]等采用恒电流法在石墨电极上沉积了 PANI/CeO_2 复合膜，研究结果显示，在特定电压下可合成“羊角”状复合膜，该膜上有许多上宽下窄的楔形空间，有利于外界微粒进入复合膜并与之充分接触，从而可提高其电化学催化、电化学储能等性能。黄惠等[16]采用原位聚合法制备了 PANI/WC 复合材料，研究结果显示，苯胺在 WC 颗粒的表面进行聚合，形成 WC 负载 PANI 复合材料，表现出较好的导电性和电催化活性。Zhan Peng[17]等采用双脉冲电沉积法研制了 Al/Pb - PANI - WC 惰性复合阳极材料，研究结果显示，该阳极较传统 Pb - Ag 合金阳极有较高的电催化活性、电极反应可逆性、好的耐腐蚀性和低析氧过电位等。但聚苯胺、WC、CeO_2 三元复合目前还未见报道，本节将 5.1 节中合

成的最佳 CeO_2/WC 复合粉与苯胺聚合，研究了复合材料中 CeO_2/WC 复合粉与苯胺的配比和最佳聚合时间对 PANI/CeO_2/WC 复合材料电性能的影响，其他实验条件同文献［18］，并通过电导率、交流阻抗和阳极极化测试与各反应条件之间的关系，确定 PANI/CeO_2/WC 复合材料的最佳 CeO_2/WC 复合粉与苯胺的配比和聚合时间。

5.2.1 PANI/CeO_2/WC 复合材料及阳极的制备

课题组前期系统地研究了聚苯胺的合成条件实验，初步筛选出合成聚苯胺的最佳工艺条件[19]，本实验参照文献［20］设置 PANI/CeO_2/WC 复合材料合成条件。配制酸溶液，6mL H_2SO_4 + 1.325g SSA，160mL；配制氧化剂溶液，取 40mL 混合酸溶液 + 5.475g APS，搅拌均匀，并将溶液降温至（10 ± 2）℃；配制苯胺单体溶液，80mL 酸溶液 + 2.5mL 苯胺单体，搅拌均匀盐化 30min；配制反应溶液：根据 CeO_2/WC 复合粉（5.1 节中的最佳配比）与苯胺单体的不同体积比（0.025g/mL、0.05g/mL、0.075g/mL、0.1g/mL、0.125g/mL），称取 CeO_2/WC 复合粉后溶于 40mL 酸溶液，超声分散 20min，移入三颈烧瓶后，将配制的苯胺单体溶液加入其中搅拌均匀，加入一定规格碳纸[19]，缓慢滴加氧化剂溶液（滴加时间控制在 30min），温度控制在（10 ± 2）℃，反应完成后将一定规格的碳纸取出自然阴干，并对反应溶液进行抽滤→洗涤→干燥→碾磨，即可得到 PANI/CeO_2/WC 复合材料。对所得的 PANI/CeO_2/WC 复合材料及阳极进行表征。

5.2.2 CeO_2/WC 复合粉与苯胺的配比选择

5.2.2.1 复合粉加入量对 PANI 基复合材料电导率的影响

在 PANI/CeO_2/WC 复合材料合成中，固定苯胺和过硫酸铵的量，改变 CeO_2/WC 复合粉加入量合成复合材料的电导率数据见表 5-3。由表可知，在苯胺和 APS 量固定下，随着 CeO_2/WC 复合粉浓度增加，电导率逐渐增加，当 CeO_2/WC 复合粉浓度增加到 0.075g/mL 时，电导率达最大（10.10 S/cm），随后又开始下降。因此，复合材

料中 CeO_2/WC 比较理想的浓度应是 0.075 g/mL。

表 5-3 CeO_2/WC 复合粉的加入量对 PANI/CeO_2/WC 复合材料电导率的影响

阳极试样	ρ（CeO_2/WC）/g·mL^{-1}	κ/S·cm^{-1}
PANI	0.000	2.90
PANI/CeO_2/WC-1	0.025	3.07
PANI/CeO_2/WC-2	0.050	3.73
PANI/CeO_2/WC-3	0.075	10.10
PANI/CeO_2/WC-4	0.100	5.29
PANI/CeO_2/WC-5	0.125	1.21

注：ρ（CeO_2/WC）表示 CeO_2/WC 相对于苯胺单体而言的浓度。

5.2.2.2 不同复合粉含量的 PANI 基复合材料的电化学性能

A 交流阻抗测试

图 5-9 为不同 CeO_2/WC 含量的 PANI/CeO_2/WC 复合材料的交流阻抗图。由图可看出，阻抗曲线显示相似的规律，即高频区为一压扁的半圆弧，该半圆由复合材料电极的电阻和双电层电容所引起，从半圆的直径可算出传荷电阻的大小。低频区都为一条与水平方向呈 45°的直线，该直线归因于扩散控制的 Warburg 阻抗[20]。

为了更好地分析 EIS 测试数据，采用等效电路图（图 5-10）对实验数据进行拟合，拟合结果如图 5-9 中实线所示，相应的拟合参数见表 5-4。其中 R_s 为参比电极和工作电极之间未被补偿的溶液电阻；R_{ct}为电荷转移电阻；*CPE* 为溶液与复合电极之间的双电层电容；W_o 为 Warburg 有限扩散阻抗。结果表明，拟合数据与实验数据吻合，说明该等效电路能很好地反映复合材料电极的电化学过程。

由图 5-9 和表 5-4 可知，随着 CeO_2/WC 含量的增加，复合材料的 R_{ct}先变小后变大，当 CeO_2/WC 含量为 0.075 g/mL 时，复合材料的 R_{ct}最小，0.27$\Omega \cdot cm^2$，这说明 PANI/CeO_2/WC-3 阳极试样的电化学反应最容易发生，即导电性最好。

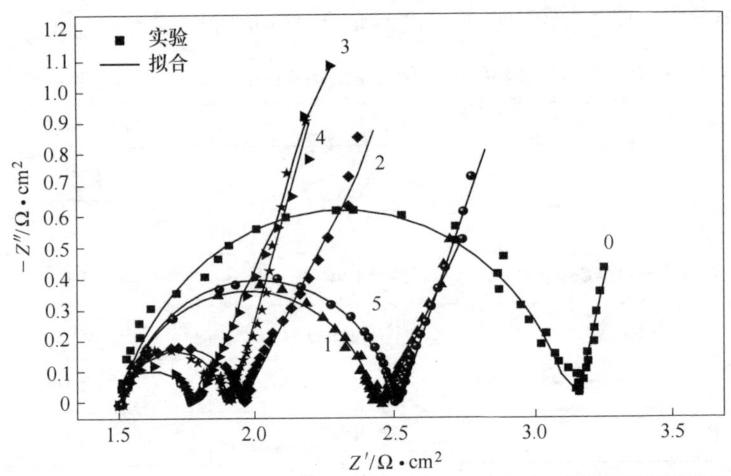

图 5－9　不同 CeO_2/WC 含量的 PANI/CeO_2/WC 复合材料的交流阻抗图

0—纯 PANI；1—PANI/［CeO_2/WC（0.025g/mL）］；2—PANI/［CeO_2/WC（0.05g/mL）］；3—PANI/［CeO_2/WC（0.075g/mL）］；4—PANI/［CeO_2/WC（0.1g/mL）］；5—PANI/［CeO_2/WC（0.125g/mL）］

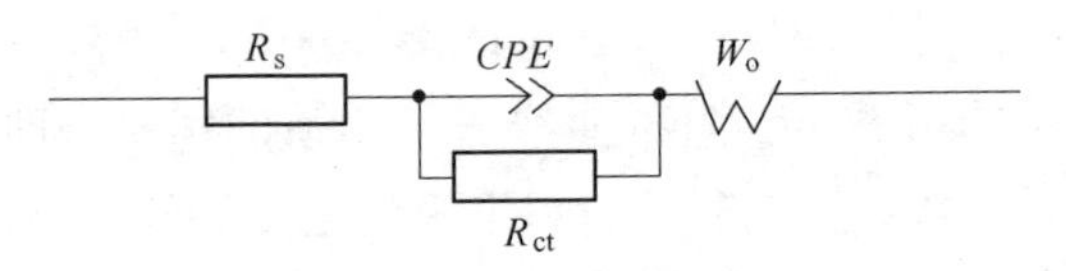

图 5－10　拟合电路图

表 5－4　不同阳极试样的电化学阻抗各个参数的拟合值

阳极试样	ρ（CeO_2/WC）/$g\cdot mL^{-1}$	R_s /$\Omega\cdot cm^2$	CPE_1/$\Omega^{-1}\cdot S^{-n}\cdot cm^{-2}$	n_1	R_{ct} /$\Omega\cdot cm^2$	W_o/$\Omega^{-1}\cdot S^{-1/2}$
PANI－0	0	1.50	1.25×10^{-5}	0.83	1.63	0.42
PANI/CeO_2/WC－1	0.025	1.49	0.94×10^{-5}	0.90	0.92	0.36
PANI/CeO_2/WC－2	0.05	1.49	3.08×10^{-5}	0.88	0.45	0.33
PANI/CeO_2/WC－3	0.075	1.50	2.68×10^{-5}	0.95	0.27	0.34
PANI/CeO_2/WC－4	0.1	1.50	1.84×10^{-5}	0.96	0.37	0.40
PANI/CeO_2/WC－5	0.125	1.51	0.80×10^{-5}	0.90	0.99	0.37

注：ρ（CeO_2/WC）指 CeO_2/WC 复合粉与苯胺单体的体积比。

B 阳极极化测试

图 5-11 为不同 CeO_2/WC 含量的 PANI/CeO_2/WC 复合阳极试样的塔菲尔曲线图（$\eta - \lg i$，拟合范围为 1.48 ~ 1.6V）。拟合数据列于表 5-5，500A/m^2 电流密度下的 η 通过公式 5-4 求得，也列于表 5-5中。

$$\eta = a + b\lg i \qquad (5-4)$$

式中，η 为析氧过电位；i 为法拉第电流密度；a、b 为常数，其值通过 $\eta - \lg i$ 塔菲尔曲线拟合可得。公式（5-4）当 $\eta = 0$ 时，表观交换电流密度 J_0[21,22] $= i$。

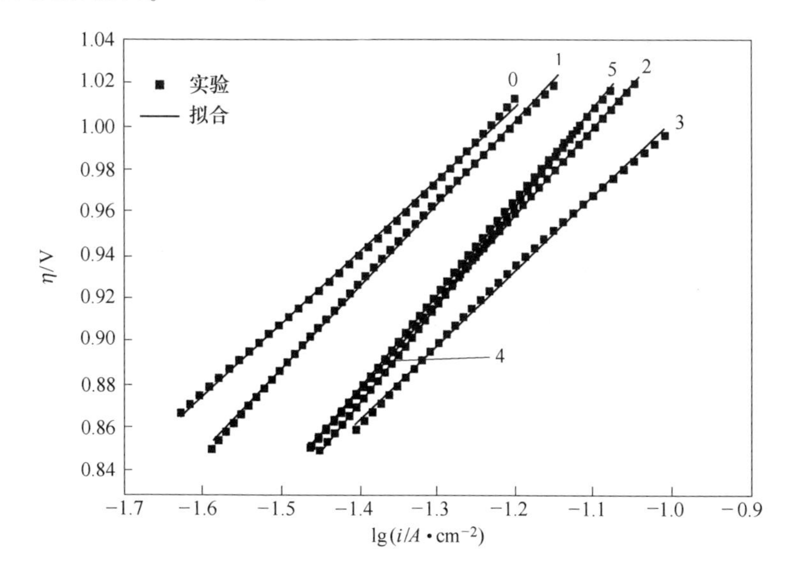

图 5-11 不同复合粉 CeO_2/WC 含量的阳极极化曲线

0—纯 PANI；1—PANI/[CeO_2/WC（0.025g/mL）]；2—PANI/[CeO_2/WC（0.05g/mL）]；3—PANI/[CeO_2/WC（0.075g/mL）]；4—PANI/[CeO_2/WC（0.1g/mL）]；5—PANI/[CeO_2/WC（0.125g/mL）]

由表 5-5 知，PANI/CeO_2/WC 复合阳极的 J_0 和 η_{500A/m^2} 均比纯 PANI 的好，说明 CeO_2/WC 的加入提高了 PANI 基阳极的电催化活性。其中 PANI/CeO_2/WC-3 阳极的 J_0 相对其他配比的阳极试样均

较大，说明 PANI/CeO_2/WC－3 阳极不容易被极化，可逆性好，电极反应容易发生[23]。在 500A/m^2 的电流密度下，PANI/CeO_2/WC－3 阳极的析氧过电位最低，表现为电积反应最易发生，导电性和电催化活性均最好。与前面的分析结果相一致。

表 5－5　不同复合粉 CeO_2/WC 含量的阳极试样的析氧过电位和动力学参数

阳极试样	ρ（CeO_2/WC）/g · mL^{-1}	η（500A/m^2）/V	a	b	J_0/A · cm^{-2}
PANI	0.000	0.974	1.41	0.34	6.2×10^{-5}
PANI/CeO_2/WC－1	0.025	0.963	1.46	0.39	1.5×10^{-4}
PANI/CeO_2/WC－2	0.050	0.917	1.44	0.41	2.7×10^{-4}
PANI/CeO_2/WC－3	0.075	0.896	1.43	0.41	3.2×10^{-4}
PANI/CeO_2/WC－4	0.100	0.916	1.51	0.42	2.8×10^{-4}
PANI/CeO_2/WC－5	0.125	0.921	1.48	0.42	3.0×10^{-4}

注：ρ（CeO_2/WC）指 CeO_2/WC 复合粉与苯胺单体的体积比。

5.2.3　聚合时间的选择

5.2.3.1　聚合时间对 PANI 基复合材料电导率的影响

在 PANI/CeO_2/WC 复合材料合成中，固定各实验药品用量，改变实验聚合时间合成复合材料的电导率数据见表 5－6。由表可知，随着聚合时间的增加，电导率逐渐增加，当聚合时间达到 4h 时，电导率达最大（10.10 S/cm），随着聚合时间的进一步延长又开始下降。分析认为：在反应初期，苯胺未充分聚合，且聚苯胺掺杂程度低。随着聚合时间的延长，聚苯胺的掺杂度逐渐增大，逐渐增长，电导率也就随之增大。但随着聚合时间的继续延长，聚苯胺会发生过氧化现象，分子链被破坏产生低聚物小分子，进而减少了位移载流子，电导率下降。

表 5-6 聚合时间对 PANI/CeO_2/WC 复合材料电导率的影响

阳极试样	时间/h	κ/S · cm^{-1}
PANI/CeO_2/WC-1	2	3.02
PANI/CeO_2/WC-2	3	3.74
PANI/CeO_2/WC-3	4	10.10
PANI/CeO_2/WC-4	5	5.26
PANI/CeO_2/WC-5	6	1.92

5.2.3.2 不同聚合时间的 PANI 基复合材料的电化学性能

A 交流阻抗测试

图 5-12 为不同聚合时间的 PANI/CeO_2/WC 复合材料的交流阻抗图，由图可看出拟合数据与实验数据吻合很好，相应的拟合参数见表 5-7。

由图 5-12 和表 5-7 可知，随着聚合时间的增加，复合材料的 R_{ct}先变小后变大，当聚合时间为 4h 时，复合材料的 R_{ct} 最小，为

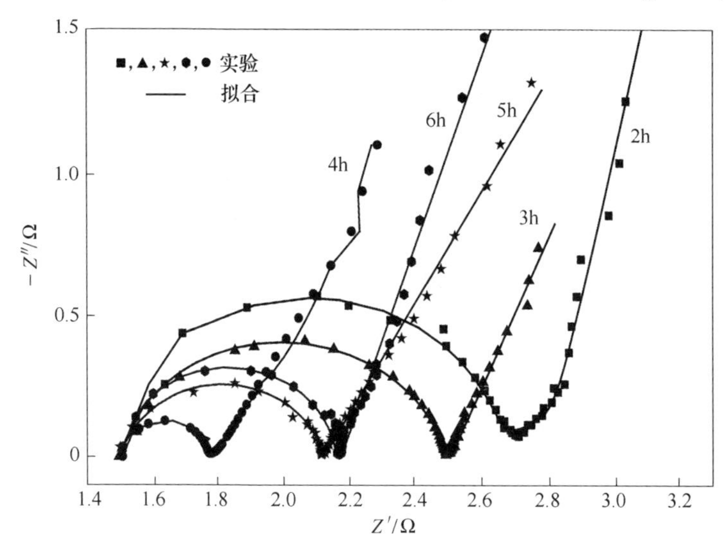

图 5-12 不同聚合时间的 PANI/CeO_2/WC 复合材料的交流阻抗图

0.27Ω · cm^2，这说明 PANI/CeO_2/WC－3 阳极试样的电化学反应最容易发生，即导电性最好，这可能是由于随着聚合时间的延长，分子链共轭度逐渐增大、规整性逐渐增加，致使链的电子转移更加容易。但随着聚合时间进一步延长，PANI 会发生过氧化，其链遭到破坏，R_{ct}就开始增大。

表 5－7　不同阳极试样的电化学阻抗各个参数的拟合值

阳极试样	时间/h	R_s /Ω · cm^2	CPE/$Ω^{-1}$ · S^{-n} · cm^{-2}	n	R_{ct}/Ω · cm^2	W_o/$Ω^{-1}$ · $S^{-1/2}$
PANI/CeO_2/WC－1	2	1.50	0.26×10^{-5}	0.99	1.11	0.44
PANI/CeO_2/WC－2	3	1.49	0.80×10^{-5}	0.90	1.0	0.37
PANI/CeO_2/WC－3	4	1.50	2.68×10^{-5}	0.95	0.27	0.34
PANI/CeO_2/WC－4	5	1.49	3.61×10^{-5}	0.88	0.62	0.70
PANI/CeO_2/WC－5	6	1.50	0.83×10^{-5}	0.98	0.65	0.41

B　阳极极化测试

图 5－13 为不同聚合时间的 PANI/CeO_2/WC 复合阳极试样的塔

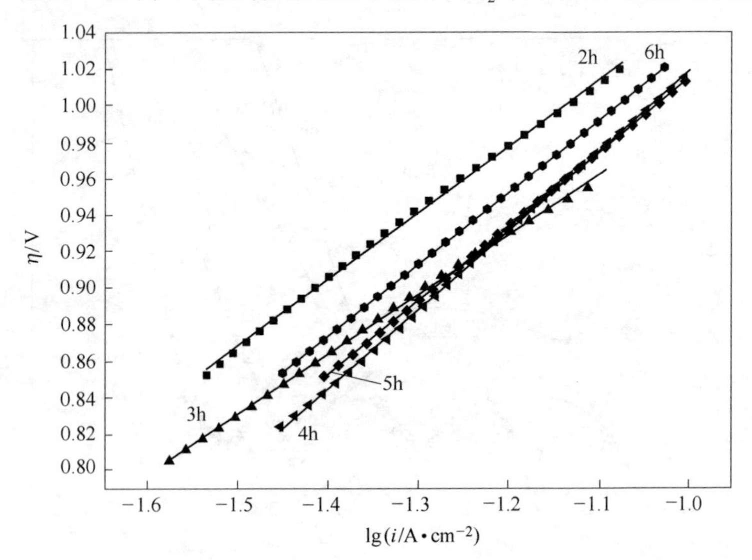

图 5－13　不同复合粉 CeO_2/WC 含量的阳极极化曲线

菲尔曲线图（$\eta - \lg i$，拟合范围为 1.48 ~ 1.6V），拟合数据列于表5 - 8。

由表 5 - 8 知，随着聚合时间的增加，复合材料的 η_{500A/m^2} 先变小后变大，当聚合时间为 4h 时，η_{500A/m^2} 最小，为 0.887V。这说明 4h 是最佳聚合时间，即此时 PANI/CeO_2/WC 复合材料的共轭链最长，链规整性最佳，链的电子转移最容易。随着聚合时间进一步延长，共轭链遭到破坏。与前面的电导率、交流阻抗分析结果相一致。

表 5 - 8 不同复合粉 CeO_2/WC 含量的阳极试样的析氧过电位和动力学参数

阳极试样	时间/h	η（$500A/m^2$）/V	a	b	J_0/A · cm^{-2}
PANI/CeO_2/WC - 1	2	0.940	1.411	0.362	1.27×10^{-4}
PANI/CeO_2/WC - 2	3	0.895	1.320	0.327	9.19×10^{-5}
PANI/CeO_2/WC - 3	4	0.887	1.449	0.432	4.42×10^{-4}
PANI/CeO_2/WC - 4	5	0.892	1.416	0.403	3.06×10^{-4}
PANI/CeO_2/WC - 5	6	0.912	1.422	0.392	2.36×10^{-4}

5.2.4 聚苯胺基复合材料物相及结构分析

根据 5.1 节和 5.2 节的最佳合成条件，合成 PANI/CeO_2/WC 复合材料，并对其进行 XRD 和 FT - IR 分析。

5.2.4.1 XRD 分析

图 5 - 14 为纯 PANI、CeO_2/WC 复合粉、PANI/CeO_2/WC 复合材料的 XRD 图谱。由图可知，在 $2\theta = 20° \sim 90°$ 范围内，15.48°、20.30°、25.10° 处出现的衍射峰为聚苯胺的衍射峰[24]；28.4°、33.1°、47.4°、56.4°处出现的衍射峰和 PDF # 65 - 5923 的标准卡片上的特征峰相同，为面心立方结构的 CeO_2；31.6°、35.7°、48.5°、64.1°、66.1°、73.2°处出现的衍射峰和 PDF # 65 - 4539 的标准卡片上的特征峰相同，为六角密排结构的 WC。

在 $2\theta = 10° \sim 30°$的范围内，PANI/CeO_2/WC 复合材料相对于纯 PANI 而言，衍射峰显著且峰面积窄小，表明 CeO_2/WC 复合粉的加入，提高了 PANI 分子链的有序性和结晶程度，结构缺陷减少[25]，表现在电化学方面则是导电性提高。

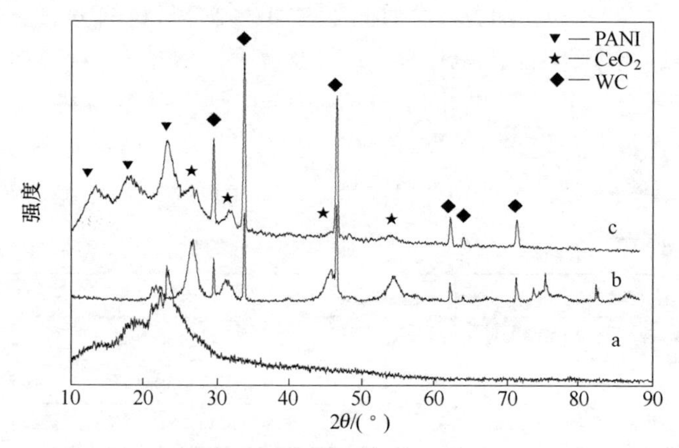

图 5 - 14 纯 PANI、CeO_2/WC 复合粉、PANI/CeO_2/WC 复合材料的 XRD 图谱

a—纯 PANI；b—CeO_2/WC；c—PANI/CeO_2/WC

5.2.4.2 FT - IR 分析

图 5 - 15 为 CeO_2/WC、纯 PANI、PANI/CeO_2/WC 的 FT - IR 图。

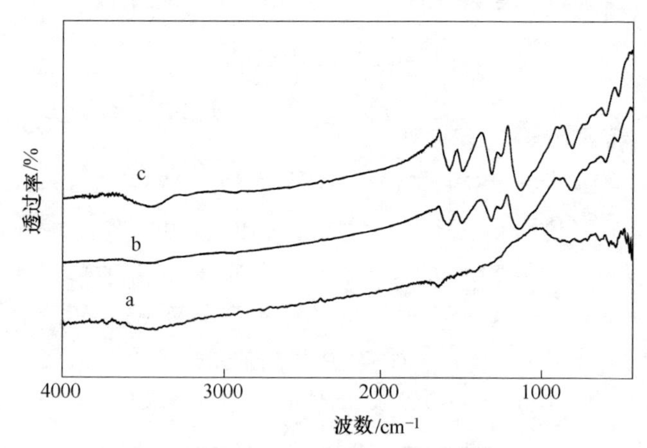

图 5 - 15 CeO_2/WC 复合粉、纯 PANI、PANI/CeO_2/WC 复合材料的 FT - IR 图

a—CeO_2/WC；b—纯 PANI；c—PANI/CeO_2/WC

由图可知，798cm^{-1}处的吸收峰是二取代苯环上的 C—H 面外弯曲振动峰；1123cm^{-1}处的特征峰是由 PANI 质子化过程中 B—N^{+}、Q ═N^{+}和 N ═Q ═N 结构中的 C—H 键的平面弯曲振动所引起的，根据该峰的强度可判断聚苯胺的掺杂程度[26]，而曲线 c 较曲线 b 有所增强，是因为 CeO_2/WC 加入提高了聚苯胺的掺杂程度；1296cm^{-1} 和 1246cm^{-1}左右的吸收峰分别为与醌式有关的 C—N 伸缩振动峰和苯环有关的 C—N 伸缩振动峰；1487cm^{-1}处的特征吸收峰是苯环骨架的振动；1566cm^{-1}处的特征峰是醌环骨架的振动。综上可知 CeO_2/WC 复合粉的加入没有改变导电聚苯胺的分子结构，且 PANI/CeO_2/WC 复合材料主要体现聚苯胺的结构特征。

通过电导率、交流阻抗、阳极极化等对 PANI/CeO_2/WC 复合材料进行了表征与分析，得出结论是：(1) 当 CeO_2/WC 相对于苯胺单体的体积为 0.075 g/mL，聚合时间为 4h 时，产物的电性能最佳。(2) 对最优条件下制备的 PANI/CeO_2/WC 复合材料进行 XRD 和 FT－IR 分析，结果表明，CeO_2/WC 复合粉的加入，提高了 PANI 分子链的有序性和结晶程度，降低了分子结构缺陷，但未改变导电聚苯胺的分子结构，且 PANI/CeO_2/WC 复合材料主要体现聚苯胺的结构特征。

5.3　碳纤维/PANI 复合材料的制备及性能研究

本节选用碳纤维为载体，在其表面聚合苯胺形成复合材料，并将该复合材料涂覆在碳纸上探讨在锌酸体系中的电化学性能；研究了复合材料中碳纤维和苯胺投放比、PVP 浓度和聚合时间对碳纤维/PANI 复合材料性能的影响，其他实验条件同文献 [17]，并通过聚苯胺对碳纤维的包覆情况、循环伏安和交流阻抗与各反应条件之间的关系，以体现碳纤维/PANI 复合材料的优势。

5.3.1　碳纤维/PANI 复合材料及阳极的制备

配制酸溶液，6mL H_2SO_4 ＋1.325g SSA，160mL；配制氧化剂溶液，取 40mL 混合酸溶液 ＋5.475g APS，搅拌均匀，并将溶液降温至 (10±2)℃；配制苯胺单体溶液，80mL 酸溶液 ＋2.5mL 苯胺单体 ＋

一定量 PVP，搅拌均匀盐化 30min；配制反应溶液，不同质量分数（40% OCFP、60% OCFP、70% OCFP、80% OCFP，碳纤维与苯胺单体的质量比）的氧化处理碳纤维 + 40mL 单体溶液，超声分散 10min，并将待反应液降温至（10 ± 2）℃；采用冰水浴将反应温度控制在（10 ± 2）℃，磁力搅拌条件下，缓慢滴加氧化剂溶液（滴加时间控制在 30min）；不断搅拌下，反应 6h；将反应完成的溶液抽滤→洗涤→干燥→碾磨，即可得到碳纤维/PANI 复合材料。

（1）取适量 200 目（0.074mm）的碳纤维/PANI 复合材料加入适量的胶黏剂（PVA）调成细腻均匀的糊浆后涂敷在碳纸上，自然阴干后检测其性能。

（2）用透明胶带黏附较薄一层的碳纤维/PANI 复合材料样品，并将其置于高倍显微镜下观察聚苯胺的负载情况。

5.3.2 碳纤维和苯胺投放比选择

5.3.2.1 碳纤维负载聚苯胺前后的结构变化

图 5 – 16 是高倍显微镜下碳纤维负载聚苯胺的显微图像。由图可以看出随着碳纤维质量分数的增加，碳纤维表面的聚苯胺包覆量逐渐减少，包覆效果也随之提高。但是在碾碎过 200 目后，再看碳纤维的负载情况，发现 70% 碳纤维负载聚苯胺情况最佳，即使这样还是有很多游离的聚苯胺。

5.3.2.2 碳纤维/PANI 复合材料的电化学性能

A 循环伏安曲线

图 5 – 17a 是在不同苯胺和碳纤维投放比例下，以碳纸负载碳纤维/PANI 复合材料为工作电极测得的循环伏安曲线。从图中可以看出，不同投放比例的条件下各曲线很相似，都有两对非常明显的氧化还原峰，其阳极氧化峰电位分别在 –0.1V 和 0.6V 处。其中峰 A 对应完全还原态聚苯胺和中间态聚苯胺之间的相互转化[27~29]。峰 B 对应于中间态聚苯胺向全氧化态聚苯胺的转化。[30] 由图得知，随着碳纤维含量的增加，所对应的阳极峰 A 和峰 B 的电位值几乎没有变化，

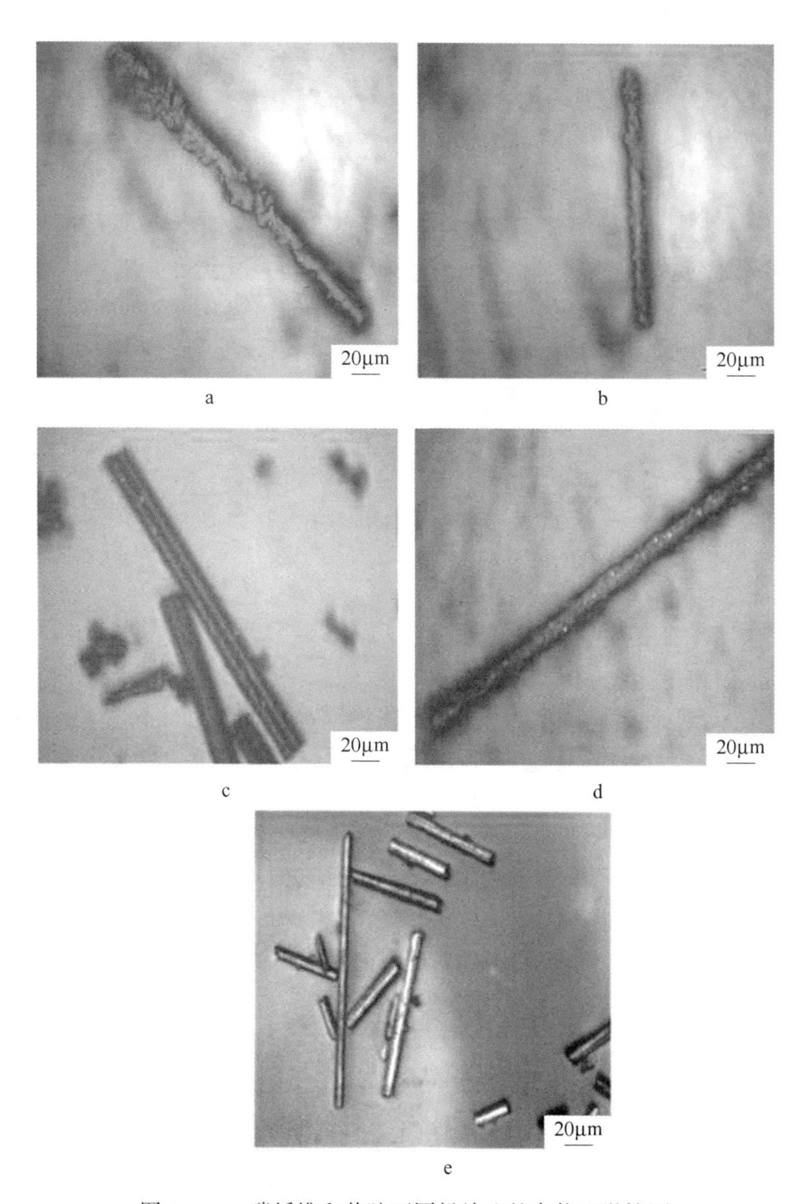

图 5－16　碳纤维和苯胺不同投放比的高倍显微镜图

a—40%氧化磨碎碳纤维；b—60%氧化磨碎碳纤维；c—70%氧化磨碎碳纤维；d—80%氧化磨碎碳纤维；e—100%氧化磨碎碳纤维

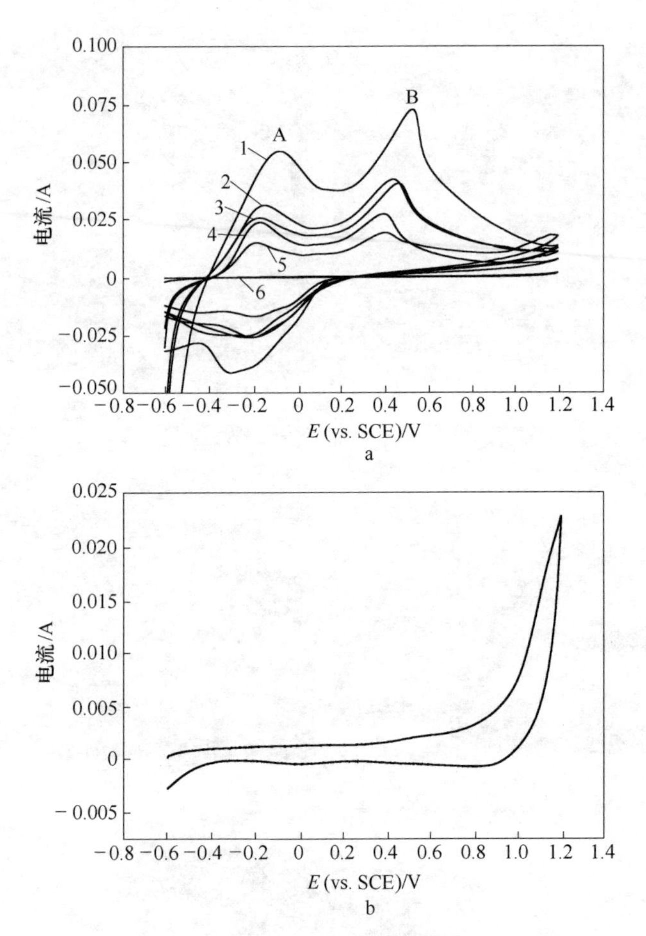

图 5－17　碳纤维/PANI 膜（a）和纯碳纸（b）的循环伏安曲线
1—纯聚苯胺；2—40% OCFP；3—60% OCFP；4—70% OCFP；
5—80% OCFP；6—100% OCFP

这说明碳纤维/PANI 复合材料有较好的稳定性。但峰电流随之减小，说明碳纤维的加入会影响材料的导电性。实验中发现，随着碳纤维含量的减少，碳纸上所涂覆的复合材料由于聚苯胺的氧化还原反应而发生较明显的体积膨胀现象，容易鼓泡脱落。碳纤维的加入虽然对聚苯胺的导电性有一定的影响，但是可以减弱这种鼓泡脱落的现象。

图 5 - 17b 是纯碳纸的伏安图，由图可看出该曲线并没有出现上述的氧化还原峰，说明碳纤维/PANI 复合材料的循环伏安曲线不会受到碳纸的循环伏安曲线影响。

B　交流阻抗

交流阻抗谱是研究导电聚合物性能的一项重要技术，可研究它们的结构、性质以及电极膜与电解液界面上所进行的电子传递和电荷转移的动力学现象[31]。图 5 - 18a 是不同苯胺与碳纤维投放比条件

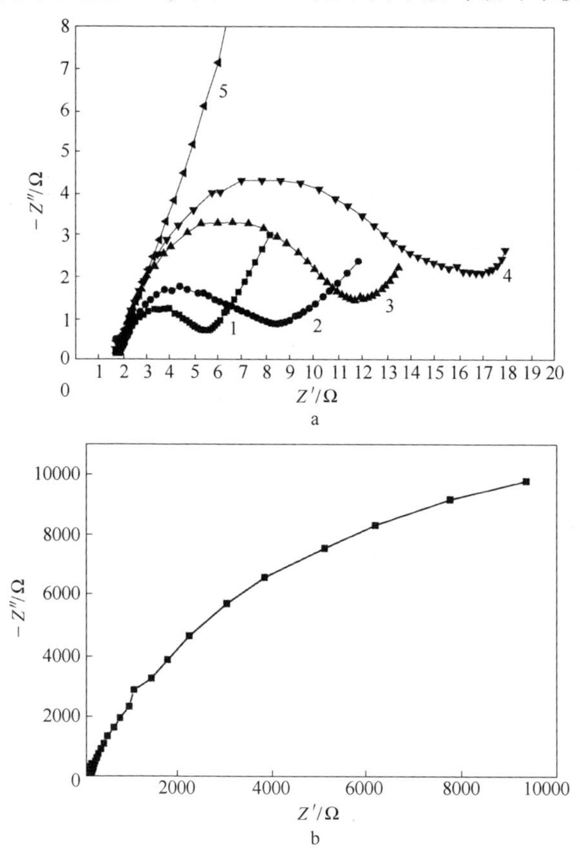

图 5 - 18　碳纤维/PANI 膜（a）与纯碳纸（b）交流阻抗图谱

1—40% OCFP；2—60% OCFP；3—70% OCFP；

4—80% OCFP；5—100% OCFP

下合成的复合材料在同一频率范围内的交流阻抗复数平面曲线。从图可知，不同苯胺与碳纤维配比的阻抗谱形状是一致的，都有高频区、中频区和低频区。但是当苯胺的量为零时，电极的阻抗谱为一斜线，此现象说明纯碳纤维电极不具有电容性能。相对于其他几条谱图，高频区的半圆随着碳纤维量的增加，半径逐渐增加，说明复合膜的电子传递速度和导电性有所减弱，即传荷电阻增加。低频区的斜线归因于扩散控制，即 Warburg 阻抗，此斜线的出现说明碳纤维/PANI 复合材料电极具有大电容的特性。中频区的图线随着碳纤维含量的增加，慢慢地偏离45°的角（中频区呈45°是具有疏松、多孔的电极阻抗谱的典型特征[32]，此时电荷转移受复合膜中电子的扩散控制[33]），说明复合膜的疏松、多孔性变差。

图 5－18b 是纯碳纸的交流阻抗图谱。由图可以看出，纯碳纸电极的交流阻抗值几乎是零，这与碳纸优异的导电性有关。这也说明碳纸不会影响复合材料的交流阻抗测试。

5.3.3　PVP 浓度选择

5.3.3.1　PVP 浓度对碳纤维负载聚苯胺前后的结构变化

图 5－19 是高倍显微镜下碳纤维负载聚苯胺的显微图像。由图可以看出，不加 PVP 时，聚苯胺对碳纤维的包覆很不均匀，甚至有的碳纤维裸露在外，还出现明显的团聚现象。加 PVP 后，随着 PVP 含量的增加，聚苯胺对碳纤维的包覆情况无明显变化，说明 PVP 主要起分散碳纤维的作用，而浓度的高低不影响聚苯胺对碳纤维的包覆，在考虑经济性的问题上，我们选择 5% PVP。

5.3.3.2　不同 PVP 含量的碳纤维/PANI 复合材料的电化学性能

A　循环伏安

图 5－20 是不同 PVP 含量下，以碳纸负载碳纤维/PANI 复合材料为工作电极测得的循环伏安曲线。从图中可以看出，当 PVP 含量为 0 时，碳纤维/PANI 复合材料的峰值电流最小。但加入 PVP 少许后，碳纤维/PANI 复合材料的峰值电流增大。可随着 PVP 含量的增加，CV

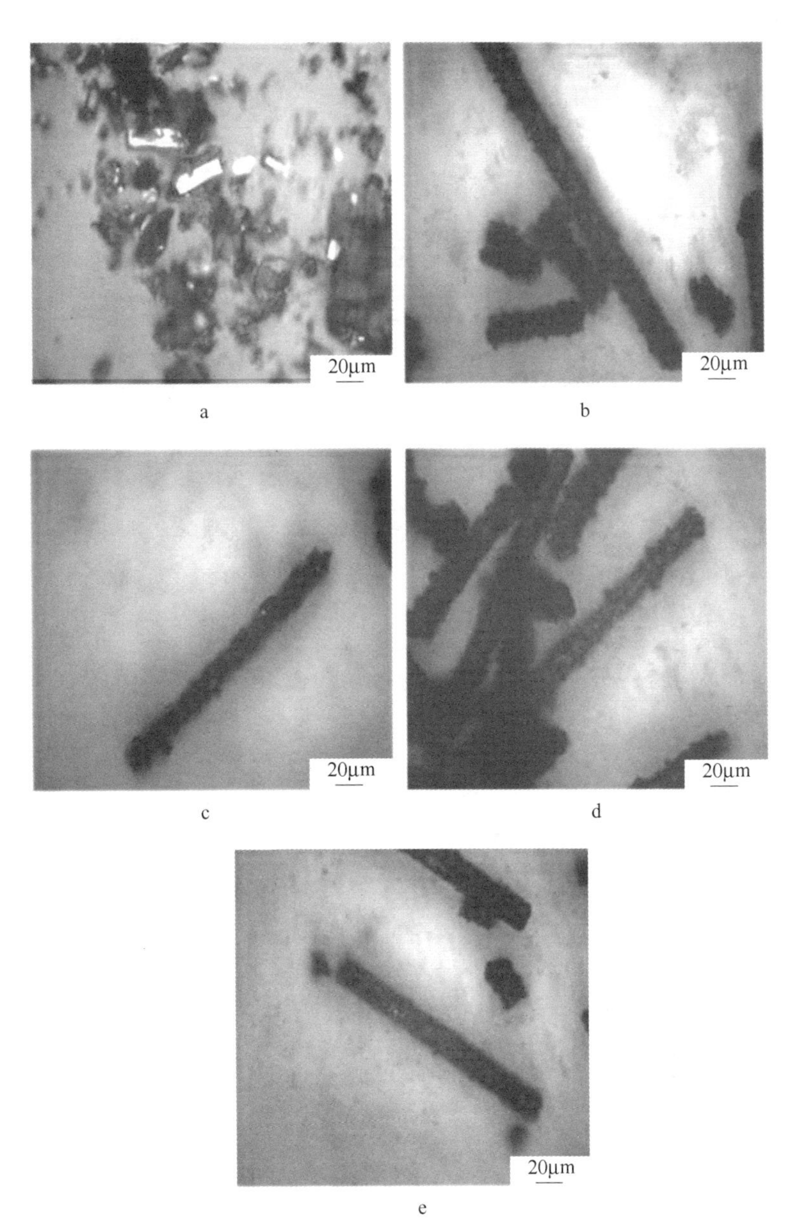

图5-19 不同PVP含量的碳纤维/PANI的高倍显微镜图

a—0% PVP；b—5% PVP；c—10% PVP；d—15% PVP；e—20% PVP

曲线中的峰值电流有微小提高，说明 PVP 含量的增减对碳纤维/PANI 复合材料的导电性的影响不大。综合考虑，我们选择 5% PVP。

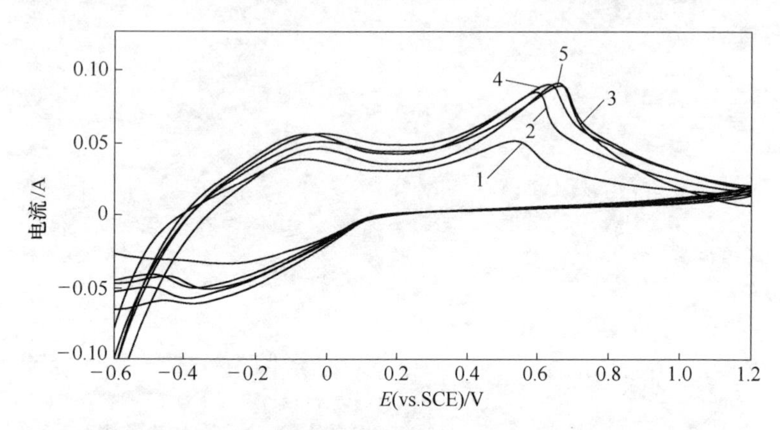

图 5-20　不同 PVP 含量的碳纤维/PANI 循环伏安图

1—0% PVP；2—5% PVP；3—10% PVP；4—15% PVP；5—20% PVP

B　交流阻抗

图 5-21 是不同 PVP 含量的碳纤维/PANI 复合材料的交流阻抗

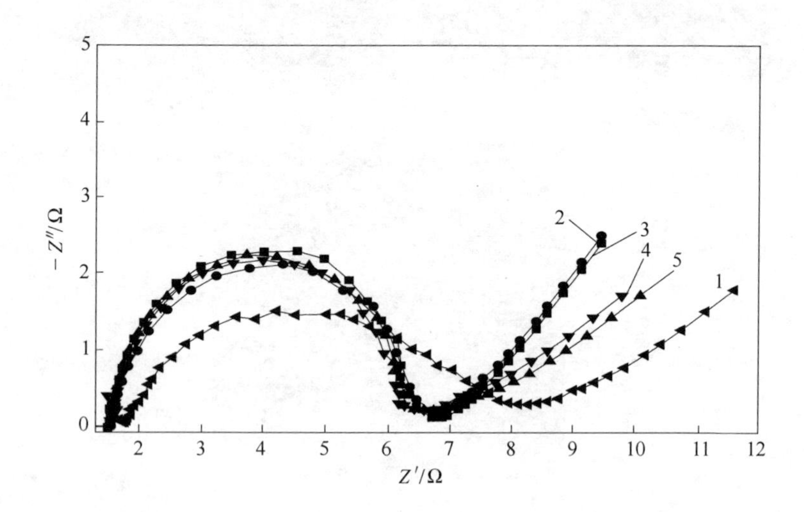

图 5-21　不同 PVP 含量的碳纤维/PANI 交流阻抗图

1—0% PVP；2—5% PVP；3—10% PVP；4—15% PVP；5—20% PVP

图谱。从图中可以看出，不同 PVP 含量的阻抗谱形状是一致的，即高频区为一压扁半圆弧，半圆直径正比于材料的传荷电阻，传荷电阻越小导电性越好。低频区都为一条与水平方向呈 45°的直线，该直线归因于扩散控制的 Warburg 阻抗。本文只讨论材料的导电性，即只需比较传荷电阻。当 PVP 含量为 0 时，碳纤维/PANI 复合材料的传递电阻最大；但加入少许 PVP 后，碳纤维/PANI 复合材料的传递电阻明显减小；可随着 PVP 含量的增加，传递电阻没什么变化。这些说明 PVP 含量的增减对碳纤维/PANI 复合材料的导电性的影响不大，但少许 PVP 的加入可提高碳纤维/PANI 复合材料的导电性。综合考虑选择 5% PVP。

5.3.4 聚合时间选择

5.3.4.1 碳纤维负载聚苯胺前后的结构变化

图 5 – 22 是高倍显微镜下碳纤维负载聚苯胺的显微图像。由图可以看出，随着反应时间的增加聚苯胺对碳纤维的包覆效果未发生太大的变化，说明聚苯胺对碳纤维的包覆在反应初期已经完成。

5.3.4.2 碳纤维/PANI 复合材料的电化学性能

A 循环伏安

图 5 – 23 是不同聚合时间碳纤维/PANI 复合材料的循环伏安曲线。从图中可以看出，随着反应时间的增加，峰值电流逐渐增加，6h 时最大。但随着反应时间的进一步增加，峰值电流开始降低。分析认为：反应的初始阶段是聚苯胺的链增长阶段，随着聚合时间的延长，聚苯胺的掺杂程度增加、分子链共轭度增大、规整性逐渐增加，致使链的电子转移更加容易。但随着聚合时间进一步延长，PANI 会发生过氧化，其链遭到破坏，导电性减弱，即峰值电流减小。这些现象和自由基反应动力学特征很吻合，进一步说明苯胺聚合属于自由基反应。

B 交流阻抗

图 5 – 24 是不同聚合时间的碳纤维/PANI 复合材料的交流阻抗

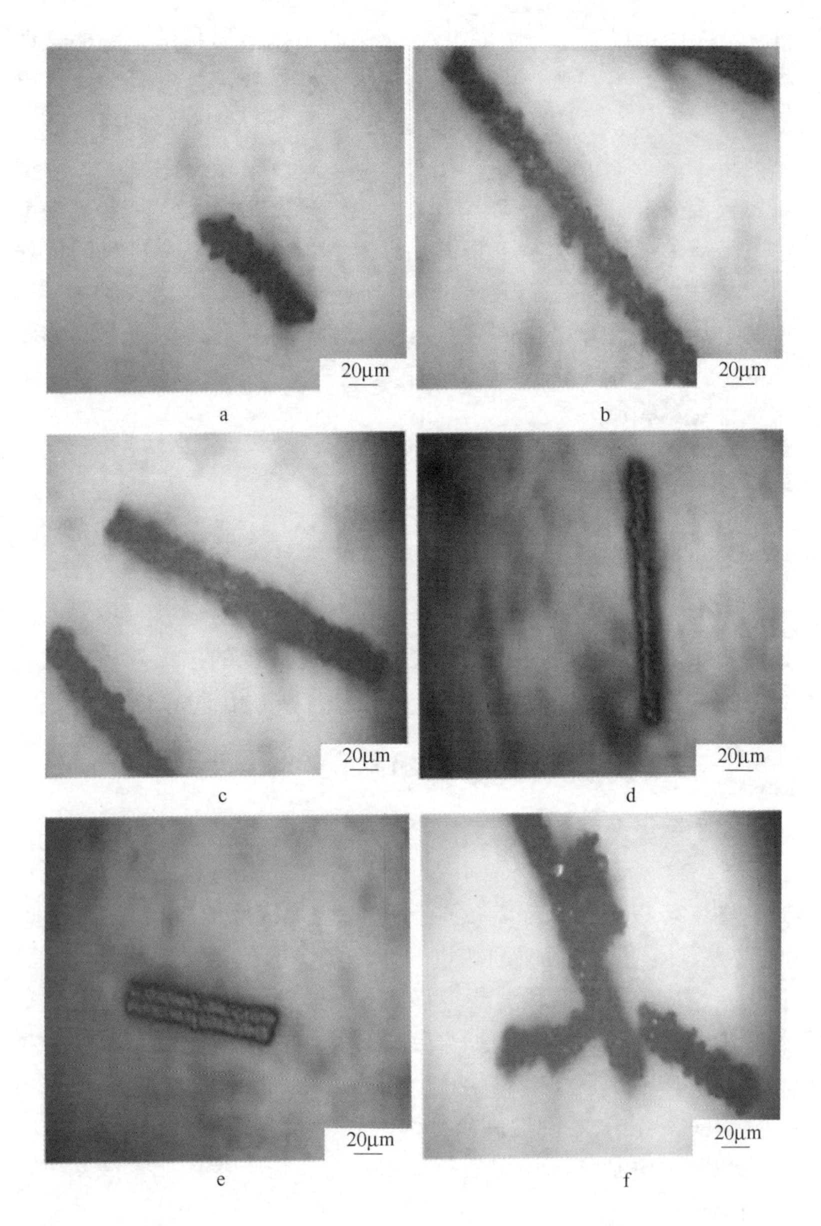

图 5－22　不同聚合时间的碳纤维/PANI 的高倍显微镜图

a—0.5h；b—3h；c—5h；d—6h；e—7h；f—9h

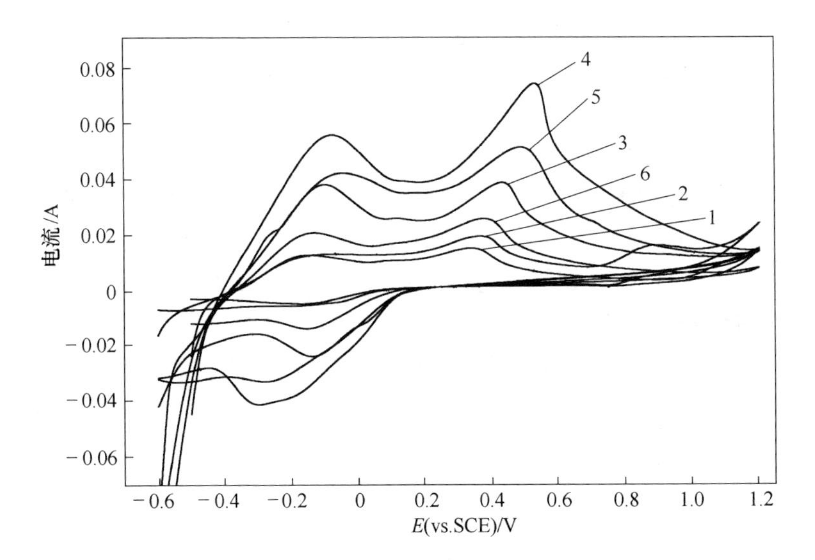

图 5-23 不同聚合时间的碳纤维/PANI 循环伏安图

1—0.5h；2—3h；3—5h；4—6h；5—7h；6—9h

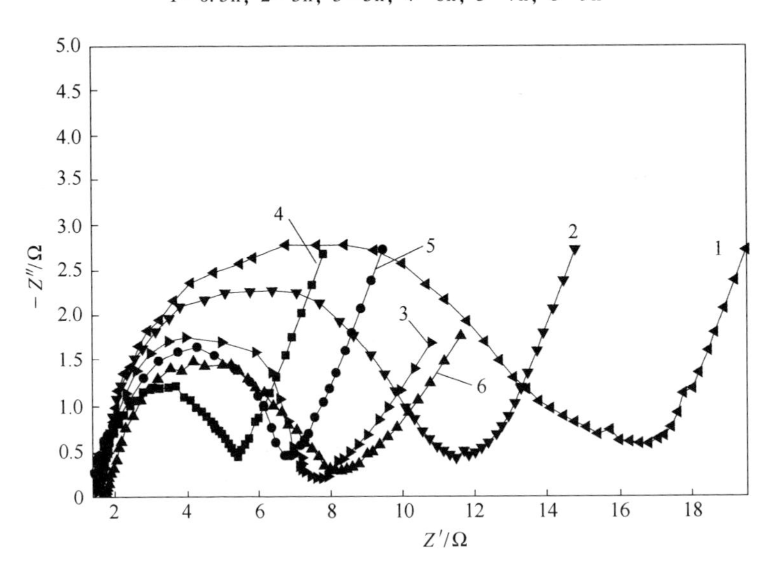

图 5-24 不同聚合时间的碳纤维/PANI 交流阻抗图

1—0.5h；2—3h；3—5h；4—6h；5—7h；6—9h

图谱。本文只讨论材料的导电性，即只需比较传荷电阻。从图中可以看出，随着反应时间的增加，传荷电阻逐渐减小，6h 时最小。但随着反应时间的进一步增加，传荷电阻开始增加。分析认为：反应的初始阶段是聚苯胺的链增长阶段，随着聚合时间的延长，聚苯胺的掺杂程度增加、分子链共轭度增大、规整性逐渐增加，致使链的电子转移更加容易，即传荷电阻减小。但随着聚合时间进一步延长，PANI 会发生过氧化，其链遭到破坏，导电性减弱，即传荷电阻增加。确定最佳聚合时间为 6h。

通过聚苯胺对碳纤维的包覆情况、循环伏安和交流阻抗对碳纤维/PANI 复合材料进行表征分析。结果表明，最佳制备条件是苯胺与碳纤维的投放比为 3∶7，PVP 含量为 5% 时，聚合时间为 6h。碳纤维虽可增加聚苯胺的机械强度，但会使材料的导电性降低。

参考文献

[1] Luan BP, Yu XB, Liu J. Synthesis and characterization of different shapes of CeO_2 [J]. Journal of Shanghai Normal University: Natural Sciences, 2011, 40 (2): 157 ~ 162.

[2] Park S, Vohs J M, Gorte R J. Direct oxidation of hydrocarbons in a solid - oxide fuel cell [J]. Nature, 2000, 404 (6775): 265 ~ 267.

[3] Sun Z, Zhang H, An G. Supercritical CO_2 - facilitating large - scale synthesis of CeO_2 nanowires and their application for solvent - free selective hydrogenation of nitroarenes [J]. Journal of Materials Chemistry, 2010, 20 (10): 1947 ~ 1952.

[4] Zhou F, Zhao X, Xu H. CeO_2 spherical crystallites: synthesis, formation mechanism, size control, and electrochemical property study [J]. The Journal of Physical Chemistry C, 2007, 111 (4): 1651 ~ 1657.

[5] Gorte R J, Park S, Vohs J M. Anodes for direct oxidation of dry hydrocarbons in a solid - oxide fuel cell [J]. Advanced Materials, 2000, 12 (19): 1465 ~ 1469.

[6] Park S, Gorte R J, Vohs J M. Tape cast solid - oxide fuel cells for the direct oxidation of hydrocarbons [J]. Journal of the Electrochemical Society, 2001, 148 (5): A443 ~ A447.

[7] 靳艾平，陈文，朱泉峣. TiO_2 - CeO_2 离子储存电极薄膜的制备与性能研究 [J]. 稀有金属，2007，31 (1): 72 ~ 76.

[8] 黄惠，郭忠诚. 水热法制备杂化型 MoO_3/CeO_2 复合催化剂的电化学性能及表面结构 [J]. 无机材料学报，2012，27 (9): 939 ~ 944.

[9] 施斌斌，姚国新，李国华，等. 碳化钨/二氧化钛纳米复合材料的制备及其电催化活性 [J]. 催化学报，2010，31 (4): 466 ~ 470.

[10] 王艳荣. 沉淀法制备二氧化铈 [D]. 成都：成都理工大学，2004.

[11] Antoine O, Bultel Y, Durand R. Oxygen reduction reaction kinetics and mechanism on platinum nanoparticles inside Nafion [J]. Journal of Electroanalytical Chemistry, 2001, 499 (1): 85~94.

[12] Sugimoto W, Aoyama K, Kawaguchi T. Kinetics of CH_3OH oxidation on PrRu/C studied by impedance and CO stripping voltammetry [J]. Journal of Electroanalvtical Chemistry, 2005, 576 (2): 215~221.

[13] Singh R N, Awasthi R, Sinha A S K. Electrochemical characterization of a new binary oxide of Mo with Co for O_2 evolution in alkaline solution [J]. Electrochimica Acta, 2009, 54 (11): 3020~3025.

[14] 徐惠，史星伟，苟国俊，等. PANI/CeO_2 纳米复合纤维材料的合成和表征 [J]. 高分子材料科学与工程，2010，26 (6): 18~21.

[15] 桑晓光，曾繁武，刘晓霞. 特殊形貌的 PANI/CeO_2 的电化学制备 [J]. 金属学报，2012，48 (4): 508~512.

[16] 黄惠，郭忠诚. 合成聚苯胺/碳化钨复合材料及聚合机理探讨 [J]. 高分子学报，2010，1 (10): 1180~1185.

[17] Zhan P, Xu R D, Huang L P, et al. Effects of polianiline on electrochemical properties of composite inert anodes uaed in zinc electrowinning [J]. Transactions of Nonferrous Metals Society of China, 2012, 22 (7): 1693~1700.

[18] 黄惠. 导电聚苯胺和聚苯胺复合阳极材料的制备及电化学性能研究 [D]. 昆明：昆明理工大学，2010.

[19] 马利，甘孟瑜，罗来正，等. 中国发明专利，G01N，CN101545885A. 2009-09-30.

[20] 马利，贺玲，甘孟瑜，等. 复合酸掺杂聚苯胺电极膜的制备及其电化学性能的研究 [J]. 功能材料，2009，40 (1): 30~32.

[21] Xu R D, Huang L P, Zhou J F, et al. Effects of tungsten carbide on electrochemical properties and microstructural features of Al/Pb-PANI-WC composite inert anodes used in zinc electrowinning [J]. Hydrometallurgy, 2012, 125: 8~15.

[22] Yang H T, Liu H R, Guo Z C, et al. Electrochemical behavior of rolled Pb-0.8% Ag anodes [J]. Hydrometallurgy, 2013, 140, 144~150.

[23] Lai Y Q, Li Y, Jiang L X, et al. Electrochemical behaviors of co-deposited Pb/Pb-MnO_2 composite anode in sulfuric acid solution-Tafel and E2S investigations [J]. Journal of Electroanalytical Chemistry, 2012, 671: 16~23.

[24] 马莉萍，左显维，王艳凤，等. 基于 Au NPs-CeO_2@PANI 纳米复合材料固定化酶的葡萄糖生物传感器 [J]. 传感技术学报，2013，26 (5): 606~610.

[25] 黄惠，郭忠诚. 合成聚苯胺/碳化钨复合材料及聚合机理探讨 [J]. 高分子学报，2010，1 (10): 1180~1185.

[26] 殷广明，邓启刚，毕野，等. 模板合成 $H_4PMo_{11}VO_{40}$/聚苯胺纳米线列阵及其聚合机

理探讨［J］. 高分子学报，2008，(5)：430～434.

[27] Stilwell D E，Park S M. Electrochemistry of conductive polymers：electrochemical studies on growth properties of polyaniline［J］. J. Electrochem. Soc.，1988，135 (9)：2254～2262.

[28] Shim YB，Won MS，Park SM. Electrochemistry of conductive polymers Ⅷ：In situ spectroelectrochemical studies of polyaniline growth mechanisms［J］. J. Electrochem. Soc.，1990，137 (2)：538～544.

[29] Stilwell DE，Park SM. Electrochemistry of Conductive Polymers Ⅴ：In situ spectroelectrochemical studies of polyaniline films［J］. J. Electrochem. Soc.，1989，136 (2)：427～433.

[30] Pruneanu S，Veress E，Marian I，et al. Characterization of polyaniline by cyclic voltammetry and UV－VIS absorption spectroscopy［J］. J. Mater. Sci.，1999，34 (11)：2733～2739.

[31] 王喆，朱赟赟，力虎林. 铂粒子修饰单壁碳纳米管/聚苯胺复合膜对甲醛的电催化氧化［J］. 化学学报，2007，65 (12)：1149～1154.

[32] Niu C M，Sichel E K，Hoch R，et al. High power electrochemical capacitors based on carbon nanotube electrodes［J］. App. Phys. Lett.，1997，70 (11)：1480～1486.

[33] Bard AJ，Faulker LR. Electrochemical methods［M］. 2nd Edn. John Wiley & Sons，New York，2001，2：32～76.

附录　主要缩写符号及单位

名　　称	缩　　写	单　　位
N－甲基吡咯烷酮	NMP	—
四氢呋喃	THF	—
过硫酸铵	APS	—
重铬酸钾	PDS	—
十二烷基苯磺酸钠	SDBS	—
十六烷基三甲基溴化铵	CTAB	—
聚3，4－乙烯二氧噻吩	PEDOT	—
聚3，4－乙烯二氧噻吩/聚苯胺	PEDOT/PANI	—
聚苯胺/聚3，4－乙烯二氧噻吩	PANI/PEDOT	—
聚3，4－乙烯二氧噻吩/聚对苯乙烯磺酸	PEDOT/PSS	—
聚苯胺/碳化钨	PANI/WC	—
聚苯胺/二氧化钛	PANI/TiO_2	—
特性黏度	$[\eta]$	dL/g
衍射角	2θ	(°)
晶粒大小	t	Å
相应峰的结晶度	PC	%
总结晶度	TPC	%
电阻率	ρ	Ω·cm
电导率	σ	S/cm